Forschung für die Praxis
Universität Leipzig
Institut für Massivbau und Baustofftechnologie

L. Kützing

# Tragfähigkeitsermittlung stahlfaserverstärkter Betone

# Forschung für die Praxis

Herausgegeben von
Prof. Dr.-Ing. Dr.-Ing. e.h. Gert König
Universität Leipzig
Institut für Massivbau und Baustofftechnologie

Die Reihe „Forschung für die Praxis" stellt Beiträge und Arbeiten der Bauingenieure und Architekten an der Universität Leipzig vor. Diese Forschungsarbeiten und Dissertationen liefern Bausteine für ein vertieftes Grundlagenwissen aus allen Bereichen des aktuellen Baugeschehens, und sie stellen aussichtsreiche Neuentwicklungen vor.

Die Reihe wendet sich an interessierte Ingenieure aus Forschung und Baupraxis, für die das Hintergrundwissen zu Vorschriften, Richtlinien und Neuentwicklungen zum Handwerkszeug gehört.

# Tragfähigkeitsermittlung stahlfaserverstärkter Betone

Von Dr.-Ing. Lars Kützing
Universität Leipzig

B. G. Teubner Stuttgart · Leipzig · Wiesbaden

Dr.-Ing. Lars Kützing

Geboren 1970 in Mainz. Von 1989 bis 1994 Studium des Konstruktiven Ingenieurbaus an der Technischen Hochschule Darmstadt mit Studienschwerpunkten in den Fächern Statik, Stahlbau und Massivbau. Von 1994 bis 1996 Mitarbeiter bei IBC Ingenieurbau-Consult GmbH Mainz–Erfurt. 1996 bis 1998 Wissenschaftlicher Mitarbeiter am Institut für Massivbau und Baustofftechnologie der Universität Leipzig bei Herrn Prof. Dr.-Ing. Dr.-Ing. e.h. Gert König. Seit 1999 Beratender Ingenieur und selbständiger Mitarbeiter bei IBC Ingenieurbau-Consult GmbH Mainz–Erfurt–Leipzig.

Die Arbeit „Ein Beitrag zur Tragfähigkeitsermittlung stahlfaserverstärkter Betone unter besonderer Berücksichtigung bruchmechanischer Kenngrößen" ist eine von der Wirtschaftswissenschaftlichen Fakultät der Universität Leipzig genehmigte Dissertation zur Erlangung des akademischen Grades Doktor-Ingenieur (Dr.-Ing.). Die Gutachten wurden vorgelegt von Prof. Dr.-Ing. Dr.-Ing. e.h. Gert König, Prof. Dr.-Ing. Rolf Thiele und Prof. Dr.-Ing. Dr.-Ing. em. Karl Kordina. Die Vereidigung fand am 18. November 1999 in Leipzig statt. Mitglied der Prüfungskommission war neben den Gutachtern u.a. auch Herr Prof. Dr.-Ing. Horst Falkner.

Der Titel dieser Dissertation lautet:
Ein Beitrag zur Tragfähigkeitsermittlung stahlfaserverstärkter Betone unter besonderer Berücksichtigung bruchmechanischer Kenngrößen

Diese Veröffentlichung entstand mit freundlicher Unterstützung der Firma

IBC Ingenieurbau-Consult GmbH Mainz–Erfurt–Leipzig

Die Deutsche Bibliothek – CIP-Einheitsaufnahme
Ein Titeldatensatz für diese Publikation ist bei
Der Deutschen Bibliothek erhältlich.

1. Auflage Oktober 2000



Der Verlag Teubner ist ein Unternehmen der Fachverlagsgruppe BertelsmannSpringer.

www.teubner.de

Umschlaggestaltung: Peter Pfitz, Stuttgart, nach einer Idee von Christoph Nahm

ISBN-13: 978-3-519-05267-8 e-ISBN-13: 978-3-322-84845-1
DOI: 10.1007/978-3-322-84845-1

# Vorwort

Die vorliegende Arbeit beschäftigt sich mit dem Tragverhalten von Stahlfaserbetonen unter Schub-, Biege- und Normalkraftbeanspruchung. Die rechnerische Modellierung wird unter besonderer Berücksichtigung bruchmechanischer Kenngrößen vorgenommen. Dabei werden die Eigenschaften normalfester und hochfester Betone beschrieben.

Während meiner Tätigkeit als wissenschaftlicher Mitarbeiter am Institut für Massivbau und Baustofftechnologie der Universität Leipzig hatte ich Gelegenheit, mich mit dieser Thematik intensiv auseinanderzusetzen.

Die Anregung hierzu verdanke ich Herrn Prof. Dr.-Ing. Dr.-Ing. e.h. G. König, der mir die Chance bot, an zwei Forschungsvorhaben mitzuwirken. Herzlichen Dank für die umfangreiche Unterstützung, die vielfältigen Anregungen und die Bereitschaft zur Diskussion !

Für die Übernahme des Koreferates danke ich Herrn Prof. Dr.-Ing. Dr.-Ing. e.h. K. Kordina. Er war mir bei der Konzeption, Durchführung und Beurteilung der Brandversuche ein wichtiger Diskussionspartner.

Den Herren Prof. Dr.-Ing. H. Falkner und Prof. Dr.-Ing. R. Thiele danke ich für die Bereitschaft zur Übernahme der Koreferate.

Weiterhin möchte ich mich bei Herrn Prof. Dr.-Ing. V. Slowik für das entgegengebrachte Interesse an meiner Arbeit bedanken. Seine uneingeschränkte Hilfsbereitschaft führte dazu, daß das umfangreiche experimentelle Versuchsprogramm auch auf die Laboratorien der HTWK Leipzig ausgedehnt werden konnte.

Besonderer Dank gilt all denen, die bei der Durchführung der experimentellen Untersuchungen tatkräftig und verläßlich mitwirkten.
Stellvertretend für die MFPA Leipzig sind dies die Herren Dr.-Ing. Meichsner, Dipl.-Ing. Wojan, Dipl.-Ing. Löwe und Dipl.-Ing. Sonntag.

Bedanken möchte ich mich auch bei den Herren Diefenbach und Koster aus Darmstadt für die meßtechnische Unterstützung meiner Arbeit in deren Anfangszeit.

Ohne studentische Hilfe wäre es mir nicht möglich gewesen, die umfangreichen Versuchsserien in der kurzen Zeit durchzuführen. Ich möchte mich besonders bei den Herren Dipl.-Ing. Torsten Römer, Dipl.-Ing. Martin Meister und Dipl.-Ing. Marco Seiferth bedanken, die ihre Diplomarbeiten im Rahmen der durchgeführten Untersuchungen anfertigten.

Herrn Dipl.-Ing. Franz Morawietz gebührt dankbare Erwähnung für die Aufbereitung des Bildmaterials, der Versuchszeichnungen und die Übernahme des Layouts dieser Arbeit.

Frau Cathérine Buey danke ich für das Korrekturlesen meiner Texte.

Allen Mitarbeitern am Institut sei für die schöne Zeit und die kollegiale Zusammenarbeit gedankt.

Ein besonderer Dank gebührt Herrn Prof. Dr.-Ing. Heinrich Paschen für seine vielfältige Unterstützung und seine stete Bereitschaft, meine neuen Erkenntnisse zu diskutieren.

Abschließend möchte ich mich herzlich bei meinen Eltern für die vielfältige Unterstützung in den letzten Jahren bedanken. Ohne Euch wäre diese Arbeit nicht entstanden !

Leipzig, Juli 2000 Lars Kützing

# Inhaltsverzeichnis

# 1 Forschungsziel

## 1.1 Problemstellung

Die Idee zur vorliegenden Arbeit entstand aus zwei Forschungsvorhaben, die ich während meiner Zeit als Assistent am Institut für Massivbau und Baustofftechnologie der Universität Leipzig zu bearbeiten hatte.
Das Thema „Entwicklung zäher zementgebundener Hochleistungswerkstoffe, die in neuartigen Anwendungen im Bereich des Bauwesens eingesetzt werden können"[1] beschäftigt sich mit dem spröden Bruchverhalten hochfester Betone. Es wurden technologische Möglichkeiten, u.a. der Einsatz von Fasern, untersucht, um das Versagensverhalten günstig zu gestalten.
Die Untersuchungen des zweiten Forschungsvorhabens „Bemessung von Stahlfaserbetonbauteilen auf Biegung und Schub"[2] sollten helfen, mechanisch fundierte Methoden zur Ermittlung der Tragfähigkeit abzuleiten. Weil Erkenntnisse zur Faserwirkung auf Meso- und Makroebene bereits vorlagen, interessierte der Übergang zwischen den jeweiligen Ebenen. Hierzu wurde experimentelle Untersuchungen an Prüfkörpern zur Ermittlung des Materialverhaltens und an Bauteilen durchgeführt.
Einmal mehr wurde deutlich, daß ein durchgängiges Berechnungsverfahren zur Bemessung von Stahlfaserbetonen fehlt.
In den letzten Jahren hat sich in Deutschland der Einsatz von Fasern, insbesondere von Stahlfasern, im Betonbau merklich verstärkt. Im Rahmen zahlreicher Forschungsvorhaben wurde die Wirksamkeit der Fasern im Beton getestet und die Technologie beispielsweise für Anwendungen im Spritzbetonverfahren weiterentwickelt. Das Verbundverhalten der Faser in der Betonmatrix ist sehr eingehend erforscht und rechnerisch ausführlich beschrieben worden.
Darüber hinaus wurden anhand von Versuchen an Bauteilen die Wirksamkeit der Faserverstärkung auf das Tragverhalten ermittelt. Diese Tests zielten meist auf sehr spezielle Einsatzgebiete ab. Die Ergebnisse wurden für Zulassungen im Einzelfall verwendet und theoretisch in sehr spezifischen Regeln verarbeitet. Mit

---

[1] Das Vorhaben wurde finanziert vom Staatsministerium für Wissenschaft und Kunst des Freistaates Sachsen, der Philipp Holzmann AG und den Ingenieurgesellschaften IBT Berlin und Leipzig.

[2] Das Thema wurde vom Deutschen Beton Verein (DBV) finanziell getragen.

den Empfehlungen des Deutschen Beton Vereins ist ein wichtiger Schritt erfolgt zur Erstellung eines Bemessungskonzeptes. Diese Vorgaben sind derzeit noch unvollständig, weil insbesondere Hinweise für die Schubbemessung fehlen. Auch müßten Angaben zur Beschränkung der Rißbreiten und zum Ansatz von Stahlfasern als Mindestbewehrung eingearbeitet werden. Technologische Besonderheiten sollten dem Bemessungsteil vorangestellt sein. Auch hier sind mittlerweile ausreichende Kenntnisse an unterschiedlichsten Forschungseinrichtungen erarbeitet worden.
Eine weitere Schwierigkeit hinsichtlich einer allgemeinen praktischen Verbreitung ist das Bemessungskonzept der DBV-Empfehlungen, das völlig unabhängig von derzeitigen Richtlinien und Normen ist.

## 1.2 Ziel der Arbeit

Es soll ein Entwurf erarbeitet werden, der auch die Modellierung anderer Tragmechanismen ermöglicht. Die Ergebnisse der hochfesten Betonforschung berücksichtigend, wird die Duktilität in den Mittelpunkt der Bauteil-Bemessung gestellt. Weil diese Beziehungen bisher nur zur Beschreibung von Materialien mit reduzierter Duktilität verwendet wurden, ist die Untersuchung deren Gültigkeit für Faserbetone wichtig.
Das würde ein schlüssiges Konzept zur Ermittlung der Tragfähigkeit von stahlfaserverstärkten Betonen ermöglichen.
Schwerpunkt ist die Beschreibung des Schubtragverhaltens. Weiterhin wird neben der Biegetragfähigkeit auch das Trag- und Bruchverhalten zentrisch belasteter Druckglieder näher untersucht, der Einfluß von Stahlfasern ermittelt und eine technologische Möglichkeit zur Beherrschung der Problematik aufgezeigt. Die Auswirkungen einer erhöhten Materialverformbarkeit auf das Bruchverhalten werden rechnerisch modelliert, mit den herkömmlichen konstruktiven Maßnahmen verglichen, diskutiert und bewertet.
Die vorgelegte Arbeit soll neue Denkanstöße zur Bemessung stahlfaserverstärkter Betone liefern.

# 2 Materialeigenschaften

## 2.1 Allgemeines

Stahlfaserbeton ist gemäß [2.1] ein „Beton nach DIN 1045, dem zum Erreichen bestimmter Eigenschaften Stahlfasern zugegeben werden".

Diese Definition läßt sich auf alle Faserbetone anwenden. Prinzipiell sind alle Werkstoffe als Faserverstärkung geeignet, solange sie die Materialeigenschaften des Betons nicht negativ beeinflussen, bzw. ihre eigenen Festigkeiten dauerhaft gesichert sind. Mögliche Zugabewerkstoffe sind in Tabelle 2-1 aufgeführt und aus [2.2], [2.3] bzw. [2.4] zusammengestellt.

| Werkstoff | Durch-messer $\varnothing$ [µm] | Länge l [mm] | Dichte $\rho$ [g/cm³] | E - Modul E [GN/m²] | Zugfestig-keit $f_t$ [N/mm²] | Bruch-dehnung $\varepsilon_u$ [%] |
|---|---|---|---|---|---|---|
| Asbest | 0,02 - 30,0 | < 40 | 2,6 - 3,4 | 160,0 | 1000 – 4500 | 2 - 3 |
| AR-Glas | 10 - 20 | 10 - 50 | 2,6 - 2,7 | 80,0 | 2500 | 2 - 3,6 |
| Zellulose | < 60 | | 1,2 - 1,5 | 10,0 - 40,0 | 200 – 1500 | |
| Nylon | > 4 | 5 - 50 | 1,14 | < 4,0 | 800 | 13,5 |
| Aramid | 10 | 6 - 65 | 1,45 | 130,0 | 2900 | 2,1 |
| Kohlenstoff | | | | | | |
| • Typ 1 | 5 - 10 | | ≈ 2,0 | 380,0 - 450,0 | 1400 - 2100 | 0,4 - 0,5 |
| • Typ 2 | ≈ 8 | | ≈ 1,7 | 250,0 - 320,0 | 2500 - 3200 | ≈ 1 |
| Polypropylen | | | | | | |
| • fadenförmig | > 4 | 4 - 75 | 0,9 | 1,0 - 8,0 | 400 - 700 | 8 - 20 |
| • fibrilliert | > 4 | 4 - 75 | 0,9 | 5,0 - 18,0 | 500 - 750 | 5 - 15 |
| Stahl | | | | | | |
| • normal | 100 - 1000 | 6 - 60 | 7,85 | 200,0 - 210,0 | 300 - 2500 | 3 - 4 |
| • nichtrostend | > 10 | 6 - 60 | 7,85 | 160,0 - 170,0 | 2100 | 3 |

Tab. 2-1 : Zusammenstellung von Faserwerkstoffen

Die Fasern unterscheiden sich weiterhin in ihrer Geometrie, d.h. in der Länge, dem Durchmesser, der Form und der Oberflächenbeschaffenheit. In baupraktischen Anwendungen haben sich hauptsächlich Glas-, Kunststoff- und vor allem Stahlfasern durchgesetzt.

Glasfasern müssen aus alkalibeständigem Material hergestellt sein, weil sie sonst ihre Festigkeitseigenschaften im basischen Milieu des Betons verlieren. Die in verschiedenartig konzipierten Düsenziehverfahren gefertigten Fasern aus AR Glas büßen dennoch langfristig bis zu ca. 25 % ihrer Anfangsfestigkeiten ein. In speziellen Bemessungsverfahren [2.5] wird dies berücksichtigt. Glasfaserbetone werden insbesondere zur Herstellung dünnwandiger Elemente wie z.B. Fassadenplatten, Rohren oder Schalen verwendet. Bei Betoninstandsetzungsarbeiten wird teilweise glasfaserverstärkter Mörtel eingesetzt. Dieser besitzt neben einer verringerten Reißneigung auch eine erhöhte Standfestigkeit und haftet besser an senkrechten Flächen bzw. an Decken.
Wegen der geringen Kosten und der ausreichenden Alkali-Beständigkeit werden Kunststoffasern in der Regel aus Polypropylen, hergestellt. Das aus der Spaltung von Erdölbestandteilen gewonnene Propylengas dient als Ausgangsstoff. Die Fasern werden entweder im Düsenverfahren einzeln gezogen und geschnitten oder als Folien extrudiert, in Streifen getrennt und um die Längsachse verdreht. Dabei entsteht eine netzartige Struktur.

Bild 2-1: Fasern aus Polypropylen

Polypropylen hat eine Dichte von ca. $\rho$=0,91 g/cm³ und schmilzt bei etwa 160 °C. Diese Fasern werden hauptsächlich im Estrichbau eingesetzt, weil sie anfängliche Schwindprozesse verringern. Dabei sind Fasergehalte von ca. 1,0 - 2,0 kg/m³ üblich bzw. bei Verwendung hochwertigerer Fasern aus Polyacrylnitril (Dolanit) auch geringere Dosierungen. Aufgrund ihrer Temperatureigenschaften setzt man

Polypropylenfasern weiterhin zur Verbesserung des Brandverhaltens hochfester Betone ein. Die homogene Struktur der Zementsteinmatrix ermöglicht keinen Flüssigkeits- und Dampftransport zur Entspannung des Innendrucks, weil der Gehalt an Kapillarporen herstellungsbedingt stark reduziert ist. Dies führt zu schädlichen Abplatzungen der Betonoberfläche und zieht oftmals ein Versagen des Bauteils nach sich. Durch Zugabe von ca. 4,0 $kg/m^3$ Polypropylenfasern, die im Brandfall schmelzen und Mikroporen freigeben, können solche schädlichen Abplatzungen vermieden werden [2.6]. Hierüber sowie über eigene Versuche und Erfahrungen wird in Kapitel 8 berichtet.
Eine ähnliche Funktion kommt der Polypropylenfaser, als Bestandteil eines sog. Fasercocktails, auch bei der Duktilitätssteigerung hochfester Betone unter Druckbeanspruchung zu.
Detaillierte Ausführungen diesbezüglich finden sich in Kapitel 5.
Die größte Vielfalt an Anwendungen läßt der Stahlfaserbeton zu.

## 2.2 Stahlfaserbeton

### 2.2.1 Historische Entwicklung

Das Prinzip der Materialverstärkung durch faserartige Beimischung ist aus dem Altertum bekannt. In [2.6] wird von den ältesten bisher entdeckten Siedlungen aus dem mesopotamisch-iranischen Grenzgebiet berichtet. Die Behausungen, die etwa 5000 v. Chr. errichtet wurden, bestanden aus Lehm, dem Häcksel und Pflanzenfasern beigemischt waren.
Das Patent von *A. Berard* (Kalifornien) aus dem Jahre 1874 kann als Beginn einer modernen Entwicklung des Baustoffes gelten. *Berard* verstärkte den Beton durch Beimischung unregelmäßiger Abfälle aus Stahl. Damit ist der Werkstoff Stahlfaserbeton etwa so alt wie der Stahlbeton, als dessen Ursprung das „Blumenkübel-Patent" des Gärtners *Monier* aus dem Jahre 1867 gilt.
Weitere Patentanmeldungen beinhalten Beschreibungen zu den Veränderungen der Materialeigenschaften des Betons. *Alfsen* (1918) berichtet über Verbesserungen der Zugfestigkeit des Betons durch Zugabe unterschiedlicher Fasermaterialien bzw. über den Einfluß der Faseroberfläche und -geometrie auf das Verbundverhalten. Auch wurden erste Anwendungsbereiche für den neuen Werkstoff gesucht. *Martin* patentierte beispielsweise 1927 ein Verfahren zur Herstellung von Rohren.

Daß die Entwicklung des Stahlfaserbetons im Vergleich zu der des Stahlbetons schleppend verlief, hat unterschiedliche Gründe. Eine Ursache liegt in der Fehlannahme, Stahlfasern könnten herkömmliche Bewehrung gänzlich ersetzen. Weiterhin bereitete die stochastische Orientierung im Beton erhebliche Schwierigkeiten, rechnerisch die Tragfähigkeit des Materials zu prognostizieren, so daß die Entwicklung schlüssiger Bemessungskonzepte erst spät gelang.

### 2.2.2 Moderne Anwendungen

Stahlfaserbeton wird in Deutschland hauptsächlich im Industrie- und Wohnungsbau eingesetzt. Aus [2.8] wurde die prozentuale Gewichtung der Anwendungsgebiete (1996) entnommen und in Tabelle 2-2 aufgeführt.

| Einsatz | Anwendung | Häufigkeit |
|---|---|---|
| Industriebau | Boden- und Fahrbahnplatten | ca. 70 % |
| Wohnungsbau | Fundamente, Kellerwände, Estrich | ca. 16 % |
| Tiefbau | Tunnelschalen, Tübbings | ca. 10 % |
| Sicherheitsbauten | Tresore | ca. 3 % |
| Hochbau | Fertigteile | ca. 1 % |

Tab. 2-2: Anwendungsgebiete

Dabei wird durch Stahlfaserbeton besonders bei Industriefußböden, Kellerwänden und Fundamenten die konstruktiv angeordnete Bewehrung teilweise oder ganz ersetzt. Dies führt zu einer gewissen Beschleunigung des Bauablaufes. Auch wird das Rißverhalten begünstigt.

Im Tunnelbau wurden ebenfalls erste Anwendungen in Stahlfaserbeton realisiert. Bei der einschaligen Bauweise werden serienmäßig vorgefertigte Schalenelemente, sog. Tübbings eingesetzt. Diese besitzen aufgrund des hohen Automatisierungsgrades im Fertigteilwerk nur geringe Maßabweichnungen. Die auftretenden räumlichen Beanspruchungen werden durch die dreidimensional orientierten Fasern aufgenommen. Hier wird auch die Tatsache genutzt, daß sich die Schubtragfähigkeit des Betons verbessert, obwohl diese Faserwirkung gemäß DBV-Richtlinie [2.9] nicht explizit berücksichtigt werden darf (siehe Kapitel 3). Im Anschlußfugenbereich der Tübbings hat sich jedoch gezeigt, daß sich durch eine kombinierte Anwendung von Stahlfaserbeton und herkömmlicher Betonstahlbewehrung eine verbesserte Tragwirkung erzielen läßt [2.10].

Bei zweischaligen Konstruktionen können die Außenschale (Bauhilfskonstruktion) im Spritz- oder Extrudierverfahren, und die im Endzustand tragende Innenschale aus Stahlfaserbeton hergestellt werden [2.11].
Zur Sanierung von Betonflächen, die mit umweltgefährdenden Stoffen und Flüssigkeiten in Berührung kommen, werden auch stahlfaserverstärkte zementgebundene Werkstoffe eingesetzt. Hierbei wird auf die zu sanierenden Beton-Flächen eine dünne Deckschicht aus einem sehr zähen, zugfesten und undurchlässigen Mörtel aufgebracht. Diese Anforderungen können durch die Zugabe von Stahlfasern realisiert werden, wobei die Faserdosierung natürlich direkten Einfluß auf die Eigenschaften der Deckschicht hat. Übliche Zugabemengen (1 - 2 Vol.-%) sind hierbei nicht ausreichend. Weil Fasergehalte von 10 Vol.-% und mehr jedoch mit herkömmlichen Methoden nicht mehr verarbeitet werden können, wurde ein spezielles Verfahren entwickelt. Bei diesem sog. SIFCON-Verfahren (Slurry Infiltrated Fibre Concrete) werden die Stahlfasern trocken auf die zu sanierende Fläche ausgestreut und mit einer Zementsuspension vergossen. Die benötigten Feinstkornanteile müssen durch einen hohen Zementgehalt (bis zu 1000 kg/m$^3$) und Hochleistungsverflüssigern verarbeitet werden. Auf die Materialeigenschaften dieses Sanierungsbetons soll nicht weiter eingegangen werden. Detaillierte Ausführungen hierzu finden sich in [2.12]. Über Erfahrungen bei der Anwendung kann in [2.13] und [2.14] nachgelesen werden. Weitere Kenntnisse über die Verwendung stahlfaserverstärkter Betone im Umwelt- und Sanierungsbereich finden sich in [2.14] [2.25] und [2.26].
Der verstärkte Einsatz von Hochgeschwindigkeitszügen führt zu größeren dynamischen Belastungen des Schienenunterbaues, denen herkömmliche Schotterbettaufbauten nicht standhalten können. Begründet durch den dadurch erhöhten Instandsetzungsaufwand wurde als Alternative zu den losen Aufbauten aus Schotter eine gebundene Tragschicht aus Beton bzw. Asphalt als Unterbau entwickelt. Bei dieser als „Feste Fahrbahn" bezeichneten Konstruktion werden Stahlfasern zur Unterstützung der Rißbreitenbeschränkung bzw. der Energiedissipation eingesetzt. Nähere Einzelheiten finden sich in [2.10] und [2.15].
Über weitere Anwendungsfelder für stahlfaserverstärkte Betone wird in [2.16] berichtet. Diese werden ergänzt durch neuartige Überlegungen im Fertigteilbau [2.17][2.18], aber auch durch spektakuläre Einzelanwendungen, wie z.B. die Herstellung der dichten Unterwasserbetonsohle am Potsdamer Platz in Berlin [2.19][2.20].

### 2.2.3 Herstellung von Stahlfasern

Derzeit erhältliche, marktübliche Stahlfasern lassen sich bezüglich ihres Herstellungsprozesses in drei Kategorien einordnen. Die Produktionsart bestimmt dabei nicht nur die Geometrie der Faser, sondern beeinflußt auch die Oberfläche und die Eigensprödigkeit des Endproduktes.

#### 2.2.3.1 Drahtfasern

Drahtfasern werden mittels des sog. Düsenziehverfahrens aus kaltgezogenem Walzdraht hergestellt. Dabei wird der Ausgangsdraht durch hintereinander angeordnete, immer feinere Düsen gezogen bis der gewünschte Durchmesser erreicht ist. Durch Walzen wird die Endverankerung und Oberflächenprofilierung eingeprägt. In einem abschließenden Vorgang schneidet man die Faser auf die gewünschte Länge. Bild 2-2 zeigt schematisch den Herstellungsvorgang.

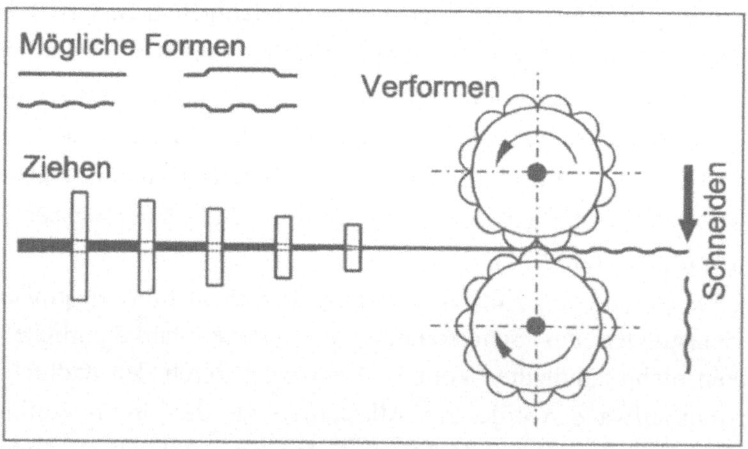


Bild 2-2 : Düsenziehverfahren, aus [2.3]

Das Düsenziehverfahren ermöglicht die Herstellung nahezu beliebiger Geometrien. Die hierzulande vertriebenen Durchmesser liegen zwischen ∅ = 0.15 mm und ∅ = 1 mm, die zugehörigen Längen betragen l = 6 mm bis l = 60 mm.
Neben diesen freien geometrischen Gestaltungsmöglichkeiten erlaubt das Verfahren auch die Verarbeitung hochqualitativer Drähte, deren Zugfestigkeit bis zu 2500 N/mm² betragen kann. Weiterhin kann man auch Edelstahlfasern herstellen.

Die nachfolgenden Abbildungen 2-3 bis 2-7 zeigen Drahtfasern verschiedener Fabrikate, die alle im Verlaufe der unterschiedlichen Versuchsprogramme der vorliegenden Arbeit zur Anwendung kamen.

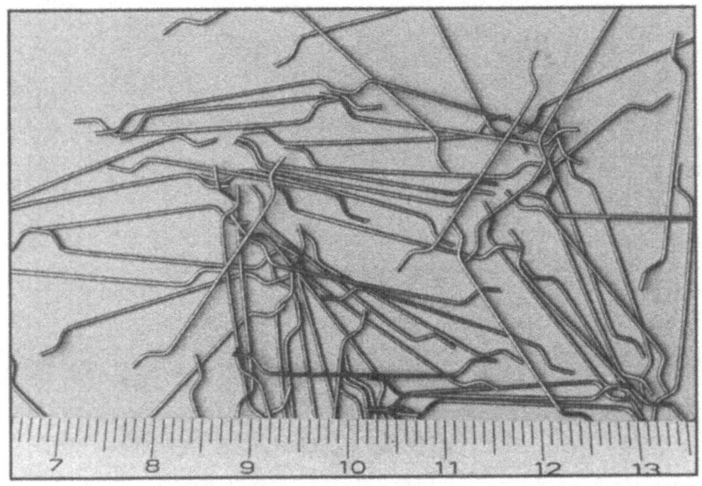


Bild 2-3 : Drahtfasern

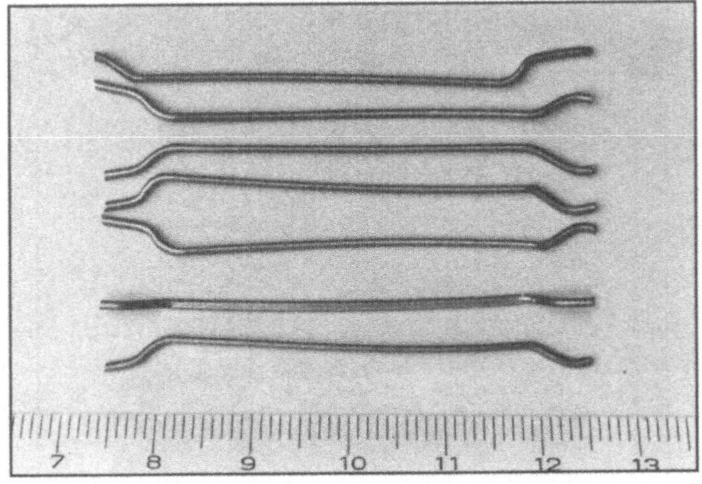


Bild 2-4 : Drahtfasern

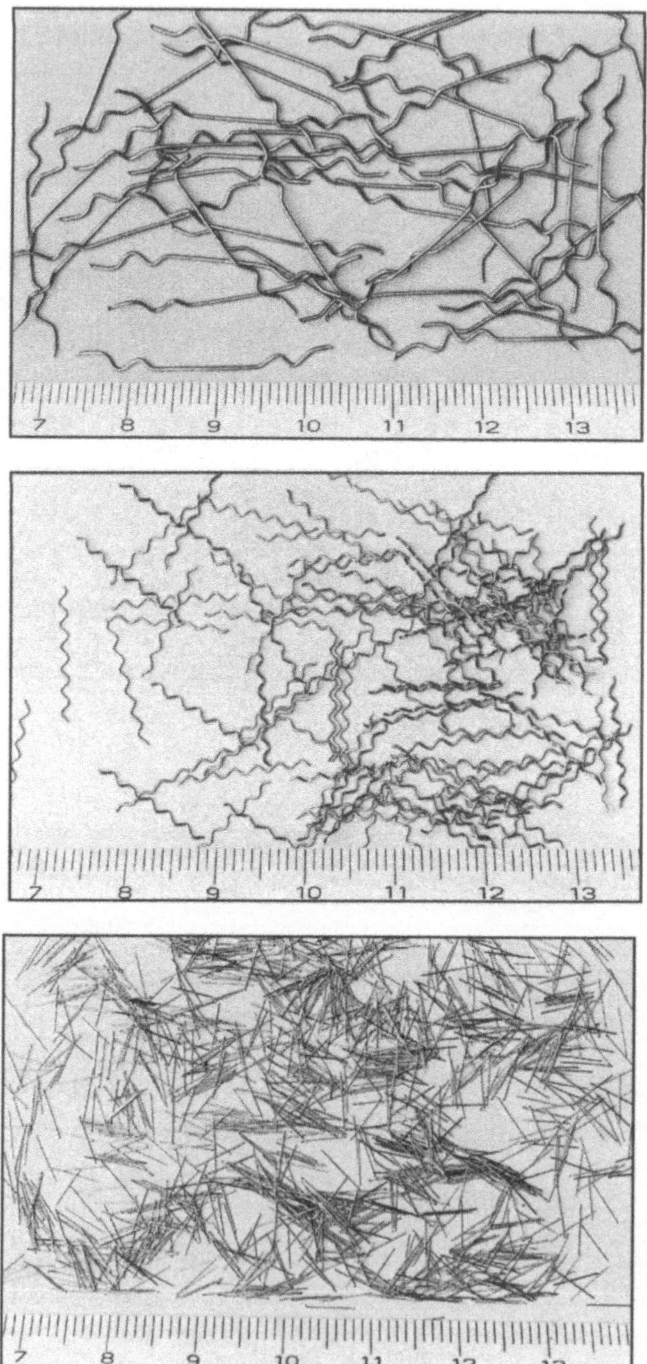


Bilder 2-5, 2-6, 2-7 : Drahtfasern

### 2.2.3.2 Gefräste Stahlfasern

In einem weiteren Herstellungsverfahren werden Metallspäne aus großen Walzblöcken, sog. Stahlbrammen heraus gefräst. Bild 2-8 zeigt schematisch den Produktionsablauf. Diese gespänten Fasern sind verfahrensbedingt unregelmäßig in ihrer Geometrie, mit sichelförmigem Querschnitt. Sie sind um ihre Längsachse tordiert und besitzen eine glatte Außen- und eine rauhe Innenseite. Abbildung 2-9 zeigt eine solche gefräste Faser, deren maximale Zugfestigkeit herstellungsbedingt bei ca. 800 N/mm² liegt. Diese Späne können plastisch nicht verformt werden; sie brechen spröde. Die unregelmäßige Oberfläche bewirkt jedoch eine Verbesserung des Haftverbundes der in der Betonmatrix eingebetteten Stahlfaser. Bild 2-10 zeigt die während des Einmischvorgangs entstandenen Verzahnungen.

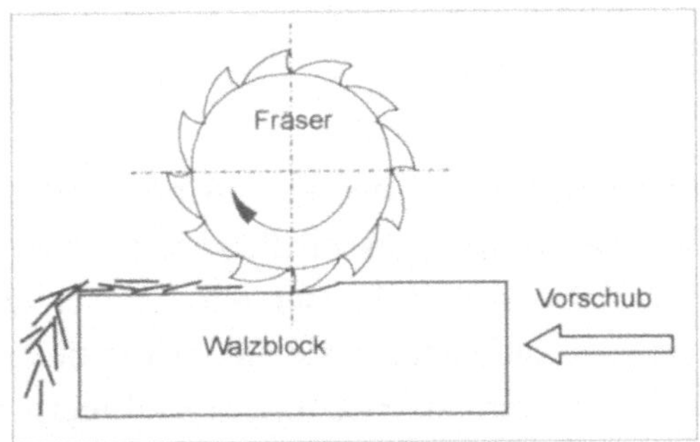


Bild 2-8 : Herstellungsverfahren von gespänten Fasern, aus [2.3]

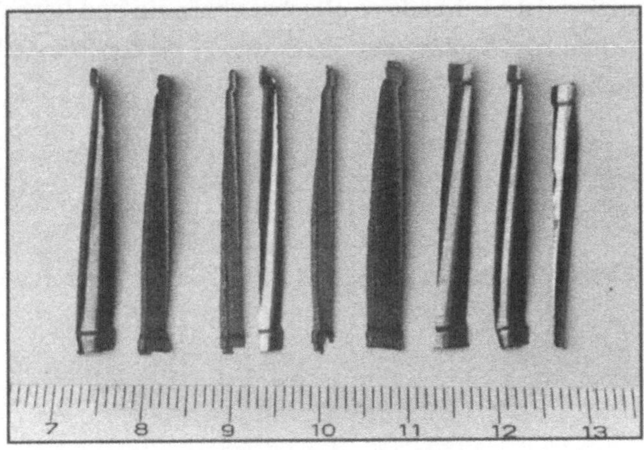


Bild 2-9 : Gespänte Fasern

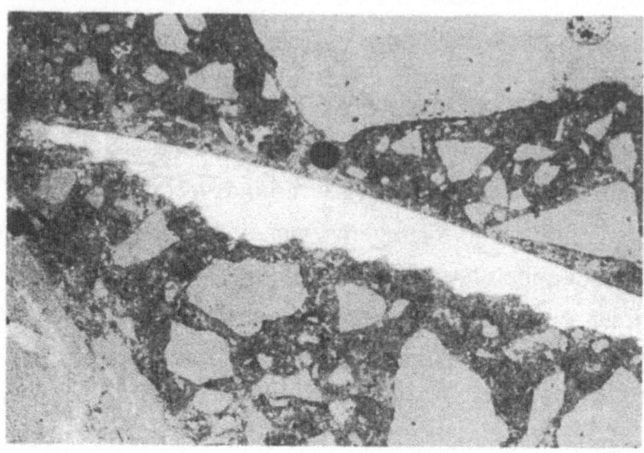

Bild 2-10 : Gespänte Faser in der Betonmatrix, aus [2.29]

#### 2.2.3.3 Blechfasern

Bei diesem Verfahren werden die Fasern aus einem gewalzten Blech gewonnen, welches zunächst in dünne Streifen, anschließend in einzelne Fasern zerschnitten wird. In einem weiteren Arbeitsschritt können durch Druckkräfte beliebige plastische Verformungen erzeugt und dadurch die Geometrie und Oberflächenbeschaffenheit der Fasern bestimmt werden. Blechfasern sind meist rechteckig, mit gängigen Faserbreiten zwischen 1.5 mm und 2.5 mm, Faserdicken zwischen 0.5 mm und 1.0 mm und Längen zwischen 25 mm und 45 mm. Die Zugfestigkeiten sind von der Materialgüte des verwendeten Bleches abhängig und liegen üblicherweise zwischen 400 N/mm² und 800 N/mm². In Bild 2-11 ist das Herstellungsverfahren schematisch abgebildet.

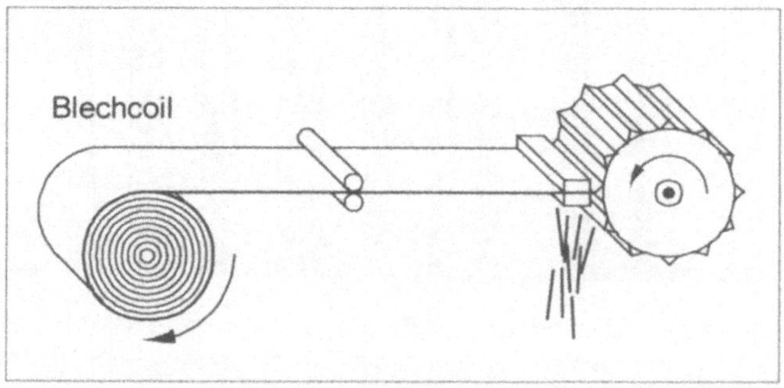


Bild 2-11 : Verfahren zur Herstellung von Blechfasern, aus [2.3]

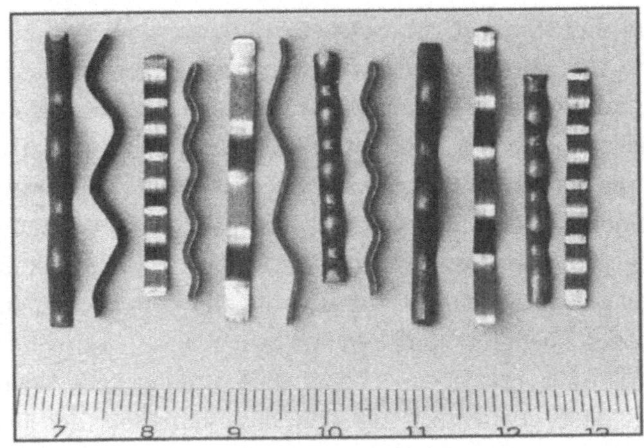

Bild 2-12 : Blechfasern

### 2.2.4 Herstellung von Stahlfaserbeton und Frischbetoneigenschaften

Die Herstellung, Verarbeitung und Überwachung von Stahlfaserbeton erfolgt gemäß DIN 1045 [2.21] unter den Bedingungen für B II. Spezielle, über diese Vorgaben hinaus führende Anforderungen an den Zement, das Zugabewasser bzw. weitere Zusatzstoffe und -mittel werden nicht gestellt.

Als Zuschläge empfehlen sich runde, gedrungene Körner. Gebrochene Korngruppen beeinflussen die Verarbeitbarkeit ungünstig, wie auch in eigenen Versuchen festgestellt werden konnte. In [2.1] wird das Größtkorn pauschal auf 16 mm bzw. auf 8 mm bei Spritzbeton beschränkt. *Maidl* [2.3] greift diesbezüglich die Vorgabe der japanischen Norm auf und empfiehlt die Wahl eines Größtkorndurchmesser von maximal 2/3 der Faserlänge. Weiterhin soll ein minimales Größtkorn von 4 mm ein Absinken der Faser während der Verdichtung verhindern. Solche feinen Betonzusammensetzungen werden fast ausschließlich in Spezialanwendungen eingesetzt (z.B. bei dünnwandigen Bauteilen), in die dann auch kleinere Stahlfasern beigemischt werden. Dem Absinken kann weiterhin durch die Zugabe von Mirkosilica entgegen gewirkt werden. Die Siebline sollte im günstigen Bereich 3 (gemäß [2.21] Abschnitt 6.6.2, Bild 3), d.h. in einer ausgewogenen Kornverteilung, liegen.

Weitere technologische Angaben für die Anwendung bei Spritzbetonen können [2.1], [2.22], [2.23] und [2.30] entnommen werden.

In Anlehnung an die Vorgaben für Betonstähle müssen auch Stahlfasern sauber und frei von Rost sein, da sonst der Haftverbund beeinträchtigt werden kann. Bei der Herstellung der eigenen Versuchskörper wurden dem Ausgangsbeton sowohl einzelne als auch zu Bündeln verklebte Fasern beigemischt. Bei normalfesten Betonen gelang dies in beiden Fällen gut, wobei dennoch Unterschiede in Abhängigkeit der Geometrie beobachtet wurden. Die aus technologischen Gründen reduziert vorhandenen Wassermengen bei hochfesten Betonen reichten nicht aus, um die Verklebung der Faserbündel befriedigend zu lösen. Hier ist zukünftig eine Interaktion zwischen Fließmittel und Leim zu beachten.

Die Verarbeitbarkeit des Frischbetons hängt stark von der verwendeten Faser ab. Als charakterisierender Parameter hat sich das Verhältnis der Länge $l_F$ zum Durchmesser $d_F$ etabliert. Mit steigenden $l_F/d_F$ - Verhältnissen vergrößert sich die Effektivität der Faser, gleichzeitig erschwert sich die Verarbeitbarkeit des Frischbetons. Ein günstiger Kompromiß liegt bei $l_F/d_F$ - Werten zwischen 60 und 100. Die meisten lieferbaren Fasertypen gruppieren sich mit ihren Abmessungen am unteren Rand dieser Bandbreite bei einem Wert von 60, d.h. zu Gunsten der Verarbeitbarkeit. Diese wird darüber hinaus auch durch die Fasergeometrie beeinflußt. Bei gleichen Durchmessern verschlechtert sie sich mit steigender Anzahl an Richtungsänderungen entlang der Längsachse. Eine gerade, glatte Faser kann besser eingemischt werden als eine mit Endabkröpfung, die wiederum leichter zu verarbeiten ist als gewellte Fasern. Ein Hinweis bezüglich der Verarbeitbarkeit kann durch einen einfachen Versuch gewonnen werden. Man nehme ein Bündel Fasern und lege sie auf eine Unterlage. Je besser sie sich vereinzeln desto leichter kann der Beton verarbeitet werden.

Die Ermittlung der Konsistenz im sog. Ausbreitversuch gemäß DIN 1048 ist üblich, sollte für Stahlfaserbetone jedoch überdacht werden. In [2.3] wird eine Verringerung des Ausbreitmaßes von Stahlfaserbeton von 5 bis 10 cm im Vergleich zu herkömmlichen Betonen festgestellt. Diese Größenordnung konnte auch in eigenen Versuchen bestätigt werden [2.24].

Die Folgerung, die Konsistenz durch Zugabe von Verflüssigern und Fließmitteln zu verbessern [2.3] kann jedoch nicht uneingeschränkt gelten. Bei niedrigen Fasergehalten ist in gewissem Umfang eine Steigerung der Konsistenz erzielbar. Bei höheren Dosierungen (80 kg/m³ und mehr) gelingen keine nennenswerten Verbesserungen mehr, weil das Fasergerüst sehr eng und ineinander verhakt liegt. Bild 2-13 zeigt den Betonkonus eines faserfreien Betons direkt nach Entfernen des Trichters im Vergleich zu einem Stahlfaserbeton (Bild 2-14).

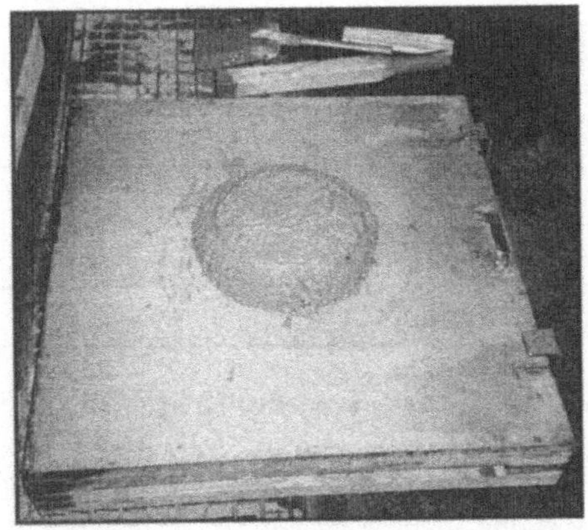

Bild 2-13 : Faserfreier Betonkonus vor dem Ausbreitversuch

Bild 2-14 : Konus eines Stahlfaserbetons vor dem Ausbreitversuch

Eine Erhöhung der Fließmitteldosierung führt zu Entmischungserscheinungen, weil der im Fasergerüst gehaltene Beton verflüssigt und heraus fließt. Das danach ermittelte Ausbreitmaß läßt nur bedingte Rückschlüsse auf die Verarbeitbarkeit zu. Eine für Stahlfaserbetone aussagekräftigere Methode scheint der sog. Verdichtungsversuch gemäß DIN 1048 zu sein.

### 2.2.5 Festbetoneigenschaften

Die Festbetoneigenschaften werden wesentlich von der prinzipiellen Wirkungsweise der Faser in der Betonmatrix beeinflußt. Zur Verdeutlichung sind in Tabelle 2-3 die Materialeigenschaften von Beton, Zementstein und Mörtel gegenüber gestellt.

| Werkstoff | Dichte<br>ρ<br>[g/cm³] | E – Modul<br>E<br>[GN/m²] | Zugfestigkeit<br>$f_t$<br>[N/mm²] | Bruchdehnung<br>$\varepsilon_u$<br>[%] |
|---|---|---|---|---|
| Zementstein | 2,0 | 7,0 - 28,0 | ≤ 8,0 | 0,03 - 0,06 |
| Mörtel | 2,3 | 20,0 - 45,0 | ≤ 6,0 | 0,015 |
| Beton | 2,6 | 20,0 - 45,0 | ≤ 6,0 | 0,01 |

Tab. 2-3 : Näherungswerte der Materialeigenschaften hydraulisch gebundener Werkstoffe

Die Bruchdehnungen von Beton bzw. Zementstein sind wesentlich geringer als die der in Frage kommender Fasermaterialien. Aufgrund dieser geringeren Verformbarkeit versagt die Zementsteinmatrix immer vor den Fasern. Folglich müssen bei den Festbetoneigenschaften zwei Zustände untersucht werden: der einer ungerissenen Matrix sowie der gerissene Zustand II.
Die rißvernähende Wirkung der Stahlfaser, die zu deutlichen Verbesserungen der Duktilität führt, wird in Kapitel 4 näher erläutert und mechanisch beschrieben. Ergänzend dazu werden die Festigkeitseigenschaften von Stahlfaserbeton durch die Wirkung der Faser im ungerissenen Zustand I charakterisiert. Hier sind sie Ergebnis eines innerlich hochgradig statisch unbestimmten Systems und beteiligen sich am Lastabtrag im Verhältnis ihrer Dehnsteifigkeiten $E_f \cdot A_f$ zur Gesamtdehnsteifigkeit des Materials. Diese wird durch $E_b \cdot A_b$ des Betons gut beschrieben. Aufgrund der kleinen Fläche, der geringen Zugabegehalte und der zufälligen Orientierung sind die den Fasern zugewiesenen Lastanteile nur gering.
Der Elastizitätsmodul errechnet sich aus dem Sekantenmodul eines Prüfintervalls im mittleren Drittel der Druckfestigkeit, in dem der Beton, von Mikrorißbildung abgesehen, als ungerissen angesehen werden kann. Nach dem Verbundspannungsansatz berechnet sich der Elastizitätsmodul $E_b$ von Stahlfaserbeton anteilig aus dem Elastizitätsmodul der Matrix $E_m$ und der Stahlfasern $E_f$, unter Berücksichtigung der Volumenanteile gemäß Gleichung (2.1).

$$E_b = E_m \cdot (1 - \eta_{Vol}) + E_f \cdot \eta_{Vol} \cdot \eta_{\Theta} \tag{2.1}$$

Unter Annahme praxisüblicher Faserdosierungen und Materialkennwerte lassen sich Steigerungen des E-Moduls von ca. 5 % ermitteln. Diese Größenordnung konnte auch in eigenen Versuchen beobachtet werden. Es empfiehlt sich deshalb

rechnerisch keine Veränderung des E-Moduls anzusetzen. Gleiches gilt in diesem Zusammenhang auch für die Querdehnzahl.
Die frühzeitige Vernähung auftretender Mikrorisse in Querrichtung beeinflußt die Druckfestigkeit positiv. Allerdings wird durch das Beimischen von Fasern auch das Porenvolumen des Betons vergrößert, was die Druckfestigkeit leicht abmindert. Näherungsweise heben sich die Wirkungen dieser beiden gegenläufigen Effekte auf, so daß auch hier von keiner Beeinflussung der Festigkeit ausgegangen werden kann. In eigenen Versuchen konnte, bei sorgfältiger Verdichtung des Betons, teilweise eine Steigerung der Druckfestigkeit von bis zu ca. 10 % festgestellt werden. Trotzdem liegt es nahe, Festigkeitsparameter von solchen Unsicherheiten zu lösen und gezielt über die Betonrezeptur zu steuern.
Dasselbe gilt für die zentrische Zugfestigkeit. Die unterschiedlichen Bruchdehnungen von Fasern und Zementsteinmatrix und die damit einher gehenden Versagensmechanismen erklären, daß die eigentliche Festigkeit unbeeinflußt bleibt. Nach Ausbildung des Versagensrisses wird er durch die Fasern vernäht. Wie in Kapitel 4 näher erläutert, werden Zugspannungen über die Rißöffnung übertragen, die bei höheren Dosierung wieder bis zu Größenordnungen der ursprünglichen Festigkeit anwachsen können.
Bei Spaltzugversuchen werden dahingegen leichte, bei Biegezugversuchen teilweise erhebliche Vergrößerungen der Festigkeiten ermittelt. Die Rißvernähung führt weiterhin zu einem verbesserten Materialverhalten unter mehrachsialer Beanspruchung bzw. aufgrund der damit verbundenen Energieabsorption auch unter dynamischer Belastung.
Das Schwindmaß von Stahlfaserbeton ist im Vergleich zu herkömmlichen Betonen leicht verringert. Diese Reduzierung beträgt bei Dosierungen von 1 Vol. - % ca. 10 % [2.2][2.25].

### 2.2.6 Korrosionsverhalten

Das Korrosionsverhalten von Stahlfaserbeton ist öfter Gegenstand kontroverser Auseinandersetzungen. Da diese Erscheinung Unsicherheiten hervorruft, soll nachfolgend darauf eingegangen werden.
Die Korrosion der Stahlfasern ist entscheidend für die Dauerhaftigkeit des Bauteils. Bild 2-15 zeigt die durch rostende Stahlfasern geschädigte Oberfläche einer Bodenplatte.

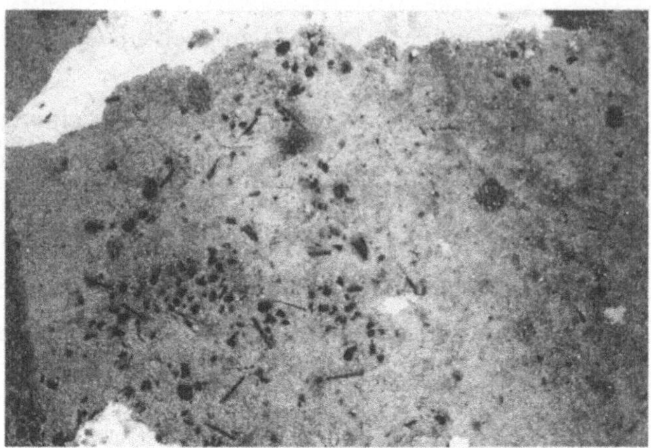

Bild 2-15 : Korrodierende Fasern an der Betonoberfläche

Auch bei der Beurteilung von Korrosionserscheinungen muß der Rißzustand des Bauteils beachtet werden. So kann bei ungerissenen Konstruktionen davon ausgegangen werden, daß die Stahlfasern durch das alkalische Milieu des Betons ausreichend geschützt sind. Langzeitversuche [2.27][2.28], selbst unter aggressivem Angriff von Chloriden, zeigten keine Beeinträchtigung der Dauerhaftigkeit. Korrosionserscheinungen wurden nur an oberflächennahen Fasern beobachtet. Aufgrund der geringen Faserabmessungen ist der durch das Korrosionsprodukt entstehende Sprengdruck zu gering, um schädigende Abplatzungen zu verursachen.
Bei Konstruktionen im Zustand II sind Fasern im Rißbereich nicht vor schädigenden Einflüssen geschützt. Der von den Rißflanken fortschreitende Prozeß der Karbonatisierung spielt für die Korrosion allerdings eine untergeordnete Rolle. Entscheidend ist das Feuchteangebot im Riß, das von Parametern wie z.B. der Rißbreite und der Lage des Bauteils abhängt. Hierzu wurden umfangreiche Versuche durchgeführt, die in [2.28] veröffentlicht sind. Die Untersuchungen zeigen, daß der Feuchtegehalt der Luft nicht ausreicht, um nennenswerte Korrosion zu fördern, bei ausreichendem Wasserangebot Korrosionserscheinungen aber nicht ausgeschlossen werden können. Die Ermittlung einer kritischen Rißbreite ist schwierig, weil sie von einer Vielzahl von Parametern abhängt. Sofern Fasern ein Anteil am Lastabtrag zugerechnet wird, muß Korrosion ausgeschlossen sein. Dies gelingt am wirkungsvollsten durch eine Schutzbeschichtung oder durch Versiegelung aufgetretener Risse. Verzinkte Fasern bieten, gemäß [2.28] nur einen vorübergehenden Schutz mit verzögertem Beginn der Korrosion.

# 3 Ermittlung der Tragfähigkeit - Grundlagen und Konzepte

## 3.1 Überlegungen zur Bemessung von Stahlfaserbeton

Die Schwierigkeit bei der Bemessung von Stahlfaserbeton liegt in der rechnerischen Erfassung der großen geometrischen und materialspezifischen Vielfalt der Fasern, die die Werkstoffeigenschaften deutlich beeinflussen. Problematisch ist auch die zufällige und damit rechnerisch schwer zu erfassende Verteilung der Fasern im Querschnitt und deren geringe geometrischen Abmessungen, die nicht annähernd die Ausnutzung der Zugfestigkeit zuläßt [3.1].

Stahlfaserbeton ist ein Sonderbeton, dessen Eigenschaften von der beigemischten Faser abhängen. Dennoch sollten Bemessungskonzepte entwickelt werden, die auch nicht im Widerspruch zur Normung faserfreier Betone stehen, sondern diese ergänzen.

Unter Berücksichtigung dieser spezifischen Besonderheiten, wurden von *Schnütgen* in [3.2] erste Überlegungen zur Tragfähigkeitsermittlung angestellt. Eine Biegebemessung stahlfaserverstärkter Betone sollte danach in Anlehnung an DIN 1045 auf dem bekannten Parabel-Rechteck Diagramm aufbauen, in das die Besonderheiten des Materials eingearbeitet werden. *Schnütgen* schlägt vor, die Druckfestigkeit und die Grenzwerte der Bruchstauchung in Abhängigkeit des eingesetzten Fasergehaltes zu erhöhen. Diese Vorschläge basieren auf Versuchsbeobachtungen. Das verbesserte Verformungsverhalten sollte gemäß [3.2] durch eine Modifizierung der Parabelgleichung bzw. eine Anhebung der Grenzbruchstauchung für Biegebeanspruchungen beachtet werden. Die rißüberbrückende Tragwirkung der Fasern wird darüber hinaus in der Zugzone zu berücksichtigen sein, d.h. im Gegensatz zu faserfreien Betonen erhöht sich hier die Steifigkeit in Abhängigkeit der gewählten Dosierung. In [3.2] wird ein modifiziertes Parabel-Schrägriß Modell für Stahlfaserbeton gemäß Bild 3-1 angegeben, wobei *Schnütgen* darauf hinweist, daß dieses Diagramm nicht allgemeingültig, sondern nur für den getesteten Fasertyp verwendbar ist.

*Taerwe* und *Van Gysel* schlagen in [3.3] vor, das Verhalten der Druckzone durch einen Flächenausgleich aus Versuchen abzuleiten. Dabei errechnen sich die charakteristischen Stauchungen aus einem Vergleich der verrichteten Arbeiten vor und nach Erreichen der Festigkeit. Im Gegensatz zu *Schnütgen* wird nicht eine

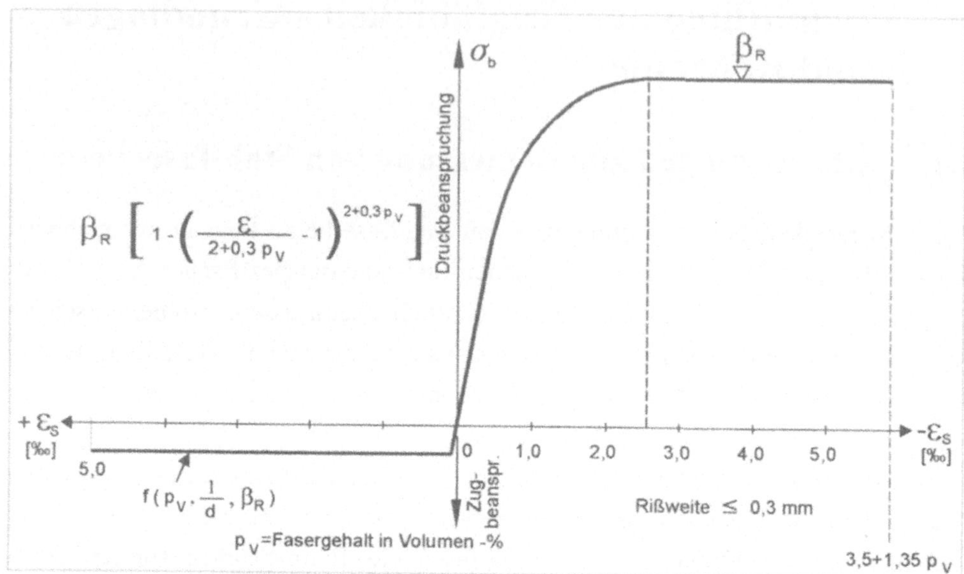


Bild 3-1: Parabel-Rechteck Model für Stahlfaserbeton, nach [3.2]

Steigerung der Druckfestigkeit durch die Stahlfasern, sondern lediglich das verbesserte Verformungsverhalten einbezogen. Aufbauend auf der mathematischen Beschreibung des Nachbruchverhaltens von *Sargin* und *Handa* [3.4] sowie eigenen Versuchsserien wird eine Funktion angegeben, mit deren Hilfe der vollständige Verlauf der Druckspannungs-Stauchungsbeziehung formuliert werden kann.

## 3.2 Empfohlene Bemessungskonzepte

In den Empfehlungen des Deutschen Beton Vereins (DBV) zum Einsatz von Stahlfaserbeton im Tunnelbau, findet sich nachfolgende Arbeitslinie. Diese entspricht für Stauchungen exakt dem Parabel-Rechteck Diagramm faserfreier Betone gemäß DIN 1045, d.h. der günstige Einfluß der Fasern auf das Stauchungsverhalten bzw. die Völligkeit der Arbeitslinie bleiben unberücksichtigt.

Im Zugbereich wird die Arbeitslinie durch drei charakteristische Punkte beschrieben. Bis zum Erreichen der Biegezugfestigkeit $\sigma_{BZ}$ kann von einem ungerissenen Bauteil ausgegangen werden. $\sigma_{BZ}$ wird gemäß [3.5] aus Biegezugversuchen gemäß DIN 1048 ermittelt und errechnet sich nach Gleichung (3.1),

$$\sigma_{BZ} \leq (0{,}8 - \alpha) \cdot \beta_{BZ} \cdot k_{DBV} \tag{3.1}$$

wobei gilt :

$\alpha$ ≡ Abminderungsfaktor

$\alpha = 0$ für Druck-Normalkräfte

$\alpha = 0{,}25$ bei Zug- oder fehlender Normalkraft

$\beta_{BZ}$ ≡ 10 % - Quantilwert der Biegezugfestigkeit aus den Eignungsversuchen

$k_{DBV}$≡ Abminderungsfaktor zur Berücksichtigung des notwendigen Vorhaltemaßes zwischen Eignungs- und Güteprüfung

$k_{DBV} = 0{,}9$

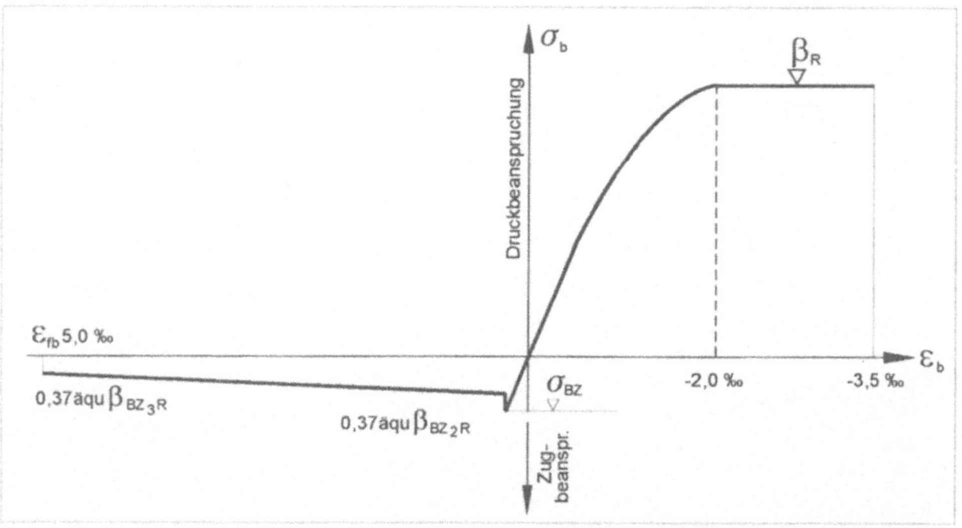


Bild 3-2 : Arbeitslinie für Stahlfaserbeton [3.5]

Die sog. äquivalenten Biegezugfestigkeiten äqu $\beta_{BZ,2,R}$ bzw. äqu $\beta_{BZ,3,R}$ kennzeichnen das Nachrißverhalten in unterschiedlichen Verformungszuständen. Beide Werte sind Hilfsgrößen und dienen dazu, das rechnerische Gleichgewicht der inneren Kräfte im gerissenen Querschnitt herzustellen. Zu deren Ermittlung werden die Arbeitslinien der durchgeführten Biegezugversuche zwischen definierten Durchbiegungsgrenzen integriert (Gleichung 3.2). Aus dem so ermittelten Arbeitsvermögen $D_{BZ}$, das sich aus den Arbeitsanteilen des faserfreien Betons $D^b_{BZ}$

und dem der Stahlfasern $D^f_{BZ}$ addiert, errechnet sich die äquivalente Nachrißzugfestigkeit (Gleichung 3.3); Daraus entsteht, bezogen auf die geometrischen Kenngrößen des ungerissenen Betons, eine äquivalente Biegezugfestigkeit (Gleichung 3.4).

$$D_{BZ,2,3} = \int_{\delta_1}^{\delta_{2,3}} F(\delta) \cdot d\delta \tag{3.2}$$

mit

$$\delta_2 = \delta_1 + 0{,}65\text{mm}$$
$$\delta_3 = \delta_1 + 3{,}15\text{mm}$$

$$\text{äqu } F_2 = \frac{D_{BZ,2}}{0{,}5\text{mm}} \tag{3.3a}$$

$$\text{äqu } F_3 = \frac{D_{BZ,3}}{3{,}0\text{mm}} \tag{3.3b}$$

$$\text{äqu } \beta_{BZ,i} = \frac{1}{b \cdot d^2} \cdot \text{äqu } F_i \tag{3.4}$$

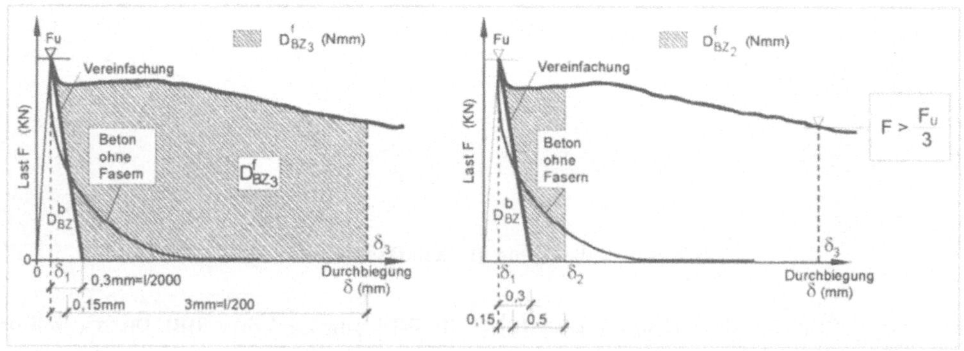


Bild 3-3 : Auswertung der Eignungsprüfungen

Der Abminderungsfaktor ergibt sich aus dem Vergleich der Spannungsverteilungen im ungerissenen bzw. im gerissenen Zustand (siehe hierzu Bild 3-4).
Unter Ansatz dieser Verteilungen errechnen sich die Momententragfähigkeiten $M^I$ bzw. $M^{II}$ gemäß Gleichungen (3.5) bzw. (3.6).

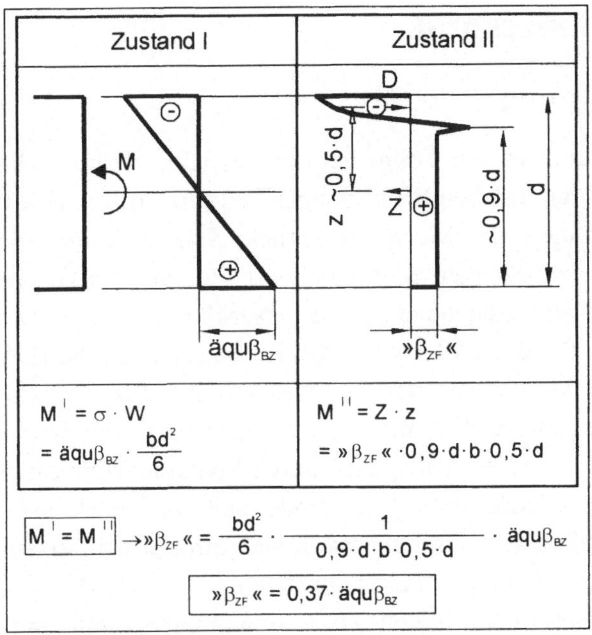


Bild 3-4: Spannungsverteilungen in Zustand I bzw Zustand II

$$M^{I} = W \cdot \sigma = \frac{b \cdot d^{2}}{6} \cdot \text{äqu } \beta_{BZ} \tag{3.5}$$

$$M^{II} = Z \cdot z = \beta_{ZF} \cdot 0{,}9 \cdot d \cdot b \cdot 0{,}5 \cdot d$$

Gleichsetzen und auflösen nach $\beta_{ZF}$ liefert :

$$\beta_{ZF} = 0{,}37 \cdot \text{äqu } \beta_{BZ} \tag{3.6}$$

Der aus den Eignungsversuchen gewonnene Mittelwert der äquivalenten Biegezugfestigkeit wird durch Berücksichtigung des Dauerstandverhaltens, geometrischer Abweichungen zwischen Prüfkörper und Bauwerk und eines Vorhaltemaßes abgemindert. Empfehlungen zur Durchführung der Einstufungs-, Eignungs- bzw. Güteprüfungen finden sich im Anhang von [3.5].

Bei der Querkraftbemessung wird nach [3.5] ein tragfähigkeitssteigernder Einfluß der Stahlfasern nicht berücksichtigt.

## 3.3 Bruchmechanik

### 3.3.1 Einführung

Die Bruchmechanik ist ein Teilgebiet der Festigkeitslehre und dient der mathematischen Beschreibung von Rißbildungen in Werkstoffen. Ihre Geschichte reicht bis zu den Anfängen der Mechanik zurück. Schon *Galileo Galilei* formulierte grundsätzliche Überlegungen zum Bruchverhalten von Balken und ermittelte daraus das Moment als maßgebende Versagensgröße. Mit der Entwicklung der Kontinuumsmechanik und der Plastizitätstheorie wurde auch die Bruchmechanik verbessert. Heutige Ansätze gründen sich wesentlich auf die Überlegungen von *Grifith*, der die zum Rißfortschritt benötigte Energie beschrieb, bzw. die Arbeiten von *Irwin*, der den Zustand der Rißspitzen durch Spannungsintensitätsfaktoren K ausdrückte. Diesem K-Konzept liegt zugrunde, daß Werkstoffe nie eine ideal homogene Struktur aufweisen, sondern das immer infolge von Vorschädigungen, Mikroeinschlüssen, Poren etc. lokale Schwächungen vorhanden sind, an denen sich Spannungskonzentrationen bilden. Diese Spannungsspitzen sind die Ursache beginnender Rißbildungen und können durch die Gesetze der Kontinuumsmechanik nicht abgebildet werden. Hieraus resultierende Formulierungen der linearen Bruchmechanik, die auf den Gesetzten der linearen Elastizitätstheorie basieren, dienen der Beschreibung spröder Bruchvorgänge. Sie beschränken sich auf vornehmlich homogene Materialien wie z.B. Glas oder Keramik. Durch die Heterogenität des Konglomerates Beton müssen bei dessen Bruchvorgängen weitere Phänomene berücksichtigt werden. Die lineare Bruchmechanik kann hier mit hinreichender Genauigkeit nur bei Systemen mit sehr großen Abmessungen eingesetzt werden.

### 3.3.2 Beschreibung von Bruchvorgängen in Beton

Neben den üblichen Fehlstellen existieren in Beton weitere Inhomogenitäten, die zum Aufbau von Spannungskonzentrationen führen. Die teilweise erheblichen Unterschiede in den Materialeigenschaften der Zuschläge und Zementsteinmatrix führen ebenso zu Spannungsspitzen, wie die Festigkeitseigenschaften der Übergangszone (Kontaktzone) zwischen den beiden Komponenten. Herstellungsbedingte Einschlüsse von Mikroporen und Eigenspannungen aus Hydratationsvorgängen beeinflussen die Rißbildungen ebenfalls. Die Heterogenität führt dazu, daß der aktive Riß, in dem potentielle Energie in Oberflächenenergie umgewandelt wird, begleitet wird durch eine ausgeprägte, der Rißspitze voraus eilende Mikrorißbildung. Innerhalb dieser sogenannten Bruchprozeßzone (BPZ) dominieren inelastische Vorgänge, die nur durch nichtlineare Beschreibungen erfaßt werden können.

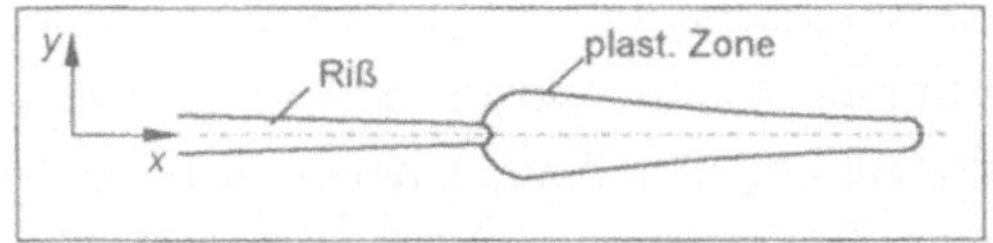


Bild 3-5 : Bruchprozeßzone

Während bei spröden Materialien die zur Erzeugung eines Risses benötigte Energie $G_{IC}$ direkt aus der Oberflächenspannung des Materials abgeleitet werden kann, muß bei Betonen zusätzlich der inelastische Anteil der Bruchprozeßzone berücksichtigt werden. Hieraus folgt, daß die spezifische Bruchenergie $G_f$ bedeutend größer ist als $G_{IC}$.

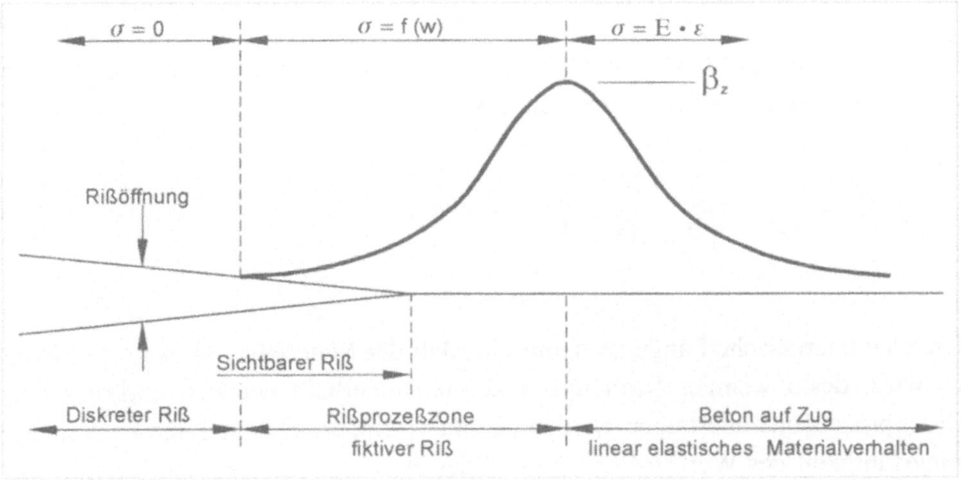


Bild 3-6 : Schematische Darstellung der Spannungsübertragung

Der wohl entscheidende Durchbruch bei der rechnerischen Beschreibung von Bruchvorgängen in Beton gelang *Hillerborg* mit der Formulierung seines fictitious crack model („Modell des fiktiven Risses") [3.6]. Darin wird der sichtbare Teil eines Risses an seiner Spitze um eine fiktive Länge erweitert, mit der die

Mikrorißbildungen in der Bruchprozeßzone erfaßt werden (siehe Bild 3-6). Während dem diskreten Riß keine weitere Beteiligung an der Spannungsübertragung mehr zugeschrieben wird, vollzieht sich die eigentliche Entfestigung des Materials innerhalb der Prozeßzone. Außerhalb kann linear elastisches Verhalten angenommen werden.
Anhand der Energiebilanz eines Zugstabes zum Zeitpunkt der Rißbildung kann die sogenannte charakteristische Länge $l_{ch}$ errechnet werden. Hierzu wird die durch äußere Lasten implementierte elastische Energie $W_{el}$ mit der Energie $W_{Riß}$ gleichgesetzt, die zur Bildung der beiden neuen Rißoberflächen benötigt wird. $W_{Riß}$ errechnet sich gemäß Gleichung (3.7), die durch Umformung ermittelte charakteristische Länge $l_{ch}$ gemäß (3.8).

$$W_{Riß} = A_b \cdot G_f \tag{3.7}$$

$$l_{ch} = \frac{G_f \cdot E}{f_{ct}^2} \tag{3.8}$$

Dabei wird die spezifische Bruchenergie $G_f$ aus der Integration der Zugspannungen in der Bruchprozeßzone ermittelt (3.9).

$$G_f = \int_{w=0}^{w=\infty} \sigma_{Beton}(w) \cdot dw \tag{3.9}$$

Die charakteristische Länge ist damit ein Maß der Materialsprödigkeit. Je kleiner $l_{ch}$ wird, desto weniger Spannungen können innerhalb der sich entfestigenden Bruchprozeßzone übertragen werden. Damit verringert sich auch die Lastumlagerungsfähigkeit des Werkstoffes während des Bruchs. Die elastische Energie wird in rißerzeugende Energie umgewandelt, das Material entfestigt sich schneller, seine Verformungsfähigkeit nimmt ab. Für herkömmliche Betone liegt $l_{ch}$ im Dezimeterbereich, bei hochfesten Mörteln reduziert es sich auf Zentimeter. Abhängig von der Faserdosierung errechnet sich die charakteristische Länge für Stahlfaserbeton im Meterbereich. Damit wird die größere Verformungsfähigkeit auch rechnerisch aufgezeigt.

### 3.3.3 Experimentelle Ermittlung bruchmechanischer Kenngrößen von Beton

Zur direkten experimentellen Ermittlung der charakteristischen Länge $l_{ch}$ bzw. der spezifischen Bruchenergie $G_f$ eignet sich ausschließlich der weggesteuerte zentrische Zugversuch. Die hierbei gemessenen Last – Verformungskurven beinhaltet alle Energieanteile, die während des Bruchvorgangs umgesetzt werden. Der gemessene Verlauf kann direkt als Form der Entfestigungsbeziehung verwendet werden. Voraussetzung dafür ist, daß die zentrische Lasteinleitung auch während des Rißbeginns gewährleistet bleibt, d.h. ein auftretender Dehungsgradient zu jeder Zeit ausgeschlossen werden kann. Dies ist nur durch eine biegesteife Lasteinleitungskonstruktion realisierbar, wie sie am Beispiel der eigenen Versuche in Kapitel 4.3.1 beschrieben ist. Eine gelenkige Lagerung führt hingegen bei Rißbeginn zu einer Art Reißverschluß – Effekt. Der vorhandene Dehnungsgradient verfälscht die Ergebnisse.

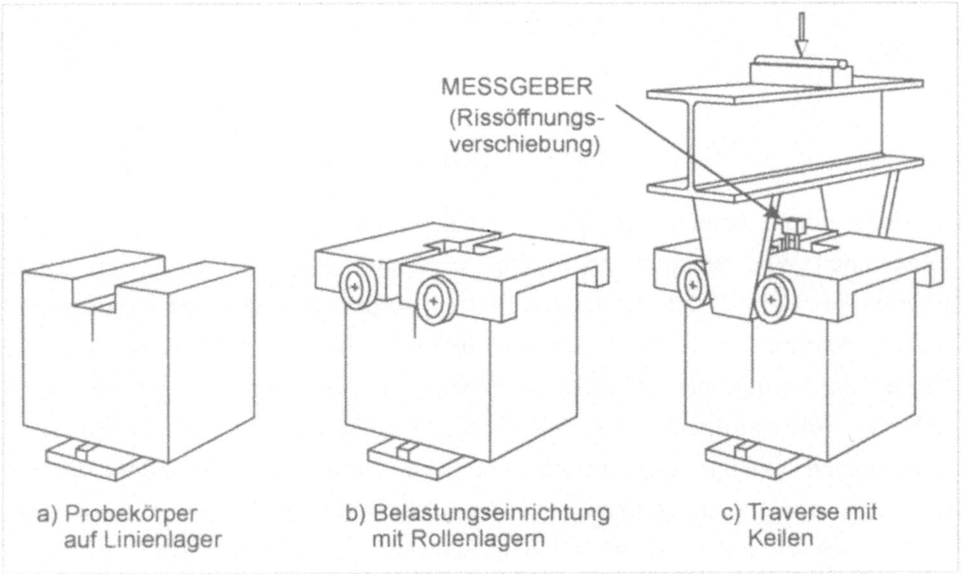


Bild 3-7 : Keilspaltversuch aus [3.7]

Weiterhin existieren auch indirekte Methoden zur Ermittlung der bruchmechanischen Kennwerte, wie z.B. der Keilspaltversuch (siehe Bild 3-7) und der Biegezugversuch, der Drei- oder Vier-Punkt (Bild 3-8) belastet, durchgeführt werden kann. Indirekte Methode, weil die Entfestigungsform anhand der Meßkurven nicht

ermittelt, sondern durch eine anschließende numerische Simulation (z.B. mit der FE-Methode) errechnet wird.
Die Bruchenergie $G_f$ ist auch von der Größe des Dehungsgradienten bzw. der Ligamentfläche abhängig. Sie entwickelt sich proportional zur Fläche und antiproportional zum Gradienten [3.7]. Bei einem theoretischen Dehnungsgradient von Null, wie er sich im zentrischen Zugversuch einstellt, besitzt $G_f$ sein Maximum. Mit zunehmender Exzentrizität verringert sich der zugbeanspruchte Bereich im Ligament und damit die Grundfläche der Bruchprozeßzone.

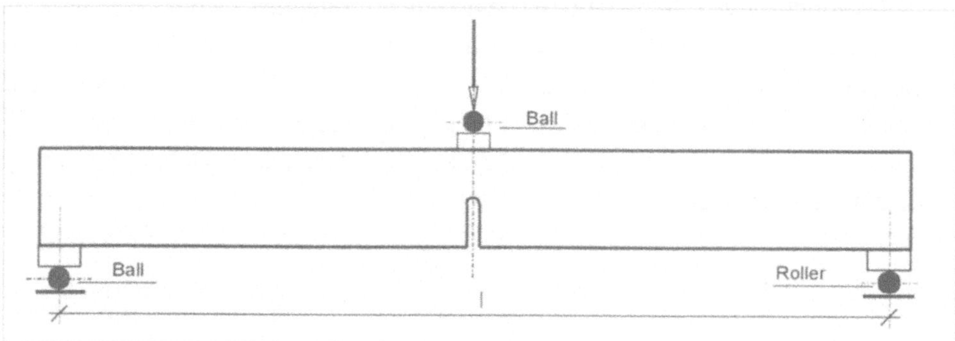


Bild 3-8 : Biegezugversuch

$G_f$ strebt einem unteren Grenzwert zu, der gleich dem in Biegezugversuchen gemessenen Wert entsprechen müßte. Versuche zeigen jedoch höhere Brucharbeiten, die in [3.7] auf zusätzliche Reibungsprozesse in der Druckzone zurückgeführt werden. Auch die Prüfgeschwindigkeit besitzt einen Einfluß auf die ermittelten Kenngrößen. Daraus abzuleiten, die Bruchenergie sei kein abgesicherter Werkstoffparameter, weil ihre Ermittlung von zu vielen Randbedingungen abhängt, wäre falsch. Auch die Druck- und besonders die Zugfestigkeit sind geometrischen und meßtechnischen Randbedingungen unterworfen, die zu teilweise erheblichen Schwankungen führen können. Bei der Bestimmung der Duktilität ist deshalb analog zu Festigkeitsmessungen die Einführung eines standardisierten Verfahrens notwendig. Da die Meßtechnik und der Aufbau des Biegezugversuches finanziell am günstigsten sind, hat sich dieses Verfahren in der Praxis bereits etabliert, obwohl sie nach bruchmechanischen Gesichtspunkten mit den größten Fehlern behaftet ist. Mittlerweile werden die ermittelten experimentellen Verformungskurven durch einen sogenannten Zähigkeitsindex klassifiziert [3.8] [3.9]. Dieses Verfahren, das ursprünglich vom American Concrete Institute (ACI), Committee 544 entwickelt wurde, sollte noch um Ableitungen erweitert werden, die Rückschlüsse auf das Entfestigungsverhalten und die maximale spezifische Bruchenergie erlauben. Dies wäre rechnerisch verhältnismäßig problemlos zu realisieren und würde die fehlerhaften Ergebnisse der bis dato durchgeführten Biegezugversuche bereinigen.

### 3.3.4 Bruchmechanische Kenngrößen von Stahlfaserbeton

Mit Hilfe bruchmechanischer Kenngrößen läßt sich die erhöhte Verformungsfähigkeit von Stahlfaserbeton abbilden. Bisherige Konzepte sind vom DBV in den entsprechenden Merkblätter als Empfehlung veröffentlicht. Sie beschränken sich jedoch hauptsächlich auf die Wirkung der Fasern bei Biegebeanspruchungen. Durch passende Eignungsversuche wird die Verformbarkeit des Materials experimentell bestimmt und entsprechend den Ausführungen in Kapitel 3.1 ausgewertet. Hier werden indirekt bereits bruchmechanische Kenngrößen zur Bemessung herangezogen.

Das Biegezugverfahren zur experimentellen Verformungsermittlung ist mit den meisten Unsicherheiten behaftet. Mechanisch unkorrekt ist weiterhin die Verknüpfung von Festigkeits- und Verformungskenngrößen, die durch die äquivalente Biegezugfestigkeit ausgedrückt wird. Weitere Bemessungen, etwa für Schub- und Druckbeanspruchung, auf der Basis einer Biegezugfestigkeit aufzubauen, kann mechanisch nicht begründet werden.

Deshalb wird ein Verfahren hergeleitet, mit dessen Hilfe das Entfestigungsverhalten und die spezifische Bruchenergie berechnet werden können. Es baut auf dem Verbundverhalten einer Einzelfaser auf und berücksichtigt die bruchmechanischen Anteile des Betons und die Auszugsenergie der Stahlfasern. So wird ein stetiger Übergang zwischen dem Null-Beton (ohne Fasern) und beliebigen Dosierungen ermöglicht. Natürlich müssen auch bei diesem Verfahren ansetzbare Randbedingungen, z.B. die Verbundspannung der eingebetteten Fasern in Eignungsversuchen geklärt werden.

# 4 Modellierung des Bruchverhaltens

## 4.1 Allgemeine Überlegungen

Wie bei der Beschreibung der Materialeigenschaften verdeutlicht wurde (Kapitel 2), wird die Wirksamkeit der Fasern erst nach erfolgter Rißbildung, d.h. nach Übergang in Zustand II aktiviert. Dabei kann eine Erhöhung der Arbeitsfähigkeit beobachtet werden, da sich die rißübertragenden Spannungen erhöhen. Nach den bisherigen Bemessungsvorschlägen des Deutschen Beton Vereins (DBV), die in Kapitel 3 näher erläutert sind, wird diese Arbeitsfähigkeit experimentell an Biegezugversuchen ermittelt und durch Bestimmung einer sog. äquivalenten Biegezugfestigkeit *äqu.* $\beta_{bz}$ in der Berechnung berücksichtigt.

Aufbauend auf der kritischen Beurteilung dieses Konzeptes (Kapitel 3) sollen im Rahmen dieser Arbeit neue Möglichkeiten zur Tragfähigkeitsermittlung vorgestellt werden. Hierzu wird zur Beschreibung der Duktilität des Materials die Bruchenergie $G_f$ bzw. die charakteristische Länge $l_{ch}$ verwendet.

Basierend auf der Arbeit von *Müller* [4.1] werden Materialverformbarkeiten anhand der Betrachtung einer einzelnen rißüberbrückenden Faser beschrieben. Alle möglichen relativen Bewegungen der Rißufer zueinander lassen sich dabei in zwei Richtungen darstellen, eine normale +u (Rißöffnung) und eine tangentiale +v (Rißgleitung). Diese rufen unterschiedliche Reaktionen in den kreuzenden Stahlfasern hervor. Die Größe dieser Reaktionskräfte ist weiterhin von der Ausrichtung der Fasern abhängig. Bild 4.1 verdeutlicht dies und zeigt exemplarisch drei Varianten.

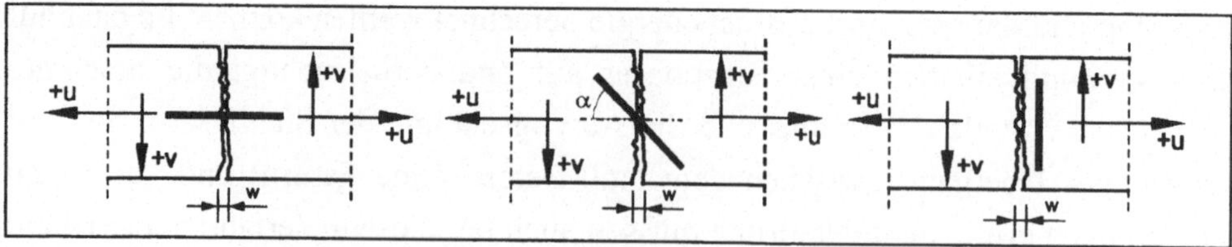


Bild 4-1 : Rißbeanspruchungen und Faserorientierungen

Anhand dieser in Bild 4.1 dargestellten Möglichkeiten werden die Faserreaktionen ermittelt. Dabei soll 4.1.c. verdeutlichen, daß unter ungünstigsten Umständen die Zugabe von Fasern keine rißvernähenden Effekte bewirken kann.

Bei marktüblichen Stahlfasern kann infolge der geringen Querschittsabmessungen der Widerstand quer zur Faserachse vernachlässigt werden. Das plastische Biegemoment, das von *Lemberg* in [4.2] ermittelt wird, soll bei den nachfolgenden Berechnungen unberücksichtigt bleiben. Statt dessen wird davon ausgegangen, daß Beanspruchungen quer zur Längsachse eine Ausrichtung der Faser in Kraftrichtung bewirken, ohne Reaktionskräfte zu aktivieren.
Beanspruchungen in Faserlängsachse führen zum Aufbau einer Normalspannung bzw. zu Verbundspannungen in der umgebenden Betonmatrix. Äußere Rißöffnungen bzw. -gleitungen lassen sich in eine krafterzeugende Richtung normal zur Achse und eine verformende Richtung quer zur Faserachse zerlegen (siehe Bilder 4.2 und 4.3).

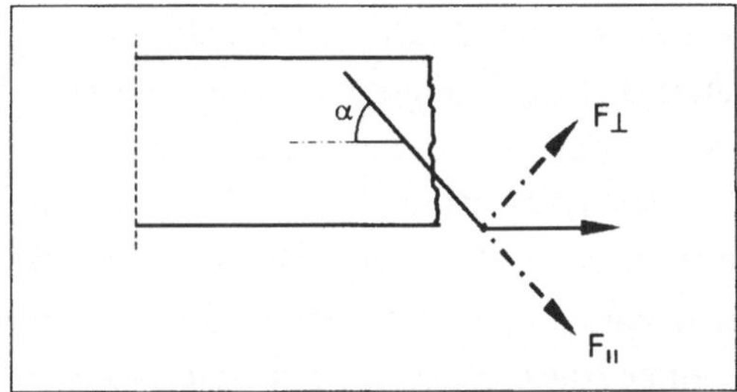


Bild 4-2 : Kraft- und Verformungskomponenten bei rißöffnender Beanspruchung

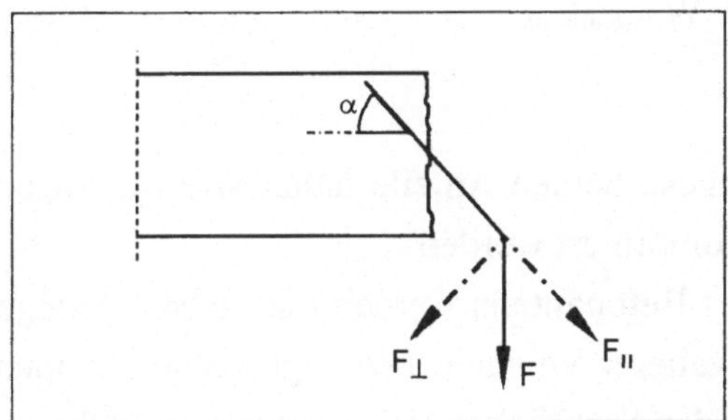


Bild 4-3 : Kraft- und Verformungskomponenten bei rißgleitender Beanspruchung

Die mathematische Beschreibung der durch die rißvernähenden Eigenschaften entstehenden Beanspruchungen in der Faser und der umgebenden Matrix sind die Grundlage eines mechanisch begründeten Bemessungskonzeptes. Sie sind im nachfolgenden Absatz dargestellt.

## 4.2 Entwicklung einer σ-w Beziehung für Stahlfaserbeton

Zur realistischen Abbildung des Bruchverhaltens von Stahlfaserbeton unter zentrischer Zugbeanspruchung im Mesobereich müssen sowohl die Tragfähigkeiten der den Riß kreuzenden Stahlfasern, als auch die Eigenanteile des Betons beschrieben werden.

Wie in Kapitel 2 beschrieben wurde, beeinflussen Stahlfasern in praxisüblichen Dosierungen den Elastizitätsmodul, sowie Zug- und Druckfestigkeit des Betons kaum. Im Gegensatz hierzu können erhebliche Verbesserungen im Riß- und Verformungsverhalten festgestellt werden. Hierauf müssen rechnerische Prognosen des Tragverhaltens aufbauen.

Nach Überschreiten der Zugfestigkeit $f_{ct}$ und Ausbildung eines Risses, wird dieser durch kreuzende Stahlfasern vernäht. Es kommt zu einer Einleitung von Zugkräften in die Faser, die den Spannungsabfall deutlich abbremsen.

Eine technische Spannungs-Rißöffnungsbeziehung setzt sich demnach additiv aus den Tragfähigkeitsanteilen des faserfreien Betons, und der rißkreuzenden Stahlfasern zusammen. Aus der Integration dieses Entfestigungsverhaltens kann die spezifische Rißflächenenergie $G_f$ bzw. die charakteristische Länge $l_{ch}$ ermittelt werden. Diese Rißflächenenergie besteht dabei aus der spezifischen Bruchenergie $G_{fc}$ des Betons, sowie einer Auszugsenergie der Stahlfasern zusammen.

$$G_f = G_{fc} + W_{Faserauszug} \tag{4.1}$$

Nachfolgend sollen diese beiden Anteile näher spezifiziert und in einem Modell für Stahlfaserbeton kombiniert werden.

Zur Beschreibung des Betonanteils werden die Formulierungen von *Remmel* verwendet, die anhand weiterer Versuche bestätigt werden konnten.

Die Auszugsenergie der Stahlfasern wird anhand der Überlegungen von *Müller* [4.1] ermittelt, der den Kraftverlauf einer rißkreuzenden Faser mechanisch beschreibt.

Ziel der folgenden Ausführungen ist die Herleitung einer praxisgerechten rechnerischen Entfestigungsbeziehung für stahlfaserverstärkte Betone, mit deren Hilfe Tragwerksreaktionen unter verschiedenen Beanspruchungen abgeschätzt werden können.

### 4.2.1 Betonanteil

Die Bruchenergie $G_{fc}$, sowie das Entfestigungsverhalten von Beton lassen sich durch den Vorschlag von *Remmel* [4.4] einfach abschätzen. Dabei spielt die Zuschlagsart eine wesentliche Rolle. Gebrochene Basaltzuschläge führen infolge ihres formschlüssigeren Verbundes generell zu höheren Bruchenergien. Bei Betonen höherer Festigkeiten verringert sich dieser Einfluß, weil der Bruch durch die Zuschläge verläuft und dadurch glattere Rißufer entstehen. Für ein Größtkorn von 16 mm kann nach *Remmel* [4.4] die spezifische Bruchenergie $G_{fc}$ wie folgt abgeschätzt werden :

Kieszuschläge : $$G_{fc} = 65 \cdot \ln(1 + \frac{f_c}{10}) = 0{,}0307\text{mm} \cdot f_{ct} \tag{4.2}$$

Splittzuschläge : $$G_{fc} = 106 \cdot \ln(1 + \frac{f_c}{10}) = 0{,}05\text{mm} \cdot f_{ct} \le 185\frac{\text{N}}{\text{m}} \tag{4.3}$$

Versuche an Kiesbetonen mit einem Größtkorndurchmesser von 8 mm ergaben nur etwa 90 % der Bruchenergien gegenüber Betonen mit 16 mm Größtkorn. Die Begrenzung der Bruchenergie auf einen maximalen Wert von 185 N/m resultiert aus dem geänderten Bruchmechanismus hochfester Betone. Ab Festigkeiten von ca. $f_c$ = 60 N/mm² verläuft der Riß durch die Zuschläge: Es entstehen glattere Bruchflächen, die die rißverzahnende Wirkungen herabsetzen.
Die Entfestigungskurve kann, aufbauend auf einem Vorschlag von *König* und *Duda*, nach *Remmel* mittels eines Summenansatzes (4.4) beschrieben werden.

$$\sigma_{Beton}(w) = f_{t1} \cdot e^{-\left(\frac{w}{w_1}\right)^c} + f_{t2} \cdot \left(1 - \frac{w}{w_2}\right) \tag{4.4}$$

Dabei beschreibt der erste Summand den steilen Abfall der Spannungs-Rißöffnungsbeziehung nach Überschreiten der Zugfestigkeit, während der zweite Summand die Abflachung für größere Rißöffnungen gewährleistet. Die Rißöffnung $w_2$, ab der keine Zugspannung mehr über den Riß übertragen wird, ist abhängig von der Zuschlagsart und der Betonfestigkeit. Der Exponent c beschreibt die Völligkeit der Kurve bei kleinen Rißöffnungen und kann in Abhängigkeit von der Zugfestigkeit sehr einfach abgeschätzt werden.

Die Ermittlung des Übergangsbereiches zwischen den beiden Summenansätzen, beschrieben durch die Rißöffnung $w_1$, gestaltet sich schwieriger. Nach *Remmel* stellt $w_1$ die Rißbreite dar, ab der nur noch ca. 37 % (1/e) der ursprünglichen Zugfestigkeit über den Riß übertragen wird. Die Ermittlung dieser Rißbreite erfolgt über eine Energiebilanz [4.4] und ist für den praktischen Gebrauch zu umständlich.

Mit ansteigender Festigkeit schwankt $w_1$ zwischen 22 μm und 24 μm und fällt dann bei Festigkeiten über 80 N/mm² ab. Für eine Druckfestigkeit von 120 N/mm² errechnet sich $w_1$ zu 19,7 μm. Dabei wirkt sich die Variation von $w_1$ auf die Völligkeit der σ-w Beziehung aus; mit abnehmenden Werten verläuft die Entfestigungskurve steiler. Ein Bemessungskonzept könnte vereinfachend von $w_1$ = 20 μm ausgehen. Dies würde zu einer geringfügigen Unterschätzung der Duktilität des Betons führen.

Eine Zusammenstellung der übrigen Parameter steht in Tabelle 4-1

| | | **Zuschlagart** | | |
|---|---|---|---|---|
| **Parameter** | | **Kies** | | **Basaltsplitt** |
| | | 8 mm | 16 mm | 16 mm |
| $f_{t1}$ | [N/mm²] | $f_{ct} - f_{t2}$ | | |
| $w_1$ | [μm] | $f(c, f_{t1}, G_{f1})$ gemäß [4.3] | | |
| $f_{t2}$ | [N/mm²] | $0{,}17 \cdot (1+0{,}6 \cdot f_{ct}) \leq 0{,}60$ | $0{,}20 \cdot (1+0{,}6 \cdot f_{ct}) \leq 0{,}70$ | $0{,}24 \cdot (1+0{,}6 \cdot f_{ct}) \leq 0{,}85$ |
| $w_1$ | [μm] | 160 | | 250 ($f_{ct} \leq 4{,}2$ N/mm²)<br>200 ($f_{ct} \geq 4{,}7$ N/mm²) |
| c | [-] | $\frac{3}{\sqrt{f_{ct}}}$ | | |

Tabelle 4-1 : Parameter der Entfestigungskurve von Beton nach [4.4]

### 4.2.2 Anteil der Stahlfasern

Nach Ausbildung eines Makrorisses werden Zugkräften in die rißkreuzenden Stahlfasern eingeleitet. Die Größe dieser Zugkräfte ist abhängig von der übertragbaren Verbundspannung und kann durch spezielle Profilierungen der Faseroberfläche bzw. Endverankerung gesteigert werden. Solche Endverankerungen, die u.a. aus Aufbiegungen oder Querschnittsvergrößerungen bestehen können, sind in vielfältigen Ausführungen bekannt. Zur Vereinfachung der Berechnung wird dennoch vorgeschlagen, diese Einflüsse pauschal durch eine Erhöhung der Verbundkennwerte zu berücksichtigen. Die Größenordnungen dieser Erhöhung lassen sich durch direkte Auszugsversuche an den entsprechenden Stahlfasertypen ermitteln.

Weiterhin kann durch solche Auszugsversuche das Verbundspannungs-Schlupf-Verhalten der Stahlfasern ermittelt werden. Vor Beginn der Relativverschiebung zwischen Stahlfaser und Matrix folgt die Verbundspannung τ einem nichtlinearen Verlauf, der nach [4.24] gemäß Gleichung (4.5) abgebildet werden kann. Die Beiwerte $k_1$ und $k_2$ beschreiben dabei die Fasergeometrie.

$$\tau(x) = k_1 \cdot F \cdot \cosh(k_2 \cdot x) \tag{4.5}$$

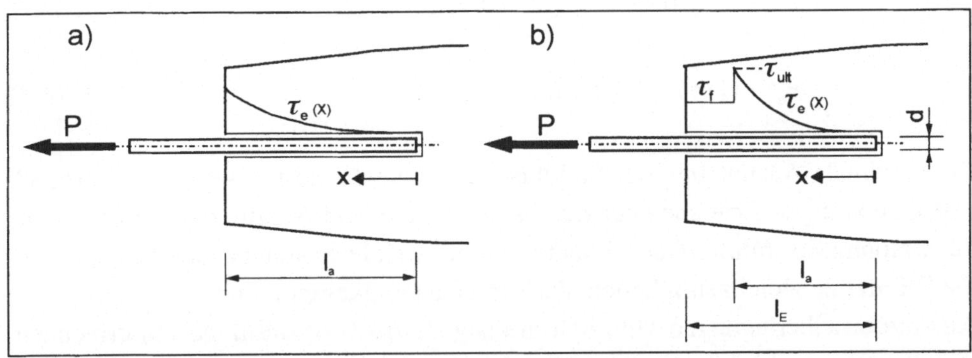


Bild 4-4 : a) Nichtlinearer Verlauf der Verbundspannung
b) Verlauf der Verbundspannung während des Ausziehens der Faser

Mit Anwachsen dieser Verbundspannung τ(x) kommt es zu Störungen und Rißbildungen in der Verbundzone. Nach Erreichen der Verbundfestigkeit setzt eine relative Verschiebung zwischen Stahlfaser und einbettender Betonmatrix ein. Infolge dieses Schlupfes verändert sich der Verlauf der Verbundspannung. Der Maximalwert verlagert sich mit zunehmender Relativverformung entlang der Faserachse zum Faserende. Entlang des gelösten Verbundes stellt sich eine Verbundspannung $\tau_m$ ein, die als Reibungsspannung interpretiert werden kann.

In [4.5] finden sich detaillierte Angaben zur mechanischen Beschreibung der Verbundzone. Dort wird zwischen einer ungerissenen und einer durch Mikrorisse geschwächten Verbundzone bzw. der sog. Verzahnungszone unterschieden. Die

aus der Betrachtung dieser Zonen abgeleitete Verbundspannungs-Schlupf-Beziehung $\tau$-s hat folglich einen trilinearen Verlauf.
Da die Verhältnisse in der Verzahnungszone, in der die beschriebene Reibungsspannung $\tau_m$ auftritt, für das Auszugsverhalten der Stahlfaser von maßgebender Bedeutung sind, basiert der hergeleitete Ansatz auf diesem Wert. Nach den Erkenntnissen aus [4.5] ist die Annahme einer an der Faserachse konstanten Reibungsspannung $\tau_m$ gerechtfertigt. Aus diesen Verbundverhältnissen kann der Kraftverlauf einer rißkreuzenden Faser berechnet werden [4.1].
Die maximal durch die Faser aufnehmbare Kraft wird generell durch zwei Faktoren, die Zugfestigkeit $f_{t,Faser}$ sowie die Verbundspannung $\tau_u$ bzw. die Reibungsspannung $\tau_m$ begrenzt.

$$F_u = A_f \cdot f_{t,Faser} = \frac{\pi \cdot d_f^2}{4} \cdot f_{t,Faser} \tag{4.6}$$

$$F_u = U \cdot \tau_u \cdot l_e = \pi \cdot d_f \cdot l_e \cdot \tau_u \tag{4.7}$$

Eine optimale Ausnutzung der Stahlfaser wäre gewährleistet, wenn ein Verbundversagen kurz vor Erreichen der Zugfestigkeit zu einem Auszug der Stahlfaser aus der Betonmatrix führte. Dann könnte eine maximale Spannungsübertragung über die Rißufer zu gleichzeitig hohen Verformungsfähigkeiten führen.
Aus diesen Überlegungen läßt sich die sog. *kritische Faserlänge* $l_{crit}$ errechnen, die allerdings mehr theoretischen Charakter besitzt.

$$l_{crit} = \frac{d_f}{4} \cdot \frac{f_{t,Faser}}{\tau_u} \tag{4.8}$$

Eine über die Länge $l_e$ in der Betonmatrix verankerte Stahlfaser, die von einer äußeren Last F beansprucht wird, baut entlang ihrer Systemachse folgende innere Spannung auf:

$$\sigma_f(x) = \frac{F}{A_f} \cdot \frac{x}{l_e} \tag{4.9}$$

Gemäß des Hook´schen Gesetzes errechnet sich die Dehnung $\varepsilon_f$ der Faser aus dem Verhältnis der Spannung $\sigma$ zum Elastizitätsmodul $E_f$, so daß es zu einer

Zunahme der Dehnung kommt.

$$\varepsilon_f(x) = \frac{F}{E_f \cdot A_f} \cdot \frac{x}{l_e} \tag{4.10}$$

Die gesamte Faserverlängerung berechnet sich dann, unter Annahme eines konstanten Verbundspannungszustandes, aus der Integration der Dehnungen.

$$\delta_f = \int_0^{l_e} \varepsilon_f(x) \cdot dx = \frac{F}{2 \cdot E_f \cdot A_f} \cdot l_e \tag{4.11}$$

Die vorhandene Rißbreite muß idealisiert einer doppelten Faserverlängerung entsprechen.

$$w = 2 \cdot \delta_f = \frac{F}{E_f \cdot A_f} \cdot l_e \tag{4.12}$$

Die eingeleitete Kraft F weckt im Bereich der Verbundlänge $l_e$ die Verbundfestigkeit $\tau_u$ (4.7) und führt zum Aufbau einer Zugkraft in der Faser. Nachdem die Verbundkräfte überschritten sind und die ungestörte Verbundzone in die sog. Verzahnungszone übergegangen ist, bildet sich unter annähernd konstantem Verlauf die Reibungsspannung $\tau_m$ aus.

$$F = l_e \cdot \pi \cdot d_f \cdot \tau_m \tag{4.13}$$

Bei Vorgabe der Kraft F folgt für die benötigte Verbundlänge $l_e$

$$l_e = \frac{F}{\pi \cdot d_f \cdot \tau_m} \tag{4.14}$$

Die äußere Rißbreite w ergibt sich aus (4.12) und (4.14) zu

$$w = \frac{F}{E_f \cdot A_f} \cdot \frac{F}{\pi \cdot d_f \cdot \tau_m} = \frac{4 \cdot F^2}{E_f \cdot \tau_m \cdot \pi^2 \cdot d_f^3} \tag{4.15}$$

Durch Umstellen nach der äußeren Kraft folgt

$$F = \frac{\pi \cdot d_f}{2} \cdot \sqrt{E_f \cdot \tau_m \cdot d_f \cdot w} \tag{4.16}$$

bzw.

$$\sigma_f = \frac{2}{d_f} \cdot \sqrt{E_f \cdot \tau_m \cdot d_f \cdot w} \tag{4.17}$$

Die Spannungsübertragung von der gerissenen Matrix in die Faser folgt einer Wurzelbeziehung und ist von Fasergeometrie, -material und den Verbundeigenschaften des Betons abhängig. Zur weiteren Betrachtung des Spannungsverlaufes ist eine Fallunterscheidung der Versagensform nötig.

## Fall a) Versagen der Zugfestigkeit

Wenn die eingeleitete Zugspannung die Zugfestigkeit der Stahlfaser erreicht, reißt die Faser. Mittels Gleichung (4.17) läßt sich die Versagensrißbreite $w_{ru}$ errechnen.

$$\sigma_f = \frac{2}{d_f} \cdot \sqrt{E_f \cdot \tau_u \cdot d_f \cdot w_{ru}} = f_{t,Faser} \tag{4.18}$$

$$w_{ru} = \frac{d_f}{4} \cdot \frac{f_{t,Faser}^2}{E_f \cdot \tau_u} \tag{4.19}$$

Eine optimale Ausnutzung der Fasertragfähigkeit setzt eine nach Gleichung (4.8) abschätzbare kritische Länge voraus, über die die Zugkraft eingeleitet wird. Unter Annahme realer Werkstoffkenngrößen ergeben sich hierbei jedoch Faserlängen, die praktisch nicht zu verarbeiten sind. Im Regelfall wird sich bei stahlfaserverstärkten Betonen ein Verbundversagen einstellen, wie nachfolgend beschrieben.

## Fall b) Versagen der Verbundfestigkeit

Überschreitet die Faserspannung die Verbundfestigkeit, so nimmt sie infolge des Faserschlupfes stetig ab. Die Versagensrißbreite $w_{\tau u}$, bei welcher der Faserauszug einsetzt, kann gemäß (4.21) abgeschätzt werden. Hierbei muß jedoch bedacht werden, daß der Ansatz einer konstanten Spannungsverteilung in der ungestörten Verbundzone nicht realistisch ist.

$$F = \frac{\pi \cdot d_f}{2} \cdot \sqrt{E_f \cdot \tau_u \cdot d_f \cdot w_{\tau u}} = \pi \cdot d_f \cdot l_e \cdot \tau_u \qquad (4.20)$$

$$w_{\tau u} = \frac{4 \cdot l_e^2}{d_f} \cdot \frac{\tau_u}{E_f} \qquad (4.21)$$

### 4.2.3 Beurteilung der nötigen Parameter

Die Form der σ-w Beziehung infolge des Einflusses von Fasern läßt sich prinzipiell in 2 Anteile aufteilen. Einer Wurzelfunktion folgt der „aufsteigende" Ast, in dessen Verlauf bis zur Verbundfestigkeit $\tau_u$ Zugkräfte in die Faser eingeleitet werden. Mit einer linearen Beziehung kann der „absteigende" Ast beschrieben werden, der das Ausziehen einer einzelnen Faser nach Versagen der Verbundfestigkeit aufzeigt. Diese Beziehung errechnet sich unter der Annahme einer über der Faserlänge wirkenden konstanten Reibungsspannung $\tau_m$, beruhend auf der Einbindelänge $l_e$ der Faser in die Matrix. Eine realistische Abschätzung von $\tau_u$ bzw. $\tau_m$ ist schwierig, allerdings für die Qualität der Berechnung von großer Bedeutung. Die Verbundspannung wird durch Fasergeometrie, -material und der betontechnologischen Zusammensetzung der Matrix beeinflußt. Realistische Werte sollten durch Faserauszugsversuche ermittelt werden.

Die vorgestellte Funktion wurden durch die Betrachtung einer einzelnen Faser hergeleitet. Die über einen Riß übertragbaren Spannungen hängen natürlich maßgeblich von der Anzahl der vorhandenen Stahlfasern ab. Bei einer gleichmäßigen Verteilung der Fasern im Beton, die gemäß [4.8] bei der Herstellung gewährleistet sein muß, ist diese Anzahl proportional zur Gesamtheit der eingemischten Fasern. Durch Multiplikation mit dem Fasergehalt $\eta_{Vol}$ können die über einen Riß übertragbaren Spannungen ermittelt werden.

Die hergeleiteten Beziehungen gelten für Fasern, die senkrecht zum Rißverlauf ausgerichtet sind. Diese Idealisierung wird durch den Beiwert $\eta_\Theta$ korrigiert. Er kann als der Anteil der Stahlfasern interpretiert werden, der entsprechend der Herleitung senkrecht zum Rißverlauf wirksam ist.

Diese Parameter werden nachfolgend numerisch quantifiziert.

#### 4.2.3.1 Verbundfestigkeit $\tau_u$ und Reibungsspannung $\tau_m$

Die Ermittlung der Verbundspannung, der entscheidende Bedeutung im Auszugsverhalten und daher auch bei der Bestimmung der Bruchenergie zukommt, gestaltet sich schwierig. Im Gegensatz zu herkömmlichen Bewehrungs-stäben ist eine Stahlfaser ausschließlich in der Mörtelmatrix eingebettet. Der Verbundbruch zwischen Faser und Matrix findet in einer Grenzschicht statt, die nur wenige Mikrometer dick ist. Die Eigenschaften dieser Schicht werden nach [4.11] beispielsweise auch durch Verflüssiger beeinflußt und sind daher aus den Materialeigenschaften des Betons alleine nicht ableitbar. Weiterhin sind die Oberflächenbeschaffenheiten der Stahlfasern nicht einheitlich. Eine realistische Größe dieser Kräfte kann deshalb nur durch Faserauszugsversuche ermittelt werden. Veröffentlichte Versuchsergebnisse hierzu sind allerdings rar. [4.12] enthält einige diesbezügliche Angaben, Tabelle 4-2 führt weitere auf.

| **Literatur** | **Autor** | **Matrixfestigkeit** | **Reibungsspannung $\tau_m$ [N/mm²]** |
|---|---|---|---|
| [4.12] | *Hartwich* | normalfest | 1,5 - 3,5 (gerade Fasern)<br>2,0 - 4,0 (Fasern mit Abkröpfung) |
| [4.2] | *Lemberg* | normalfest | 2,6 - 4,0 |
| [4.7] | *Li et al* | keine Angabe | 4,60 |
| [4.10] | *Feyerabend* | keine Angabe | 1,54 - 1,74 |
| | *Shao et al.* | keine Angabe | 4,5 - 7,5* |
| [4.25] | *Lim et. Al.* | normalfest<br>hochfest | 1,73 - 3,05<br>5,85 - 7,1 |
| [4.7] | *Li* | keine Angabe | 6,5 |

Tabelle 4-2 : Literaturhinweise zur Verbundspannung von Stahlfasern
* bei einem Fasergehalt von 5,9 V%

Die große Streuung der Versuchsergebnisse ist auffallend und kann nur schlecht erklärt werden, weil in den meisten Veröffentlichungen detaillierte Angaben zu den Versuchsbedingungen und -durchführungen fehlen. Beispielsweise findet sich kaum ein Hinweis auf die Druckfestigkeit der Einbettungsmatrix, obwohl sie, analog den Erkenntnissen bei Bewehrungsstählen, einen großen Einfluß auf die Verbundspannung besitzt. Aus gelegentlichen Angaben der Mischungsrezepturen kann mit Hilfe des Wasser-Zementwertes w/z zumindest eine grobe Klassifizierung in *normalfest* bzw. *hochfest* vorgenommen werden.

Die Verankerungswirkungen von Endabkröpfungen, Nagelkopfenden bzw. Wellungen sind nach den Auswertungen von *Hartwich* gering (siehe Tabelle 4-2). Im Vergleich zu geraden, glatten Fasern verbessern sich die Verbundeigenschaften nur bei Fasern mit profilierter Oberfläche merklich, die dem herkömmlichen Betonstahl nachempfunden sind [4.12]. Diese Erkenntnis rechtfertigt eigene Überlegungen, die Herleitung der technischen Entfestigungskurve für gerade, glatte Fasern vorzunehmen und Verankerungswirkungen im Rechenwert der Reibungsspannung $\tau_m$ zu berücksichtigen.

Im Rahmen der eigenen experimentellen Untersuchungen wurden keine direkten Auszugsversuche durchgeführt. Systematische Untersuchungen, unter Variation des Fasertyps und der Matrixfestigkeit geben Auskunft über die Wirksamkeit einzelner Fasergeometrien. In den nachfolgenden Berechnungen werden für die Verbundspannung Werte angesetzt, die sich mit den Literaturangaben (Tabelle 4-3) decken.

| **Matrixfestigkeit** | **Zylinderdruckfestigkeit $f_{cm}$** | **Reibungsspannung $\tau_m$** |
|---|---|---|
| normalfest (NF) | ≤ 50 N/mm² | 2,0 N/mm² bis 3,0 N/mm² |
| mittelfest (MF) | ≥ 50 N/mm²<br>≤ 70 N/mm² | 3,5 N/mm² bis 4,5 N/mm² |
| hochfest (HF) | ≥ 70 N/mm² | 5,0 N/mm² bis 6,0 N/mm² |

Tabelle 4-3 : Verwendete Verbundspannungen

Diese angesetzten Werte liegen innerhalb der in der Literatur erwähnten Grenzen. Sie sind allerdings nicht generell übertragbar, sondern sollten für jeden Stahlfasertyp durch direkte Faserauszugsversuche ermittelt werden. Die in Tabelle 4-3 angegebenen Werte wurden zur Nachrechnung von Versuchen angesetzt, bei denen gezogene Stahlfasern mit Endverankerung und einem Durchmesser von $d_f = 0{,}5$ mm verwendet wurden.

#### 4.2.3.2 Orientierungsfaktor $\eta_\Theta$

Der Orientierungsfaktor $\eta_\Theta$ berücksichtigt den Anteil an Stahlfasern, die sich senkrecht zur ausbildenden Rißrichtung befindet. Dabei wird eine zufällige Ausrichtung angenommen. Im Falle einer eindimensionalen Ausrichtung liegen alle Fasern in Kraftrichtung. Der Orientierungsfaktor $\eta_{1D}$ ist gleich eins; bei einer zweidimensionalen Ausrichtung beschreibt ein Kreis die möglichen Lage der Faserendpunkte. Durch Integration der projizierten Längen und anschließender Mittelwertbildung läßt sich der Orientierungsfaktor $\eta_{2D}$ ermitteln.
Bei einer dreidimensionalen Orientierung wird die mögliche Richtung der Fasern durch eine Kugel beschrieben.

| **Orientierungsbeiwert**<br>**2D = zweidimensional**<br>**3D = dreidimensional** | **Autor**<br>**Literaturstelle** |
|---|---|
| $\eta_{3D} = 0{,}405$ | *Romualdi & Mandel* [4.14] |
| $\eta_{3D} = 0{,}637$<br>$\eta_{3D} = 0{,}5$<br>$\eta_{3D} = 0{,}333$ | *Abolitz & Agbim* [4.15] |
| $\eta_{3D} = 0{,}333$<br>$\eta_{3D} = 0{,}444$ | *Kar & Pal* [4.16] |
| $\eta_{3D} = 0{,}2$<br>$\eta_{2D} = 0{,}375$ | *Krenchel* [4.17] |
| $\eta_{3D} = 0{,}5$<br>$\eta_{2D} = 0{,}637$ | *Parimi & Rao*<br>*Aveston & Kelly, Stroeven* [4.18] - [4.20] |
| $\eta_{3D} = 0{,}55$ | *Nilson & Chen* [4.21] |
| $\eta_{3D} = 0{,}5$ | *Müller* [4.1] |

Tabelle 4-4 : Vorschläge für Orientierungsbeiwerte aus [4.13]

In der Literatur findet sich eine Vielzahl von Ableitungen für diese Orientierungsbeiwerte, die unter Voraussetzung der getroffenen Annahmen zu verschiedenen

Resultaten führen. *Schönlin* sammelt in [4.13] unterschiedliche Ergebnisse und ermittelt experimentell an den Bruchflächen von zugbeanspruchten zylinderförmigen Stahlfaserbetonproben die Ausrichtung der Fasern. Dabei wurde ein Lichtstrahl auf die geschliffenen und polierten Bruchflächen gerichtet, der von den vorhandenen Fasern reflektiert, bzw. vom umgebenen Beton absorbiert wurde. Die Form der reflektierenden Punkte wurde mittels eines Bildanalyseprogrammes ausgewertet und auf die Lage der Faser im Raum zurückgerechnet.

Dabei stellte *Schönlin* eine deutliche Abhängigkeit der Faserorientierung bezüglich der Probenherstellung fest. Die experimentell bestimmten Mittelwerte schwanken je nach Betrachtungsrichtung zwischen $\eta_{3D}$ = 0,43 und $\eta_{3D}$ = 0,75. Diese Orientierungswerte liegen damit höher als die theoretisch ermittelten, die in Tabelle 4.4 exemplarisch aufgeführt sind.

*Schnütgen* formuliert in [4.22] einen Beiwert zur Erfassung der Faserausrichtung. Dieser Faktor errechnet sich aus dem Verhältnis der Spannungen von beliebig orientierten Fasern zur in Kraftrichtung parallel ausgerichteten Fasern. Der entsprechende Beiwert errechnet sich gemäß Gleichung (4.23). In kantennahen Zonen des Bauteils treten Faserausrichtungen normal zur Oberfläche nicht mehr auf. Mit zunehmender Annäherung an den Randbereich geht die mögliche Lage der Fasern von einer Voll-Kugel in eine Kugel-Kalotte über. Direkt an der Oberfläche wird sie durch einen Kreis beschrieben. Der ausführliche Lösungsweg der Integrale findet sich in [4.22]. Für eine 2-dimensionale Faserausrichtung ermittelt *Schnütgen* einen Beiwert gemäß Gleichung (4.22).

$$\eta_{2D} = 1 - \frac{1}{8} \cdot (1 - \eta_{Vol}) \cdot \left( \frac{5 \cdot (n-1)}{n} + \nu_c \right) \tag{4.22}$$

$$\eta_{3D} = 1 - \frac{2}{15} \cdot (1 - \eta_{Vol}) \cdot \left( \frac{6 \cdot (n-1)}{n} + \nu_c \right) \tag{4.23}$$

mit

$\nu_c$ ≡ Querdehnzahl des Betons

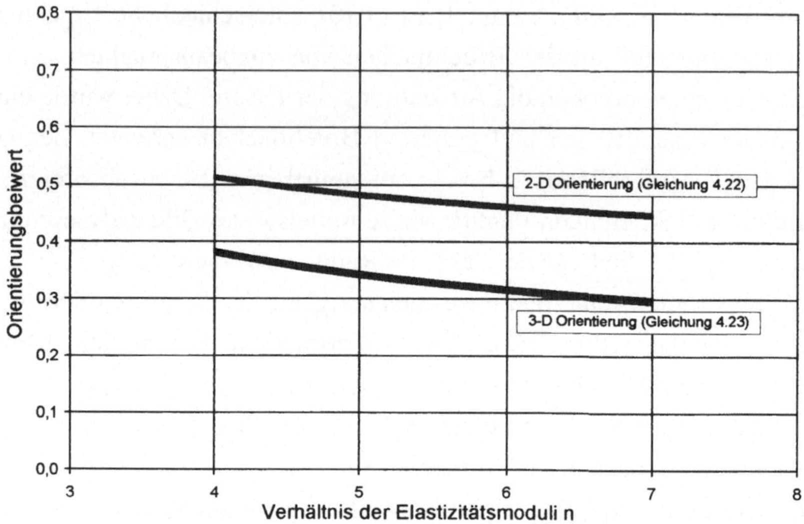


Bild 4-5 : Orientierungsbeiwerte nach Schnütgen

Baupraktisch relevant sind hierbei Verhältnisse der Elastizitätsmoduli n zwischen 4,0 und 7,0 bzw. Fasergehalte zwischen 0,5 Vol.-% und 2,0 Vol.-%. Für diese Eingangsparameter finden sich in Bild 4-5 die entsprechenden Orientierungsbeiwerte $\eta_\Theta$. Die Faktoren schwanken dabei zwischen 0,30 und 0,39 für eine dreidimensionale bzw. zwischen 0,45 und 0,52 für eine zweidimensionale Orientierung.

In allen theoretischen Ansätzen bleibt ein negative, herstellungsbedingte Beeinflussung der Faserausrichtung unberücksichtigt !

### 4.2.3.3 Einbindelänge $l_e$

Bisherige Vorschläge gehen oft von der halben Faserlänge zum Aufbau der Verbundspannungen aus. Diese Annahme stellt eine maximale Abschätzung dar, weil im Versuch immer die kürzere Seite weniger fest in die Matrix eingebettet ist und ausgezogen wird. Diese kürzere Einbindelängen entspricht dabei im Idealfall der halben Faserlänge, bei Annahme einer Gleichverteilung der Fasern jedoch nur $l_e = ¼ \cdot l_f$ (mit $l_f \equiv$ Faserlänge).

Das kann durch eine Variationsrechnung bestätigt werden, bei der die Ergebnisse der σ-w Beziehung für Einbindelängen von $l_e = 0{,}1 \cdot l_f$ bis $l_e = 0{,}5 \cdot l_f$ überlagert sind. Bild 4.6 zeigt das Ergebnis der Variationsbetrachtung, Bild 4.7 die Ausschnittsbetrachtung.

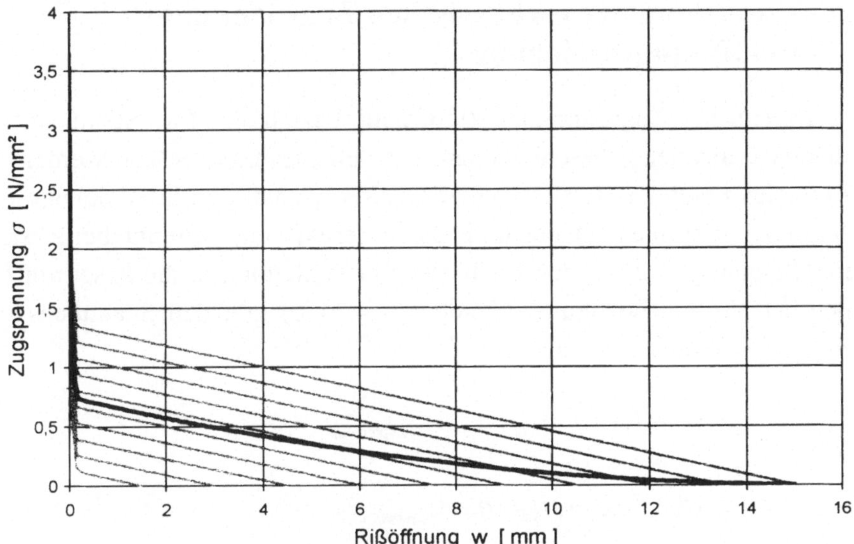


Bild 4-6 : Variation der Einbindelängen

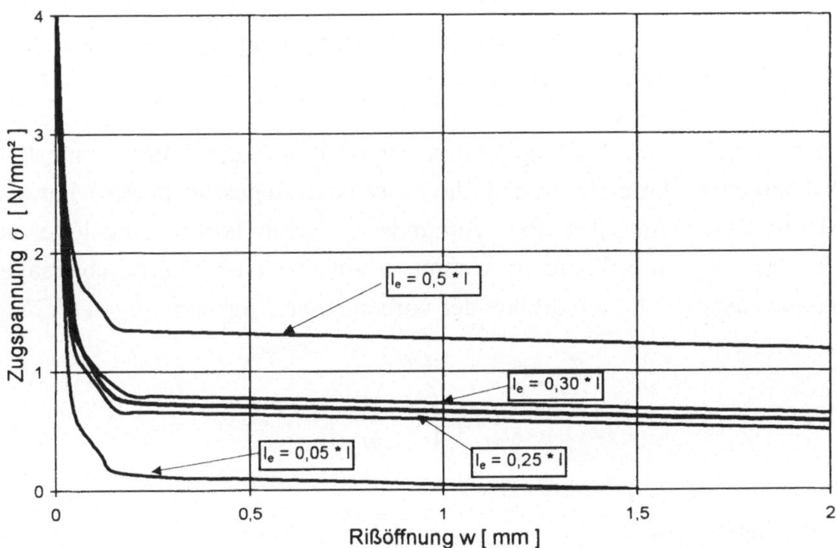


Bild 4-7 : Ausschnitt

Nachfolgenden Modellierungen liegt eine mittlere Einbindelänge von $l_e = \frac{1}{4} \cdot l_f$ zugrunde. Das bestätigt auch [4.5].

### 4.2.4 Ermittlung der rechnerischen Zugspannungs-Rißöffnungsbeziehung

Eine rechnerische Zugspannungs-Rißöffnungsbeziehung für Stahlfaserbetone kann demnach aus den 3 beschriebenen Anteilen zusammengesetzt werden. Prinzipiell errechnet sich das Entfestigungsverhalten gemäß den in Gleichung (4.24) aufgeführten Funktionen. Dabei muß die Faserwirkung getrennt berücksichtigt werden. Gleichung (4.24 a) beschreibt die Krafteinleitung in die Faser vor Überschreiten der Verbundspannung, Gleichung (4.24 b) gibt den Spannungsverlauf während des Faserauszuges an.

$$\sigma(w) = f_{\text{Beton}} + \eta_{\text{Vol.}} \cdot \eta_{\Theta} \cdot f_{\text{Faserspannung}} \tag{4.24a}$$

$$\sigma(w) = f_{\text{Beton}} + \eta_{\text{Vol.}} \cdot \eta_{\Theta} \cdot f_{\text{Faserauszug}} \tag{4.24b}$$

mit $f_{\text{Beton}}$ ≡ Entfestigungsverhalten nach *Remmel*

$f_{\text{Faserspannung}}$ ≡ Funktion zur Beschreibung der Krafteinleitung in die Faser

$f_{\text{Faserauszug}}$ ≡ Funktion zur Beschreibung des Faserauszugs aus der Matrix

Nach den hergeleiteten Abhängigkeiten unterteilt sich die Entfestigungskurve in zwei Rißbereiche: Der erste, in dem die Faser noch ungestört in der Matrix verankert ist und Zugspannungen über vorhandene Verbundkräfte eingeleitet werden (4.25 a). Im zweiten Rißbereich kommt es infolge eines Verbundversagens zu einem Faserauszug und zum Abbau der vorhandenen Zugspannungen (4.25 b).

**Bereich I :** $$\sigma(w) = f_{t1} \cdot e^{-\left(\frac{w}{w_1}\right)^c} + f_{t2} \cdot \left(1 - \frac{w}{w_2}\right) + M \cdot \sqrt{w} \tag{4.25a}$$

(für Rißbreiten $w \leq w_{\tau u}$)

**Bereich II :** $$\sigma(w) = f_{t1} \cdot e^{-\left(\frac{w}{w_1}\right)^c} + f_{t2} \cdot \left(1 - \frac{w}{w_2}\right) + \sigma_{\tau} \cdot \left(1 - \frac{w - w_{\tau u}}{l^*}\right) \tag{4.25b}$$

(für Rißbreiten $w \geq w_{\tau u}$)

Dabei entspricht

| | | | | |
|---|---|---|---|---|
| M | ≡ | Fasermaterialkonstante | ≡ | $\frac{2}{d_f} \cdot \sqrt{E_f \cdot \tau_u \cdot d_f}$ |
| $\sigma_\tau$ | ≡ | Faserspannung bei Verbundversagen | ≡ | $4 \cdot \frac{l_e}{d_f} \cdot \tau_m$ |
| $l^*$ | ≡ | Effektive Faserauszugslänge | ≡ | $l_e - w_{\tau u}$ |

Die spezifische Bruchenergie von Stahlfaserbetonen $G_f$ berechnet sich dann aus der Integration der einzelnen Funktionen von Gleichung (4.25 a), bzw. (4.25 b). Der Energieanteil des Faserauszugs nach dem Verbundversagen ergibt sich infolge des linearen Spannungsabfalls aus der Fläche des entstehenden Dreiecks ($1/2 \cdot \sigma_\tau \cdot l^*$)

$$G_f = G_{fc} + \eta_{Vol} \cdot \eta_\Theta \cdot \left( M \cdot \int_0^{w_{\tau u}} \sqrt{w} \cdot dw + \frac{1}{2} \cdot \sigma_\tau \cdot l^* \right) \tag{4.26}$$

daraus folgt

$$G_f = G_{fc} + \eta_{Vol} \cdot \eta_\Theta \cdot \left( \frac{2}{3} \cdot M \cdot \sqrt{w_{\tau u}^3} + 2 \cdot \frac{l_e}{d_f} \cdot \tau_m \cdot l^* \right) \tag{4.27}$$

## 4.3 Modellvergleich mit durchgeführten Versuchen

### 4.3.1 Versuchskonzeption

Zur Bestätigung des in Abschnitt 4.2 hergeleiteten Modells wurden zentrische Zugversuche an Prüfkörpern aus Stahlfaserbeton durchgeführt. Dabei wurden 2 unterschiedliche Betonfestigkeiten, ein normalfester und ein hochfester Beton, mit jeweils 3 verschiedenen Stahlfasergehalten (40 kg/m³, 80 kg/m³, 120 kg/m³) untersucht. Der normalfeste Beton wurde mit Kieszuschlägen hergestellt, die hochfeste Mischung mit Splitt-Zuschlag. Das Größtkorn beider Mischungen betrug 16 mm. Zur weiteren Festigkeitssteigerung wurde der hochfesten Mischung Microsilica zugegeben. Die Zylinderdruckfestigkeit dieses Betons betrug nach 28 Tagen ca. 110 N/mm², die der normalfesten Mischung ca. 40 N/mm².

Die zugegebenen Stahlfasern hatten eine Länge $l_f = 30$ mm und einen Durchmesser $d_f = 0.5$ mm und waren mit Aufbiegungen an den Enden versehen. Zur besseren Verarbeitung waren die Stahlfasern zu wasserlöslichen Bündeln verklebt.
Als Prüfkörper für den zentrischen Zugversuch wurden Zylinder mit Durchmessern von 100 mm bzw. 150 mm und einer Höhe von 300 mm betoniert. Vor den Versuchen wurden die Probekörper mittig gekerbt, um eine Sollbruchstelle zu definieren, und auf eine Höhe von ca. 200 mm gekürzt, um den Einfluß der entlastenden Bereiche nach Rißentstehung im geschwächten Querschnitt zu minimieren. Die unterschiedlichen Durchmesser resultierten aus der Beobachtung, daß die bei normalfesten Betonen über die Nettoquerschnittsfläche übertragbaren Zugkräfte zu gering waren. So war eine stabile Steuerung der Maschine nicht möglich. Um aussagefähige Ergebnisse auch für normalfeste Betone zu erhalten, wurden diese Versuchsserien mit vergrößertem Durchmesser wiederholt.
Der Versuchsaufbau lehnte sich prinzipiell an die Ausführungen von *Remmel* an, der am Institut für Massivbau in Darmstadt umfangreiche Untersuchungen an hochfesten, faserfreien Betonen durchführte ( siehe Anhang ). Der Anschluß des Versuchskörpers an die Maschine wurde durch zwei Stahlplatten gewährleistet, die mit dem oberen bzw. unteren Maschinenhaupt biegesteif verschraubt wurden. Auf diese Stahlplatten wurde der Prüfkörper mittels eines epoxidharzhaltigen Klebstoffes befestigt, um ihn unter leichtem Druck ca. 14 - 16 Stunden erhärten zu lassen.
Die Steuerung der Versuche erfolgte über vier induktive Wegaufnehmer W 2 (Meßlänge 2 mm), die die Verformungen über der Kerbe aufzeichneten. Nach Durchführung der Versuche an den normalfesten Mischungen konnte festgestellt werden, daß der Meßbereich von 2 mm nicht ausreichte, um die Verformungskapazität von Stahlfaserbetonen aufzuzeichnen. Die übertragbaren Spannungen bei einer Rißaufweitung von ca. 2 mm waren, im Gegensatz zu Ergebnissen faserfreier Betone, nicht zu vernachlässigen. Für die folgenden Untersuchungen an hochfesten Betonen wurde deshalb der Meßaufbau neu überarbeitet. Zusätzlich zu den vorhandenen Wegaufnehmern wurden vier weitere induktive Meßgeber angeordnet. Diese hatten einen Meßbereich von 10 mm. Die Steuerung der Maschine während der Phase der Rißbildung erfolgte durch die wesentlich empfindlicheren Meßgeber W 2. Kurz vor Ende des Meßbereiches wurden diese dann ausgeblendet, die Wegaufnehmer mit der größeren Meßlänge eingeblendet und zur weiteren Steuerung bzw. Aufzeichnung des Verformungsverhaltens verwendet.

Die Diagramme 4.8 und 4.9 zeigen die Mittelwertskurven der durchgeführten Versuche im Vergleich. Alle Mittelwerte bilden sich aus mindestens 3 Versuchen. Eine Auflistung der Ergebnisse findet sich im Anhang der Arbeit.

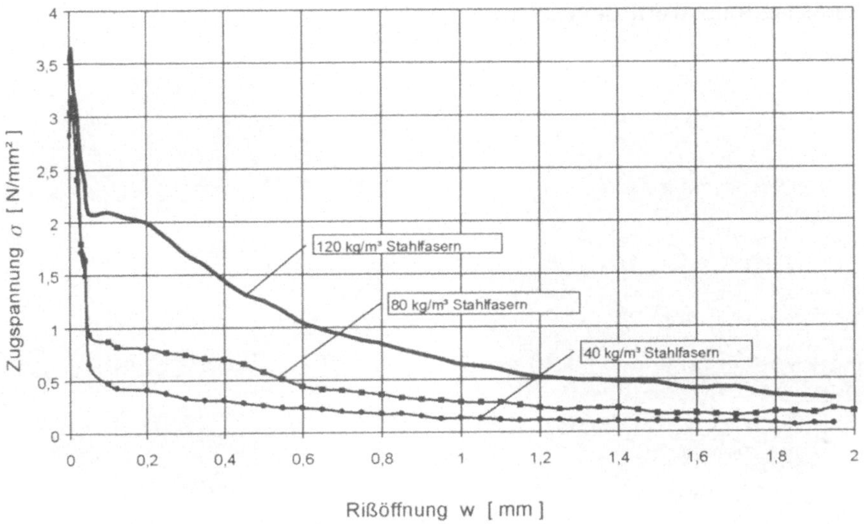


Bild 4-8 : Mittelwertskurven der zentrischen Zugversuche normalfester Betone

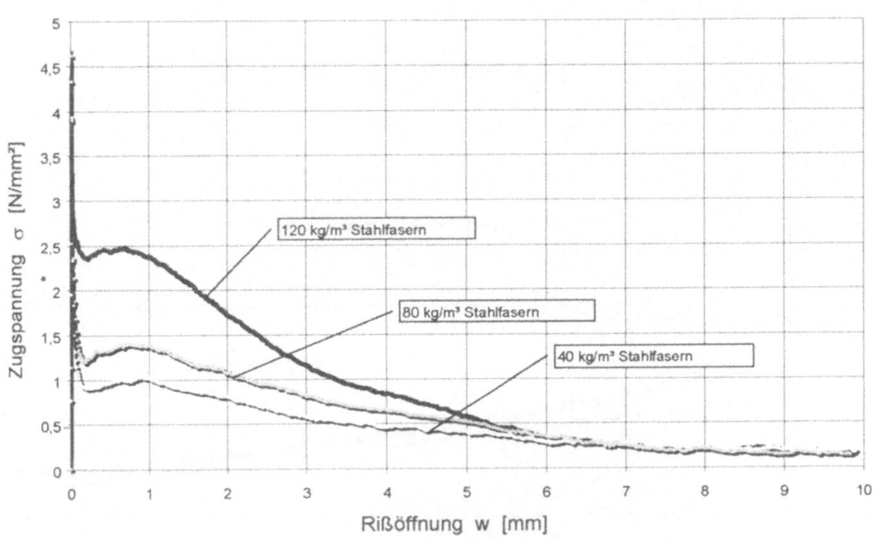


Bild 4-9 : Mittelwertskurven der zentrischen Zugversuche hochfester Betone

### 4.3.2 Vergleich der Ergebnisse

Die experimentell ermittelten Entfestigungsbeziehungen wurden mit dem erstellten Modell nachgerechnet. Dabei wurden die in Tabelle 4.2 angegebenen Verbundspannungswerte angesetzt.

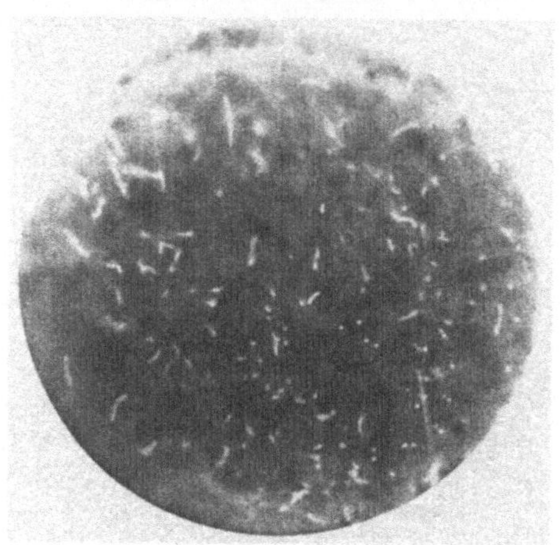

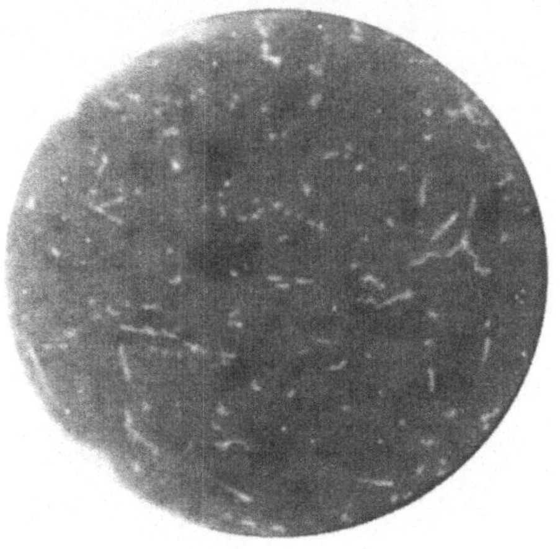

Bild 4-10 : a) Räumliche Faserverteilung b) Zweidimensionale Faserverteilung

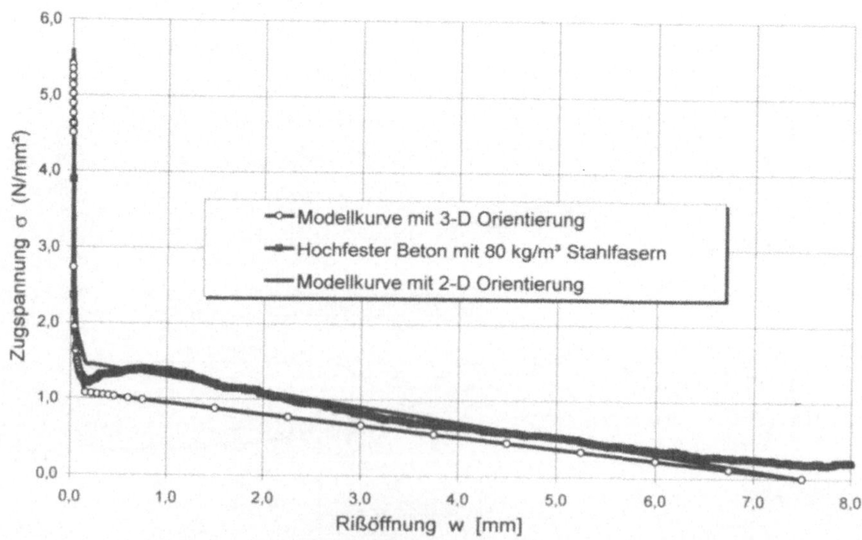


Bild 4-11a : Vergleich der experimentellen Kurven mit der rechnerischen Modellierung

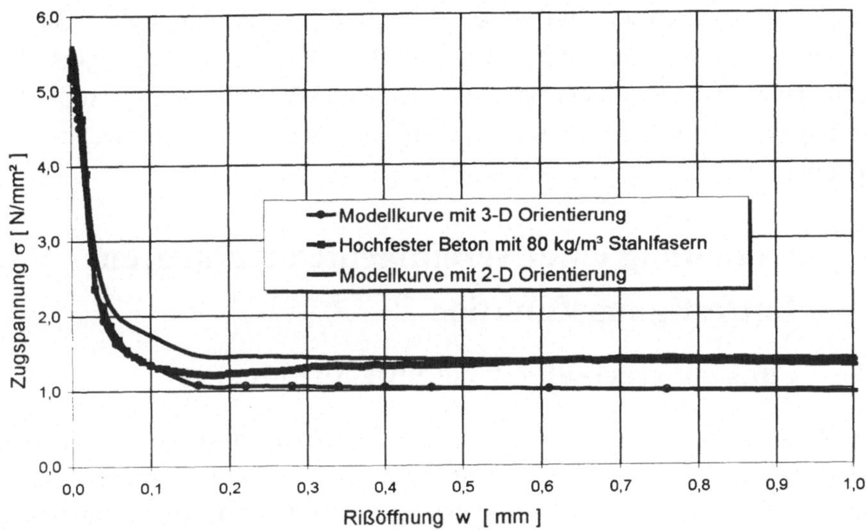


Bild 4-11b : Ausschnitt

Die zu den experimentellen Untersuchungen benötigten Prüfzylindern wurden in einer Schalung hergestellt und nicht aus Betonblöcken mittels Kernbohrungen gezogen. Infolge der relativ geringen Schalungsabmessungen und der zugeführten Rüttelenergie kommt es deshalb zu einer Beeinträchtigung der Faserausrichtung. Nach [4.6] richten sie sich senkrecht zur Rüttelrichtung aus. Dies begünstigt die Vernähung des auftretenden horizontalen Risses. Die Modellierung der Entfestigungskurve mit einem dreidimensionalen Orientierungsfaktors $\eta_\theta$ führt deshalb zu einer Unterschätzung des Spannungsverlaufes. Die Berücksichtigung der zweidimensionalen Ausrichtung liefert günstigere Ergebnisse, wie in den Bildern 4.11a und 4.11b beispielhaft dargestellt ist. Röntgenaufnahmen eines Betonzylinders verdeutlichen den Einfluß der Schalungsflächen auf die Orientierung der Fasern. Bild 4-10a zeigt die Faserverteilung eines Zylinders, der durch eine Kernbohrung aus einem Betonblock gezogen wurde. Im Gegensatz hierzu stellt sich bei einem in Zylinderschalung betonierten Prüfkörper eine Ausrichtung parallel zur Randfläche ein (Bild 4-10b).
Dabei wurden für die dargestellte Modellierung eine Zylinderdruckfestigkeit von $f_c$ = 105 N/mm² sowie eine Reibungsspannung von $\tau_m$ = 5,0 N/mm² angesetzt. Mit dem Modell kann das Entfestigungsverhalten von stahlfaserverstärkten Betonen gut abgebildet werden. Die rechnerische Entfestigungskurve berücksichtigt den Übergang zum faserfreien Beton und beschreibt das kom-

plizierte Tragverhalten von Stahlfaserbeton durch wenige Parameter. Zur praktischen Anwendung bei der Bemessung sind die aufgeführten Abhängigkeiten jedoch zu komplex. Es wird deshalb ein vereinfachtes Verfahren vorgestellt, daß die Ermittlung der Entfestigungsfunktion in Abhängigkeit von drei linearen Bereichen ermöglicht.

## 4.4 Herleitung einer vereinfachten trilinearen Entfestigungsfunktion

### 4.4.1 Funktionsverlauf der vereinfachten Kurve

Der in Abschnitt 4.2 hergeleitete Verlauf der Entfestigungskurve eignet sich zur Anwendung bei EDV unterstützen Rechnungen, bei denen oftmals das Spannungs-Rißöffnungsverhalten als Polygonzug mit beliebigen Koordinaten angegeben werden kann.

Eine weitere Vereinfachung der hergeleiteten Abhängigkeiten soll zu einer trilinearen Beziehung führen, bei der nach Berechnung von vier charakteristischen Punkten die σ-w Beziehung von Stahlfaserbetonen sehr einfach angegeben werden kann.

Die Entfestigungskurve läßt sich in drei charakteristische Bereiche unterteilen. Ein Bereich (I), in dem nur der Beton für die Übertragung der Rißspannung verantwortlich ist, ein Bereich (II) in dem beide Komponenten, Beton und Stahlfasern, wirksam sind, und ein dritter (III), in dem nur die Stahlfaser wirkt.

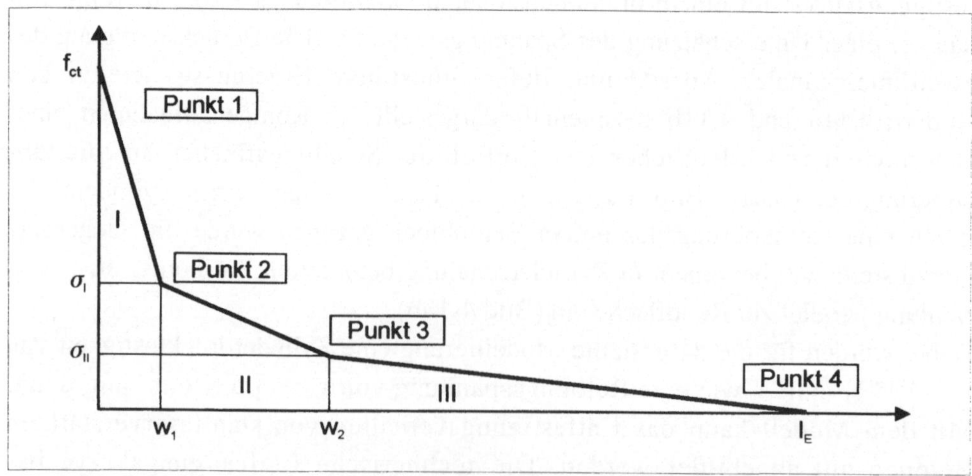


Bild 4-12 : Bereiche der trilinearen Entfestigungskurve

$$f_{ct} = 2{,}12 \cdot \ln\left(1 + \frac{f_c}{10}\right) \tag{4.28}$$

Weil die Zugfestigkeit des Betons durch Stahlfasern in praxisgerechter Zugabemengen kaum beeinflußt wird, kann Punkt 1 durch die zentrische Zugfestigkeit des faserfreien Betons beschrieben werden. Hier wird die Beziehung nach *Remmel* (4.28) vorgeschlagen, die bereits den unterlinearen Anstieg der Zugfestigkeit bei höherfesten Betonen berücksichtigt und dadurch universell einsetzbar ist. Der abfallende Ast der Entfestigungskurve nach *Remmel*, unmittelbar nach der Rißbildung, wird dabei wesentlich durch den exponentiellen ersten Term der Beziehung beschrieben und durch die Stahlfasern nicht beeinflußt.

In Bereich II kommt es zu einer gemeinsamen Zugspannungsübetragung durch Beton und Stahlfaser. Dabei nimmt der Einfluß des Betons bei wachsender Rißbreite ab. Die Spannungsübertragung wird durch die Stahlfasern gewährleistet.

Die Rißbreite bei der sich ein Verbundversagen einstellt, kann nach Gleichung (4.21) abgeschätzt werden. Sie ist abhängig von der Fasergeometrie und den Verbundeigenschaften zwischen Faser und Betonmatrix. Für praxisübliche Fasergeometrien und Verbundspannungen schwankt $w_{\tau u}$ zwischen 0,5 μm und 30 μm. Damit liegt sie in einem Bereich, in dem Beton noch Spannungen von ca. 70 % - 90 % der Zugfestigkeit über den Riß übertragen kann.

Stellt sich die Rißbreite $w_{\tau u}$ ein, ist die in die Faser eingetragenen Spannung maximal und nimmt anschließend ab. Die Rißbreite $w_I$ (Bild 4.12) wird konstant zu 50 μm gesetzt, da ab dieser Rißbreite der erste Term des Entfestigungs-verhaltens von faserfreien Betonen nach *Remmel* zu vernachlässigen ist. Die bis zu dieser Rißbreite verrichtete Auszieharbeit der Stahlfasern, die zu einer Steigerung der Völligkeit im absteigenden Ast führt, wird vereinfachend nicht berücksichtigt. Sie bildet bei späteren Bemessungen eine Sicherheitsreserve. Die zugehörige Spannung $\sigma_I$ berechnet sich demzufolge aus einem Anteil der Stahlfasern und dem linearen Anteil der Entfestigungskurve nach *Remmel*, die den Traganteil des Betons bei größeren Rißbreiten charakterisiert (4.29).

$$\sigma_I = f_{t2} \cdot \left(1 - \frac{0{,}05}{w_2}\right) + \eta_{Vol} \cdot \eta_{\Theta} \cdot \sigma_\tau \cdot \left(1 - \frac{0{,}05}{l_e}\right) \tag{4.29}$$

Dabei entspricht gemäß den Ausführungen von Kapitel 4.2 :

$f_{t2}$ ≡ Zugspannungsanteil gemäß *Remmel* [4.4] , siehe auch Tabelle 4-1

$w_2$ ≡ Rißbreite, ab der faserfreier Beton keine Zugspannungen mehr übertragen kann, siehe auch Tabelle 4-1

$\eta_{Vol}$ ≡ Stahlfaserdosierung

$\eta_\Theta$ ≡ Orientierungsbeiwert der Stahlfasern

$\sigma_\tau$ ≡ Faserspannung bei Verbundversagen

$l_e$ ≡ rechnerische Einbindelänge der Fasern

Der dritte Bereich (III) der Entfestigungskurve beschreibt die rißüberbrückende Tragfähigkeit der Stahlfasern für Rißbreiten, bei denen der Beton keine Zugspannungen mehr übertragen kann. Nach dem Vorschlag von *Remmel* sind die übertragbaren Spannungen bei Betonen in Abhängigkeit vom Zuschlag und der Festigkeit ab Rißbreiten zwischen 160 µm und 250 µm zu vernachlässigen.
Die Rißbreite $w_{II}$ stimmt deshalb mit der End-Rißbreite $w_2$ des Vorschlages von *Remmel* überein. Die zugehörige Spannung $\sigma_{II}$ errechnet sich aus dem reinen Auszugsverhalten der Stahlfasern, gemäß Gleichung (4.30).

$$\sigma_{II} = \eta_{Vol} \cdot \eta_\Theta \cdot \sigma_\tau \cdot \left(1 - \frac{w_{II}}{l_e}\right) \tag{4.30}$$

Der letzte charakteristische Punkt ist durch die rechnerische Einbindelänge $l_e$ gegeben. Nach Erreichen dieser Rißbreite, die nach den Ausführungen von Abschnitt 4.2 zu $\frac{1}{4} \cdot l_f$ angenommen wird, gilt die Faser rechnerisch als aus der Matrix ausgezogen. Es ist keine weitere Spannungsübertragung möglich.
Die Auswertung der Orientierungsfunktionen nach *Schnütgen* (siehe 4.2.3.2) schwanken für baupraktisch relevante Eingangsgrößen zwischen 0,30 und 0,39 für dreidimensionale, bzw. zwischen 0,45 und 0,52 für zweidimensionale Ausrichtungen. Im Rahmen eines vereinfachten Verfahrens ist es legitim, diese Beiwerte durch Ansatz der jeweiligen Minimalwerte (Gleichung 4.32 a bzw. 4.32 b) zu berücksichtigen. Dadurch bildet sich eine weitere Sicherheitsreserve bei der Berechnung der bruchmechanischen Kenngrößen. In einem Rechenbeispiel wird deutlich, daß diese Sicherheitsreserve bis zu 10 % betragen kann. Sollen diese Differenzen vermieden werden, müssen auch bei der Berechnung der trilinearen

Entfestigungsfunktion die Orientierungsbeiwerte nach *Schnütgen* exakt ausgewertet werden.

$$\eta_{3D} = 0{,}30 \tag{4.31a}$$

$$\eta_{2D} = 0{,}45 \tag{4.31b}$$

## 4.4.2 Ermittlung der Bruchenergie, bzw. Auszugsenergie

Basierend auf dem in Abschnitt 4.4.1 erläuterten Vorschlag läßt sich die Entfestigungsfunktion in drei einfache geometrische Teilbereiche zerlegen (Bild 4.12), deren Integration über die Ermittlung der Flächeninhalte leicht durchzuführen ist. Die Energie im Bereich I, in dem der Beton alleine wirkt, errechnet sich zu

$$G_{f,I} = \frac{1}{2} \cdot (f_{ct} - \sigma_I) \cdot w_I \tag{4.32}$$

Der Energieanteil im gemeinsamen Wirkungsbereich von Stahlfaser und Beton ermittelt sich aus den Flächeninhalten eines Rechtecks und eines Parallelogramms zu

$$G_{f,II} = \sigma_I \cdot w_I + \frac{1}{2} \cdot (\sigma_I + \sigma_{II}) \cdot (w_{II} - w_I) \tag{4.33}$$

Die Ausziehenergie der Stahlfasern im Bereich III entspricht der Fläche eines Dreiecks.

$$G_{f,III} = \frac{1}{2} \cdot \sigma_{II} \cdot (l_e - w_{II}) \tag{4.34}$$

Zusammenfassend läßt sich feststellen, daß das rißüberbrückende Tragverhalten von Stahlfaserbeton unter zentrischer Zugbeanspruchung durch die Ermittlung der vier charakteristischen Punkte berechnet werden kann. Die Bruchenergie kann über die entsprechenden Flächeninhalte bestimmt werden. Anhand eines Beispiels wird das vereinfachte trilineare Entfestigungsverhalten und die Güte der Abschätzung im Vergleich zum Lösungsvorschlag nach Abschnitt 4.2 gezeigt.

### 4.4.3 Beispielrechnung

Das Entfestigungsverhalten und die bruchenergetischen Eigenschaften eines Stahlfaserbetons (Kieszuschlag mit 16 mm Größtkorn) mit nachfolgend aufgeführten Festigkeiten sollen ermittelt werden. Es werden 80 kg/m³ einer gezogenen Drahtfaser ($l_f$ = 30 mm, $d_f$ = 0,5 mm) zugegeben. Die Reibungsspannung $\tau_m$ wurde durch Faserauszugsversuche ermittelt.

**Ausgangswerte :**

- Zylinderdruckfestigkeit des Betons $f_c$ = 50,0 N/mm²
- Reibungsspannung $\tau_m$ = 2,625 N/mm²
- Fasergeometrie

**Berechnung der 4 charakteristischen Punkte**

- aus der Zylinderdruckfestigkeit läßt sich die zentrische Zugfestigkeit gemäß Gleichung (4.28) ermitteln :
  - $f_c$ = 50,0 N/mm²
  - $f_{ct}$ = 3,8 N/mm²

⇒ **Punkt 1 ( 0,0 mm / 3,8 N/mm²)**

- der zweite Punkt der trilinearen Entfestigungskurve wird gemäß Abschnitt 4.4.1 bei einer Rißweite von $w_I$ = 50 µm gesetzt. Die zugehörige Spannung bestimmt sich gemäß Gleichung (4.28). Dabei errechnen sich die benötigten Beiwerte zu

  - $f_{t2}$ = 0,66 N/mm² (gemäß Tabelle 4-1)
  - $w_2$ = 0,16 mm (gemäß Tabelle 4-1)
  - $\eta_{Vol}$ = 0,01
  - $\eta_\Theta$ = 0,30 (gemäß Gleichung 4.30a)
  - $\sigma_\tau$ = 210 N/mm² (siehe Gleichungen 4.25)
  - $l_e$ = 7,5 mm

Die Koordinaten des zweiten charakteristischen Punktes ergeben sich damit wie folgt :

⇒ **Punkt 2 ( 0,05 mm / 0,92 N/mm²)**

Der dritte Bereich der vereinfachten Entfestigung beschreibt das Auszugsverhalten der Stahlfasern aus der Betonmatrix. Aufgrund der großen Rißbreiten kann der Beton selbst keinen Beitrag zur Spannungsübertragung mehr leisten. Dieser Abschnitt beginnt bei der von *Remmel* definierten Grenzrißbreite $w_2$ und hängt ab von der Zuschlagsart und der Betonfestigkeit. Die zugehörige Spannung läßt sich gemäß Gleichung 4.30 errechnen, alle hierzu erforderlichen Parameter sind bereits bestimmt worden.

⇒ **Punkt 3 ( 0,16 mm / 0,46 N/mm²)**

Die mittlere rechnerische Tragfähigkeit der Stahlfasern endet bei Rißweiten von ¼ der Faserlänge $l_f$. Diese Annahme definiert den Endpunkt der vereinfachten Entfestigungskurve.

⇒ **Punkt 4 ( 7,5 mm / 0,0 N/mm²)**

Mit diesen vier Punkten kann das Verhalten des beispielhaft aufgeführten Betons unter zentrischer Zugbeanspruchung charakterisiert werden. Die zugehörigen Bruchenergien lassen sich gemäß den Gleichungen in Abschnitt 4.4.2 leicht berechnen. Für das oben aufgeführte Beispiel ergeben diese Werte :

| | | | |
|---|---|---|---|
| • $G_{f,I}$ | = | 72,0 | N / m |
| • $G_{f,II}$ | = | 121,9 | N / m |
| • $G_{f,III}$ | = | 1699,7 | N / m |
| • **$\Sigma G_f$** | | **1893,6** | **N / m** |

Für die aus Abschnitt 4.2 resultierende Funktion ergibt sich eine Bruchenergie von $G_f$ = 2030,2 N/m und damit eine Abweichung von ca. 7 %. In den nachfolgenden Abbildungen wird der Kurvenverlauf der vereinfachten trilinearen Entfestigungsfunktion mit dem Kurvenverlauf der Entfestigung gemäß Abschnitt 4.2 verglichen. Bild 4-13 zeigt einen vergrößerten Ausschnitt des Bereichs, in dem Beton und Stahlfasern gemeinsam wirken.

Diese Abweichung folgt hauptsächlich aus der pauschalisierten Festsetzung des Orientierungsbeiwertes $\eta_\Theta$ zu 0,30. Setzt man die Formulierungen nach *Schnütgen* an (Gleichungen 4.23), so würde sich für obiges Beispiel der Orientierungsfaktor zu $\eta_\Theta = 0{,}324$ berechnen. Diese Abweichung liegt in der Größenordnung der unterschiedlichen Energiewerte.

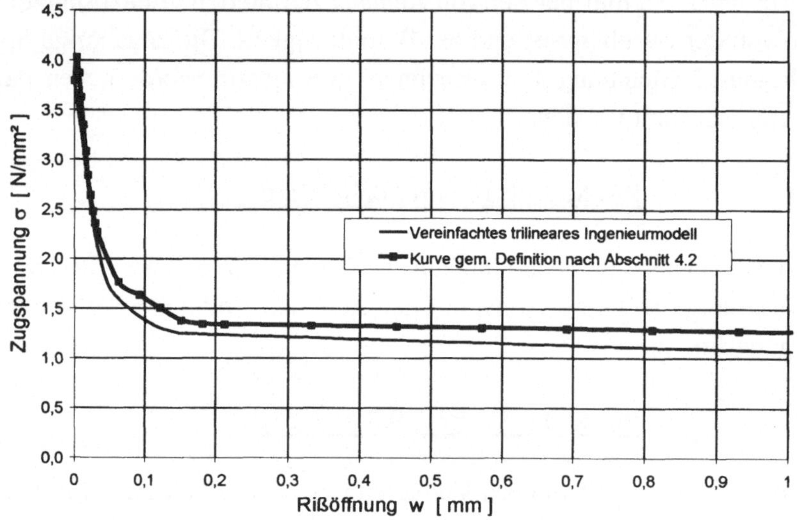


Bild 4-13 : Ausschnitt der Bereiche I und II

# 4.5 Fasertragwirkungen bei Rißgleitungen

## 4.5.1 Vorüberlegungen

In baupraktisch relevanten Traggliedern spielen reine Zugbeanspruchungen eine eher untergeordnete Rolle, denen im Falle ihres Auftretens durch eine geeignete Material- (z.B. Einsatz von Stahlträgern) bzw. Bewehrungswahl begegnet wird. Wie die Herleitungen in den Abschnitten 4.2 bis 4.4 verdeutlichen, eignet sich Stahlfaserbeton aufgrund der vergleichsweise geringen Tragkapazität nur bedingt zur Aufnahme planmäßiger Zugkräfte. Dies wird auch in Kapitel 7, bei den Untersuchungen zur Biegetragfähigkeit, nochmals deutlich.

Bei der Anwendung bruchmechanischer Konzepte zur Ermittlung von Tragwerksreaktionen spielt die Lastaufnahmefähigkeit bei tangentialen Verschiebungen der Rißufer eine wichtige Rolle. Dies verdeutlicht sich schon bei faserfreien Versuchskörpern unter Schubbeanspruchung, bei der dem sog. *aggregate interlock* ein bedeutender Einfluß zukommt.

Nach Zugabe von Stahlfasern ist auch in dieser tangentialen Richtung mit einer erhöhten Tragfähigkeit zu rechnen. Die experimentelle Ermittlung dieses Anteils gestaltet sich äußerst kompliziert und wurde im Rahmen eigener Forschung nicht vorgenommen. Auch sind für Stahlfaserbetone keine derartigen Versuchsergebnisse bekannt. Um dennoch auch diese Tragwirkung ansetzen zu können, wird ein einfaches Gedankenmodell vorgestellt. Das Modell sollte durch experimentelle Untersuchungen verifiziert werden. Es wurde im Rahmen dieser Arbeit nur bei der Nachrechnung der Schubversuche mit dem für Stahlfaserbetone verallgemeinerten Parabel-Schrägriß Modell nach *Fischer* (siehe Kapitel 6.6) verwendet.

### 4.5.2 Modellüberlegungen

Wie in Kapitel 4.1 gezeigt, können Stahlfasern nur in Richtung ihrer Längsachse Kräfte aufnehmen und Rißverschiebungen vernähen. Hierzu wurde in Abschnitt 4.2 und 4.4 ein einfaches Modell entwickelt, das es ermöglicht den Widerstand in Abhängigkeit von Faser- und Betoneigenschaften zu beschreiben. Der Orientierungsfaktor $\eta_\Theta$ berücksichtigt die zufällige Ausrichtung der Faser. Mechanisch kann $\eta_\Theta$ als der Anteil an Fasern interpretiert werden, der bezüglich seiner vernähenden Wirkung optimal ausgerichtet ist. Andere Fasern finden keine Berücksichtigung.

Diese Überlegung liegt auch dem einfachen Modell zur Beschreibung von Rißgleitungen zugrunde. Eine optimal ausgerichtete Faser würde unter dieser Beanspruchung fast parallel zum Riß orientiert sein. Bild 4-14 zeigt die Lage einer solchen „Modell-Faser".

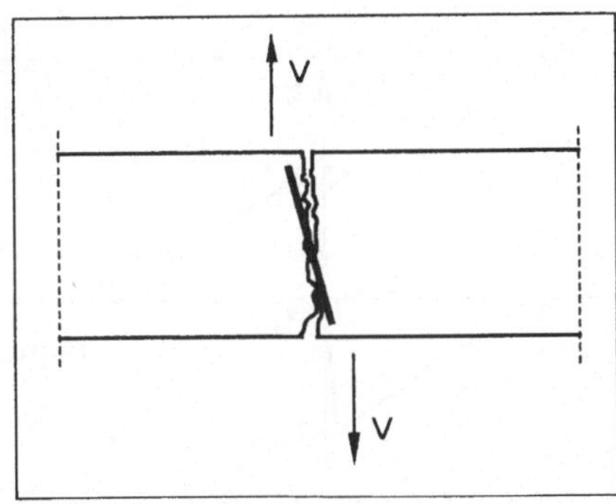


Bild 4-14 : Optimale Faserausrichtung bei tangentialen Rißverschiebungen

Hierbei kommt es zu einer nahezu achsialen Beanspruchung der Faser und damit zu einer Reaktion wie in Kapitel 4.2 beschrieben. Mit einsetzender Rißgleitung werden Zugspannungen in die Faser eingeleitet, die zu einem Überschreiten der Verbundfestigkeit und einem Ausziehen aus der einbettenden Matrix führen. Aus geometrischen Gründen kann die Faser jedoch nicht exakt in Richtung der tangentialen Verschiebung laufen, weil sie dann in der Rißfläche liegen würde und keine einbettende Matrix vorhanden wäre. Deshalb wird angenommen, daß eine optimal ausgerichtete Faser etwa unter einem Winkel von $\alpha_f = 10°$ zur Verschiebungsrichtung angeordnet ist. Gemäß Bild 4-3 berechnet sich die Kraftkomponente in Richtung der Faserlängsachse durch Multiplikation mit cos $\alpha_f$, so daß die Kraftaufnahmefähigkeit gegenüber zentrischer Belastung pauschal mit cos 10° ≈ **0,98** abgemindert wird.

Die Tragwirkung des Betonanteils ändert sich grundsätzlich gegenüber den Ausführungen in Kapitel 4.2, jedoch liegen hierzu umfangreiche Untersuchungen vor.

### 4.5.3 Betonanteil

In Anlehnung an die Überlegungen von *Fischer* [4.23] wird die Rißgleitung entkoppelt von der Rißöffnungsbewegung betrachtet. Dabei wird angenommen, daß sich der Beton bis zu einer gegenseitigen Rißuferverschiebung von $\delta$ = 0,001 mm linear elastisch verhält, analog zu den Annahmen bei der Rißöffnung. Nach Überschreiten der maximalen Schubspannung $\tau$, die gemäß den Ausführungen in [4.23] zu $\tau$ = 1,1 N/mm² gesetzt wird, entfestigt sich das Material tangential bis zu einer Verschiebung von $\delta$ = 0,6 mm. Ab dieser Verformung wird dem Beton kein Beitrag an der Spannungsübertragung mehr zugeschrieben. Bild 4-15 zeigt die verwendete $\tau$–$\delta$ Beziehung.

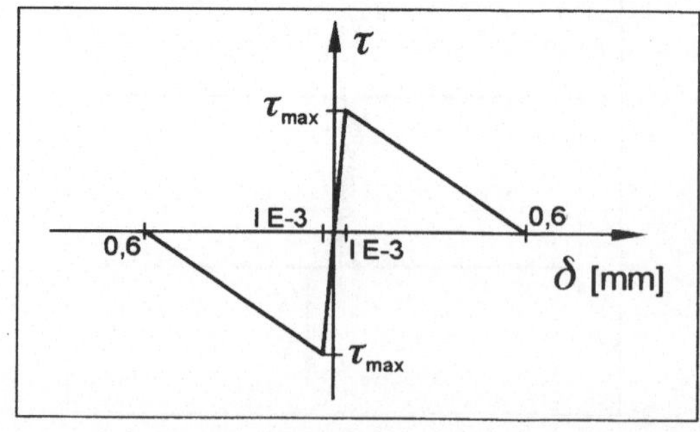


Bild 4-15 : $\tau$–$\delta$ Beziehung des Betonanteils nach [4.23]

### 4.5.4 Anteil der Stahlfasern

Der Anteil der Stahlfasern errechnet sich gemäß den Modellüberlegungen aus Abschnitt 4.5.2 bzw. den Ausführungen des Kapitels 4.2. Auch unter rißgleitender Belastung kommt es zu einem Ausziehen der Faser aus der Betonmatrix, wobei die optimal orientierte Faser den Riß unter einem angenommenen Winkel von $\alpha_f = 10°$ vernäht. Die übertragbaren Zugspannungen werden deshalb pauschal mit einem Faktor 0,98 abgemindert. Die Tragfähigkeit unter tangentialer Belastung berechnet sich demnach gemäß Gleichung (4.35).

$$\tau_{\text{Faserbeton}} = \tau_{\text{Beton}} + 0{,}98 \cdot \sigma_{\text{Faser}} \tag{4.35}$$

mit

$\tau_{Faserbeton}$ ≡ tangentialer Spannungsanteil

$\tau_{Beton}$ ≡ tangentialer Betontraganteil, gemäß [4.23]

$\sigma_{Faser}$ ≡ Spannungsanteil der rißkreuzenden Stahlfasern, gemäß Kapitel 4.2 bzw. 4.4

# 5 Tragverhalten unter zentrischer Druckbeanspruchung

## 5.1 Allgemeines

Das Konglomerat Beton ermöglicht den Lastabtrag großer Druckbeanspruchungen, während seine Zugtragfähigkeit gering ist. Das wird bereits seit der Antike genutzt. Heutige Bemessungsnormen stützen sich im wesentlichen auf die Druckfestigkeit als charakterisierende Größe. Ziel der Betonforschung ist es diese zu steigern, um höhere, schlankere und transparentere Strukturen zu errichten. Die Materialeigenschaften von Beton als 2-Phasenwerkstoff, bestehend aus Zementstein und Zuschlag, werden durch die Einzelkomponenten und dem Verhalten in der Grenzschicht geprägt. Die Verbesserung der Ausgangsmaterialien ist begrenzt, weil die Beschaffenheit der Zuschläge abhängig von natürlichen Vorkommen und kaum zu beeinflussen ist. Auch die Mahlfeinheit des Zementes, die unmittelbar auf die Festigkeit einwirkt, kann derzeit in wirtschaftlich vertretbarem Rahmen nicht gesteigert werden.

Die Festigkeit des Betons kann aber durch Optimierung der Kornzusammensetzung und Reduzierung des Porenvolumens, das wesentlich durch überschüssiges Wasser entsteht, verbessert werden. Bereits 1954 berichtet *Graf* in [5.1] von Betonen mit Druckfestigkeiten um 75 $N/mm^2$, die unter baupraktischen Bedingungen jedoch nicht herstellbar waren. Der technologische Durchbruch gelang erst mit Entwicklung leistungsstarker Zusatzmittel und -stoffe. So ist man heute in der Lage durch die Zugabe Fließmitteln Betone verarbeiten zu können, deren Wasser-Zement-Wert (w/z) deutlich unter 0,30 liegt. Damit wird die überschüssige Zugabe von Wasser zum Erreichen einer verarbeitbaren Konsistenz vermieden und das Porenvolumen erheblich reduziert. Durch Mikrofüller wird die Homogenität und Dichtheit der Betonmatrix gesteigert, wodurch sich die Festigkeiten ebenfalls verbessern. Dabei wird hauptsächlich Mikrosilica eingesetzt, das in der Ferro-Silicium Produktion als Abfallprodukt bei hohen Temperaturen entsteht. Es handelt sich hierbei um reaktionsfähige Stäube, die zu 85 % - 97 % aus amorphem Siliciumdioxid (SiO2) bestehen und puzzolanisch reagieren. Die mittlere Partikelgröße von ca. 0,1 - 0,15 μm ist etwa 50 - 100 mal kleiner als die des Zementes [5.2].

Die Steigerung der Festigkeit basiert auf zwei Effekten: Durch die geringe Größe können Mikrofüller die Poren zwischen den Zementkörnern ausfüllen und zu einer Verbesserung der Homogenität beitragen. Diesem sogenannten „Füllereffekt“ wird der wesentliche Anteil der Festigkeitssteigerung zugerechnet, wie Untersuchungen von *Goldman* und *Bentur* [5.3] belegen. Weiterhin wird die Dichtheit des Betons verbessert. Durch die puzzolanische Reaktion der Silicapartikel bilden sich zusätzliche Calciumsilicathydrate (CSH), die denen des hydratisierten Zementes ähneln und eine weitere, geringere Festigkeitssteigerung bewirken. Die Kontaktzone wird jedoch deutlich verstärkt. Dies hat weitere maßgebliche Konsequenzen zur Folge, da sich der Bruchmechanismus verändert. Bei normalfesten Betonen ist diese Kontaktzone die Schwachstelle des Gefüges. Der Bruch entwickelt sich immer um die Zuschläge, was zu sehr rauhen, ineinander verzahnten Bruchbildern führt. Auch nach Ausbildung der maßgeblichen Versagensrisse können noch Kräfte durch Reibung über die Rißufer übertragen werden. Die verstärkte Kontaktzone bei Hochleistungsbetonen ist hingegen am Versagensprozeß nicht maßgeblich beteiligt. Risse verlaufen durch die Zuschläge, was zu sehr glatten Bruchflächen führt. Dadurch nimmt die Verformungsfähigkeit hochfester Betone im Nachbruchbereich mit zunehmender Festigkeit immer stärker ab, wovon *Held* bereits in [5.5] berichtete. Nachfolgend werden die Besonderheiten des Bruchverhaltens, sowie die daraus resultierenden Konsequenzen für das Bauteilverhalten bzw. die Ertüchtigung für zentrische Druckbeanspruchungen beschrieben. Ausführlichere Beschreibungen zur Technologie hochfester Betone bzw. zu den Festbetoneigenschaften können in [5.4], [5.6] und [5.7] nachgelesen werden. In diesem Zusammenhang soll auch ein Hinweis auf die Fortführung technologischer Forschung nicht fehlen, die aufbauend auf den erwähnten Überlegungen bereits die Entwicklung von Betonen mit Druckfestigkeiten von bis zu 600 N/mm² ermöglicht hat. Über diese sog. Reactive Powder Concretes (RPC), die infolge der aufwendigen Nachbehandlung unter Bedampfung und erhöhter Temperatur noch reine Labor-Betone sind, wird in [5.8] zusammenfassend berichtet.

## 5.2 Bruchcharakteristik

### 5.2.1 Grundbegriffe

Zur Erläuterung grundlegender Begriffe und Zusammenhänge ist in Abbildung 5-1 das Verformungsverhalten von Beton unter Druckbeanspruchung dargestellt.

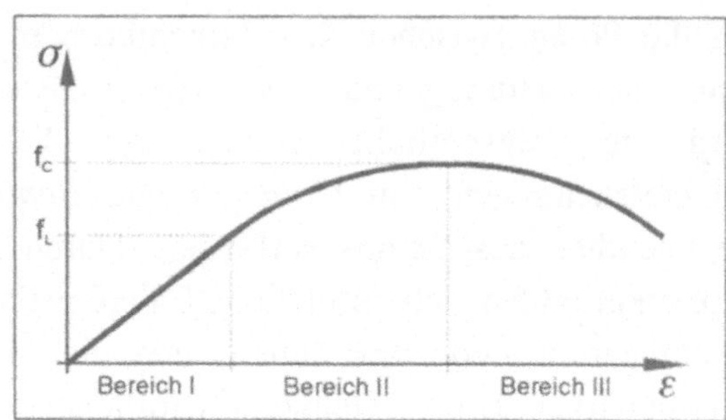


Bild 5-1 : Verformungsverhalten unter Druckbeanspruchung

Der Druckspannungs-Stauchungs-Verlauf kann in drei unterschiedliche Bereiche zerlegt werden. Der erste ist gekennzeichnet durch einen nahezu linearen Anstieg der Spannung, der Werkstoff verhält sich ideal elastisch. Ab einer charakteristischen Druckspannung $f_L$ weicht das Material von diesem elastischen Verhalten ab. Weiterer Kraftzuwachs wird begleitet von einem überproportionalen Anstieg der Stauchungen, bis der Beton seine maximale Spannung, die Druckfestigkeit erreicht. Der abfallende Ast (Bereich III) nach Überschreiten der maximalen Festigkeit wird als Materialentfestigung bezeichnet. Je steiler dieser Nachbruchbereich ist, desto spröder versagt das Bauteil. Im äußersten Grenzfall verliert es plötzlich seine Tragfähigkeit; die Druckspannungs-Stauchungs Kurve fällt senkrecht auf Null zurück. Im ansteigenden Ast treten bei spröden Werkstoffen kaum inelastische Deformationen auf. Im Gegensatz dazu gilt ein Versagen als duktil, wenn sich im Nachbruchbereich große plastische Verformungen und ein stetiger Abfall der Festigkeit einstellen. Vor dem Bruch sind inelastische Verformungen erkennbar. Abbildung 5-2 zeigt prinzipielle Verläufe von duktilen bzw. spröden Spannungs-Verformungskurven.

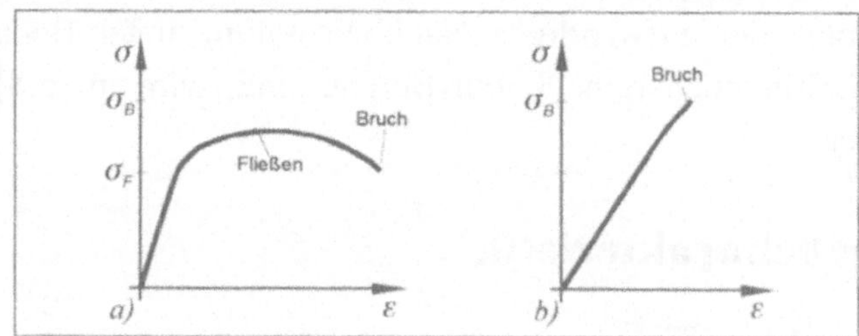


Bild 5-2 : Duktiles (a) bzw. sprödes (b) Verformungsverhalten

In [5.9] werden die Ursachen der beiden Schädigungsarten charakterisiert. Danach dominieren bei spröden Schädigungen die Ausbreitung und Neubildung von Mikrorissen, die in Richtung der Hauptachsen des Spannungstensors orientiert sind. Mit zunehmenden mikroskopischen Defekten beginnt der Werkstoff sich auch makroskopisch nichtlinear zu verformen. Die Schädigungszone entsteht oftmals unter Ausbildung von Scher- oder Schubbändern.

Im Gegensatz dazu ist die duktile Schädigung durch das Wachstum, die Vereinigung und die Neuentstehung von Mikroporen gekennzeichnet [5.9]. Diese bilden sich bevorzugt an eingeschlossenen Fehlstellen oder Korngrenzen, können aber auch durch das Aufreißen spröder Mikroeinschlüsse ausgelöst werden.

### 5.2.2 Verformungsverhalten von Beton und Bemessungsverfahren

Die in Abschnitt 5.1 beschriebenen technologischen Modifikationen verändern das Bruchverhalten von Beton mit steigender Festigkeit zunehmend. Bei Belastung führt die verbesserte Homogenität zu einer verzögert einsetzenden Mikrorißbildung, die Spannungsdehnungslinien entwickeln sich länger linear elastisch. Normalfeste Betone verhalten sich bis zu einer Belastung von ca. 40 % - 60 % der Druckfestigkeit linear elastisch, bei hochfestem Beton setzt eine spürbare Mikrorißbildung erst wesentlich später, bei ca. 90 % der maximalen Tragfähigkeit ein. Mit zunehmender Druckfestigkeit vergrößert sich auch die Bruchstauchung, während ein steilerer abfallender Ast als Zeichen wachsender Sprödigkeit beobachtet werden kann (Bild 5-3).

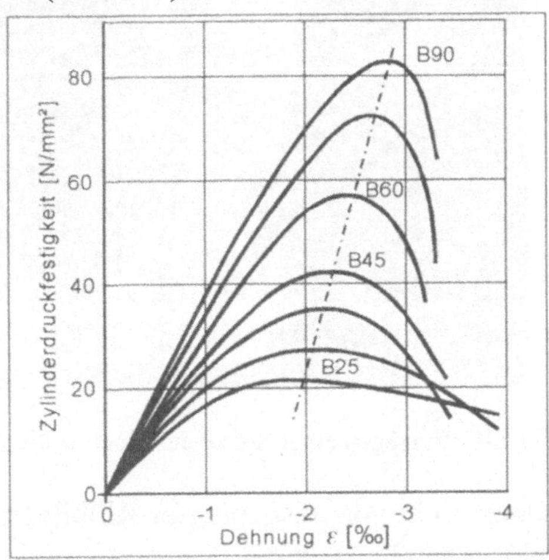


Bild 5-3 : Verformungsverhalten von Beton [5.5]

Aufgrund der lokalen Bruchmechanismen unter Druckbeanspruchung ist der Verlauf einer Spannungsdehnungslinie kein Materialverhalten, sondern wird entscheidend von den Abmessungen, insbesondere von der Schlankheit des Prüfkörpers beeinflußt.
Durch das Integral der Spannungsdehnungslinie kann unter Berücksichtigung der Prüfkörpergeometrie das Arbeitsvermögen des Werkstoffs ermittelt werden. Es kennzeichnet die Fähigkeit lokale Spannungserhöhung durch Rißbildungen abzubauen bzw. auf noch nicht ausgelastete Bereiche umzulagern. Die Sicherheit gegen plötzliches Versagen wird also mit zunehmender Arbeitsfähigkeit des Werkstoffes größer. Neben der Festigkeit kommt damit auch der Verformungsfähigkeit eines Materials eine zentrale Bedeutung zu.
Der explosive Versagenscharakter von Bauteilen mit unzureichender Verformungskapazität wird durch die folgenden Abbildungen deutlich.

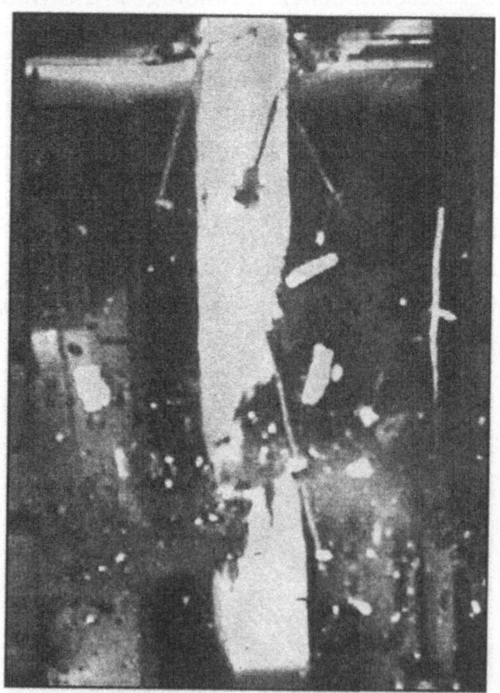

Bild 5-4 : Versagen einer Stütze aus Hochleistungsbeton

Weil das spröde Versagen nicht von ausgeprägter Rißbildung begleitet wird, sondern sich unangekündigt vollzieht, muß die Bemessung gewisse Maßnahmen vorsehen, die den Bruchsicherheitsabstand vergrößern.

Durch Erzeugung eines dreiachsialen Spannungszustandes kann die Trag- und Verformungskapazität von Betonbauteilen verbessert werden. Verbundbauelemente lassen sich hierbei wirkungsvoll einsetzen. Während dieser Bauweise in Deutschland der Durchbruch noch nicht gelungen ist, werden beispielsweise in Amerika große Bauvorhaben im Verbundbau realisiert. Das „Two Union Square" Hochhaus in Seattle (220 m) lastet sich auf vier, im Gebäudeinneren angeordneten Stützen, sog. Megastützen, sowie 14 weiteren Außenstützen ab. Während die Außenstützen mit einem Durchmesser von ca. 1 m aus hochfestem Beton konzipiert sind, wurden die Megastützen (Durchmesser ca. 3 m) in Verbundbauweise konstruiert. Das mit hochfestem Beton gefüllte Stahlprofil führt zu einer Steigerung der Duktilität, und kann weiterhin als Schalung während der Herstellung verwendet werden [5.4].

Bild 5-5 : Druckzone eines hochfesten Biegeträgers nach dem Bruch

Dreiachsiale Spannungszustände sind in der Richtlinie für hochfesten Beton [5.10] zur Verbesserung der Verformungskapazität ebenfalls vorgesehen. In dem die DIN 1045 ergänzenden Regelwerk ist eine aufwendige konstruktive Durchbildung von Druckgliedern beschrieben. Der Längsbewehrungsgrad wird auf mindestens 1,0 % erhöht, die maximalen Abstände der Bewehrung verringert. Weiterhin ist eine Erhöhung der Querbewehrungsgehalte auf mindestens 1,0 Vol.-%, bezogen auf den Kernquerschnitt vorgesehen. Der Durchmesser der Bügel muß mindestens 8 mm betragen, der maximale Abstand wurde auf 150 mm bzw. d/3 reduziert. Insgesamt wird ein möglichst quadratisches Netz aus Quer -

und Längsbewehrung angestrebt [5.10]. Analoges gilt für Wände aus hochfestem Beton.

Neben diesen konstruktiven Maßnahmen wird auch die zulässige Verformbarkeit begrenzt. Während die maximale Bruchstauchung von $\varepsilon_b = 2$ ‰ für zentrisch belastete Druckglieder übernommen wurde, sind bei der Biegebemessung Abminderungen der Rechenwerte vorgesehen. Der Übergangswert der Stauchung $\varepsilon_{bs}$, bei der die Rechenfestigkeit erreicht und der parabelförmige Verlauf des Bemessungsdiagramms in den konstanten Bereich wechselt, steigt mit zunehmender Betonfestigkeitsklasse an. Für normalfeste Betone bis B 55 wird $\varepsilon_{bs}$ zu 2 ‰ angesetzt. Für einen B 115 wird eine Steigerung auf $\varepsilon_{bs}$ = 2,2 ‰ berücksichtigt. Im Gegensatz hierzu wird die Völligkeit der Parabel im ansteigenden Ast und die rechnerische Bruchstauchung $\varepsilon_{bu}$ verringert. Die Abminderung der Rechendruckfestigkeit $\beta_R$ um den Faktor (1 - $\beta_{WN}$ / 600) ist eine weitere Sicherheitsreserve [5.10].

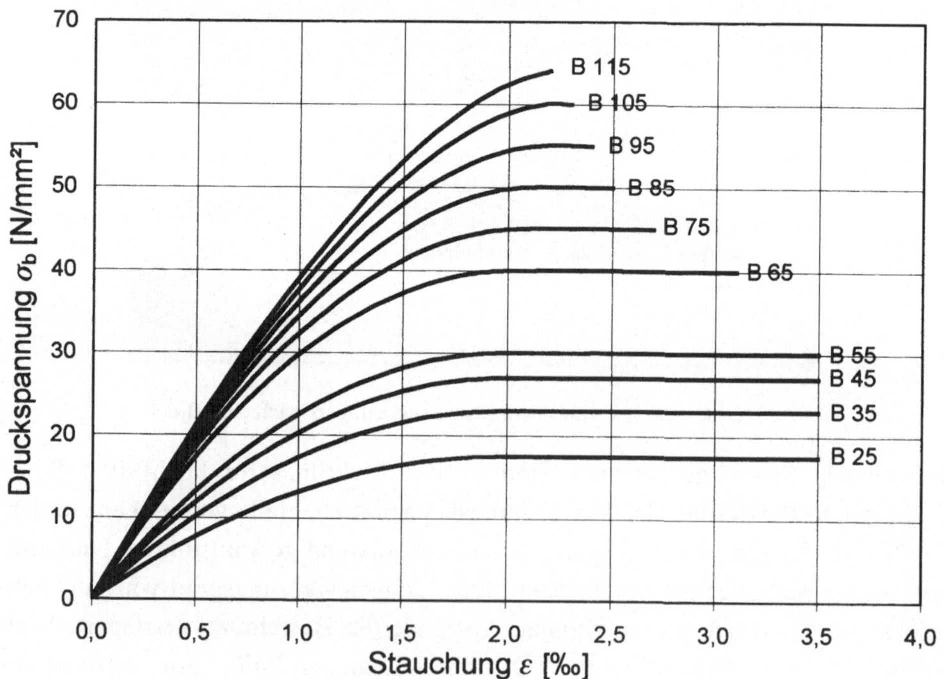


Bild 5-6 : Rechnerische Spannungsdehnungslinien
Gegenüberstellung von DIN 1045 und Richtlinie für hochfesten Beton

Neben den höheren Materialkosten entsteht durch diese Sicherungsmaßnahmen ein Mehraufwand bei der Konstruktion von Bauteilen aus Hochleistungsbeton. Das Einbringen und Verdichten des Betons in solche eng bewehrter Bauteile ist nicht unproblematisch und muß mit äußerster Sorgfalt vorgenommen werden.
Im Rahmen eines Forschungsvorhabens an der Universität Leipzig wurden deshalb technologische Möglichkeiten untersucht, die Verformungsfähigkeit hochfester Betone zu steigern.

### 5.2.3 Überlegungen zur Duktilitätssteigerung

Wie bereits gezeigt, führen technologische Variationen zu Verbesserungen der Festigkeit, gleichzeitig aber auch zu einer Versprödung. Dieser wird bisher durch konstruktive Maßnahmen entgegen gewirkt. Die Affinität der Spannungsdehnungslinien könnte durch eine Modifizierung des Bruchverhaltens erreicht werden. Hierzu muß die Schwachstelle im Gefüge wieder in den Bereich der Kontaktzone verschoben werden, so daß die entstehenden Rißflanken sich wieder gegenseitig verzahnen. Dies könnte durch Verwendung hochwertiger Gesteine erreicht werden, die höhere Zug- und Biegezugfestigkeiten besitzen als übliche Zuschläge. Die Biegefestigkeit des metamorphen Serpentins beträgt etwa $f_{t,fl} = 50 - 80$ MN/m² und ist damit ungefähr dreimal so groß wie von Basalt ($f_{t,fl} = 15\text{-}25$ MN/m²) [5.29].
Der Einsatz von Zuschlägen aus Hochleistungskeramik mit maximalen Biegefestigkeiten von $f_{t,fl} = 400$ MN/m² wird aus wirtschaftlichen Gründen für die Praxis irrelevant bleiben.
Weitere Maßnahmen zur Angleichung der Bruchmechanismen basieren auf einer gezielten Schwächung der Kontaktzone. Durch Verwendung gering reaktiver Puzzolane, wie z.B. Flugasche, können gewisse Verbesserungen im Bruchverhalten erreicht werden. In Leipziger Versuchen wurde auch der Einfluß von inerten, d.h. puzzolanisch nicht reaktiven Mikrofüllern, wie z.B. Quarzporphyr, Quarzmehl, mineralische Wollastonitfasern und Pyrophyllit untersucht [5.14]. Dabei zeigt sich eine generelle Verbesserung der Duktilität. Die Zugabe von Polypropylenfasern begünstigt den Abbau des elastischen Energiepotentials durch frühzeitige Aktivierung der Mikrorißbildung im ansteigenden Ast. Eine gezielte Schwächung der Matrix durch Zugabe von Mikrohohlkugeln (kleine in sich geschlossene Luftblasen in elastischer Kunststoffhülle) führte zu keinen befriedigenden Ergebnissen [5.29]. Diesbezüglich wurde ein umfassender Bericht vorgelegt [5.30].

Durch die Zugabe von Stahlfasern erhöhen sich die übertragbaren Spannungen unter Zug- bzw. Biegezugbeanspruchungen im Nachbruchbereich beträchtlich (siehe Kapitel 4). Auch für normalfeste Betone berichtete *Schnütgen* in [5.26] von einer verbesserten Verformungskapazität unter Druckbeanspruchungen. Weil hier allerdings weder die Schlankheit der Prüfkörper noch die Lagerung in der Prüfmaschine bekannt sind, können nur bedingt Rückschlüsse auf das Verhalten stahlfaserverstärkter Bauteile gezogen werden. Auch ist die zunehmende Sprödigkeit bei steigender Druckfestigkeit dort nicht berücksichtigt. Der Schlußfolgerung, daß sich die Größe der Bruchstauchungen mit zunehmender Dosierung der Stahlfasern vergrößert, kann jedoch unter Voraussetzung konstanter Randbedingungen (Prüfmaschine, Schlankheit etc.) zugestimmt werden. Der Versuch, diese Erkenntnisse auch auf hochfeste Betone zu übertragen, war naheliegend.

## 5.3 Experimentelle Untersuchungen

### 5.3.1 Einführung

Das Verformungsverhalten von bewehrten und unbewehrten Bauteilen wird von unterschiedlichen Einflüssen bestimmt. Zum einen spielt die Belastungsart bzw. das statische System des Prüfkörpers eine maßgebliche Rolle. Bei statisch unbestimmten Konstruktionen führen vorhandene innere Umlagerungsmöglichkeiten zu Verformbarkeiten, die ein sprödes Versagen verhindern oder zumindest verzögern helfen. Auch ein mit nahezu beliebigem Bewehrungsgehalt versehener, statisch bestimmt gelagerter Biegebalken versagt immer unter ankündigender Längsrißbildung. Um ein ähnlich duktiles Versagen bei einer zentrisch belasteten Stütze zu erreichen, muß diese konstruktiv gezielt durchgebildet werden. Auch sind hier Systemabmessungen ausschlaggebend, weil energieverzehrende Bruchmechanismen innerhalb einer örtlich begrenzten Schadenszone mit ungeschädigten, sich entspannenden Bereichen des Bauteils konkurrieren. Mit zunehmender Schlankheit werden diese ungeschädigten Bereiche größer und beginnen das Verformungsverhalten zu dominieren. Ein duktiles Versagen ist dann nicht mehr möglich.

Die Ertüchtigung von Stahlbetonbauteilen gegen dynamische Beanspruchungen wie z.B. Erdbeben besteht ebenfalls aus dem Zusammenspiel mehrerer Einflußfaktoren. Die räumlich günstige Lage und Verbindung von lastverteilenden horizontalen bzw. lastabtragenden vertikalen Bauteilen soll die vorteilhafte Verteilung möglicher Fließgelenke ermöglichen. Dazu müssen die Knotenpunkte durch eine

gezielte Bewehrungsanordnung mit ausreichenden Verformbarkeiten ausgestattet sein [5.11]. Diese Maßnahmen sind bei Stahlbetonbauteilen aufwendiger als beispielsweise bei reinen Stahlkonstruktionen, weil Stahl bessere Fließeigenschaften besitzt als Beton.
Die Duktilität selbst ist demnach keine reine Materialeigenschaft sondern beschreibt das Verhalten eines Systems („Bauteilduktilität") und kann durch umfangreiche Maßnahmen beeinflußt werden. Eine entscheidende Einflußgröße ist dabei die Verformungsfähigkeit des Werkstoffes selbst, die nachfolgend als „Materialduktilität" bezeichnet wird. Um tangierende Einflüsse bei experimentellen Untersuchungen auszuschalten, sind meßtechnisch aufgezeichnete Materialduktilitäten nur unter absolut identischen Versuchsbedingungen vergleichbar. Die Geometrie der Prüfkörper, die Lagerung in der Prüfmaschine und deren Eigensteifigkeit beeinflussen die Ergebnisse wie umfangreiche Untersuchungen gezeigt haben [5.12].
Um die Materialduktilität von Beton untersuchen und den Einfluß von Fasern ermitteln zu können, wurde ein spezielles Versuchsprogramm konzipiert.

### 5.3.2 Versuchsaufbau

Als Prüfkörper wurden Zylinder hergestellt, deren Durchmesser 100 mm bzw. Höhe 300 mm betragen. Die Stirnseiten wurden planparallel geschliffen, um die Ausbildung örtlicher Spannungskonzentrationen zu verhindern. Die Last wurde direkt durch Stahlplatten zentrisch in den Prüfkörper eingeleitet, so daß es an der Ober- und Unterseite der Zylindern zu einer Behinderung der Querdehnung kam. Diese ungewollte Umschnürung, die zu einer Verbesserung der Verformbarkeit führt, wurde durch die Prüfkörperschlankheit ausgeschaltet. Der Einfluß des erzeugten dreiachsialen Spannungszustandes kann in Entfernung eines Durchmessers als abgeklungen gelten, so daß im mittleren Drittel des Prüfkörpers ein einachsiger Spannungszustand herrscht.
Zur Aufzeichnung des Nachbruchverhaltens wurden alle Versuche verformungsgesteuert belastet. Die Steuerung mußte jedoch die speziellen Bruchmechanismen hochfester Betone berücksichtigen. Hierzu wurde eine leicht modifizierte Meßtechnik verwendet, die bereits in den Versuchsserien von *Simsch* erfolgreich zur Anwendung kam [5.13]. Über externe Weggeber wurde die Verformung in Längsrichtungen ermittelt. Eine spezielle Schelle zeichnete zusätzlich die Verformungen in Querrichtung auf. Bild 5-7 zeigt einen Versuchskörper mit den entsprechenden Meßeinrichtungen.

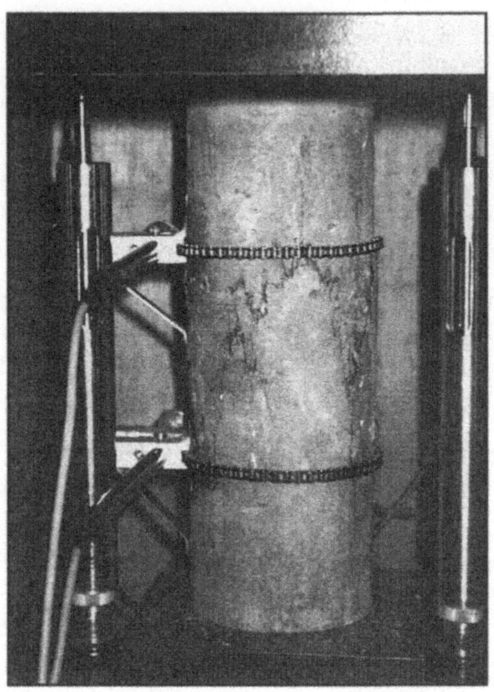

Bild 5-7 : Prüfkörper während der Versuchsdurchführung

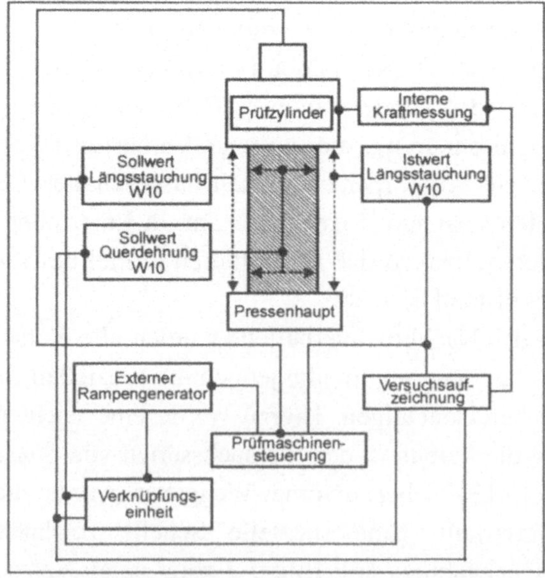


Bild 5-8 : Prinzipskizze des Versuchsaufbaus

Durch diese Versuchsanordnung gelingt das stabile meßtechnische Aufzeichnen der Entfestigung spröder Betone. Bei Einsetzen der Mikrorißbildung verlangsamt sich die Zunahme der Stauchungen in Längsrichtung. Statt dessen kommt es zu radialen Dehungen, die über Wegaufnehmer in Querrichtung erfaßt und als Indiz für ein nahendes Kollabieren des Versuchskörpers gewertet werden. Durch eine multiplikative Kopplung der Signale aus Längs- und Querrichtung errechnet sich die Belastungsgeschwindigkeit, die bei einsetzender Querdehnung verlangsamt wird. Hierdurch kann die Steuerung auf den Bruchvorgang sehr sensibel reagieren und das Nachbruchverhalten auch spröder Hochleistungsbetone aufgezeichnet werden.

### 5.3.3 Materialtechnologie

Zur experimentellen Ermittlung der Materialduktilität wurden zylindrische Prüfkörper und Stützen unterschiedlicher Betonfestigkeitsklassen, d.h. Materialsprödigkeiten hergestellt. Alle Testkörper lagerten gemäß DIN 1048 [5.16], d.h. 7 Tage im Wasserbad (Prüfzylinder) bzw. in feuchte Jutesäcke gehüllt (Stützen), anschließend bei Raumtemperatur bis zum Prüftag. Aufgrund eingeschränkter Maschinenkapazitäten konnte eine Prüfung aller zylindrischen Körper ausschließlich nach dem 28.Tag nicht immer gewährleistet werden. Vergleichsversuche an unterschiedlich alten faserverstärkten Betonen zeigten jedoch, daß im Gegensatz zur Druckfestigkeit das Arbeitsvermögen der hier untersuchten Prüfkörper fast unbeeinflußt war. Insgesamt wurden bei den Stützenversuchen eine (MF), bei den Prüfzylindern drei unterschiedliche Betonfestigkeiten produziert. Die hochfesten Serien (Bezeichnung HF) wurden ebenso wie die mittelfesten Serien (Bezeichnung MF) unter Verwendung von Mikrosilica und weiteren Betonzusatzmitteln (Fließmittel, Verzögerer) hergestellt. Die Serie mit niedriger Festigkeit (Bezeichnung LF) wurde ohne Mikrosilica betoniert. Die mittleren Druckfestigkeiten, nach 28 Tagen an Zylindern gemessen, betrugen ca. $f_{c,cyl}$ = 90 N/mm² (HF), $f_{c,cyl}$ = 75 N/mm² (MF) bzw. $f_{c,cyl}$ = 60 N/mm² (LF).

Neben faserfreien Ausgangsmischungen wurden in Vorversuchen auch Betone mit Polypropylen- bzw. Stahlfasern hergestellt und getestet. Die Zugabegehalte lagen dabei bei 1,0 bis 5,0 kg/m³ Polypropylenfasern (entspricht 0,1 - 0,5 Vol.-%) bzw. 40 bis 120 kg/m³ Stahlfasern (entspricht ca. 0,5 - 1,5 Vol.-%). Nach Abschluß einführender Tastversuche war bekannt, daß zur Duktilitätssteigerung eine dieser Fasertypen nicht ausreicht. Deshalb wurden beide Fasern kombiniert im Rahmen der erwähnten Mengen beigemischt. Diese Kombination der Fasermaterialien wird im folgenden als „Fasercocktail" bezeichnet. Während im Rahmen der Vorversuche unterschiedliche Stahlfasertypen und -geometrien untersucht wurden, kamen in den Hauptuntersuchungen, in denen die Materialkennwerte für spätere Bauteilversuche ermittelt wurden (siehe Kapitel 5.3.4) nur gezogene Stahlfasern mit Endabkröpfung (DRAMIX) bzw. gefräste Stahlfasern (HAREX) zum Einsatz.

Die Stahlfasern wurden dabei praxisgerecht dem Frischbeton zugegeben. Ausnahme waren die zu Bündeln verklebten Drahtfasern, die bereits vor dem Wasser zugegeben wurden. Die Polypropylenfasern wurden immer zu den angefeuchteten Zuschlägen gegeben, weil in den Vorversuchen festgestellt werden konnte, daß sie sich so besser im Frischbeton verteilen.

### 5.3.4 Versuche an Zylindern

#### 5.3.4.1 Untersuchungen an faserfreien Betonen

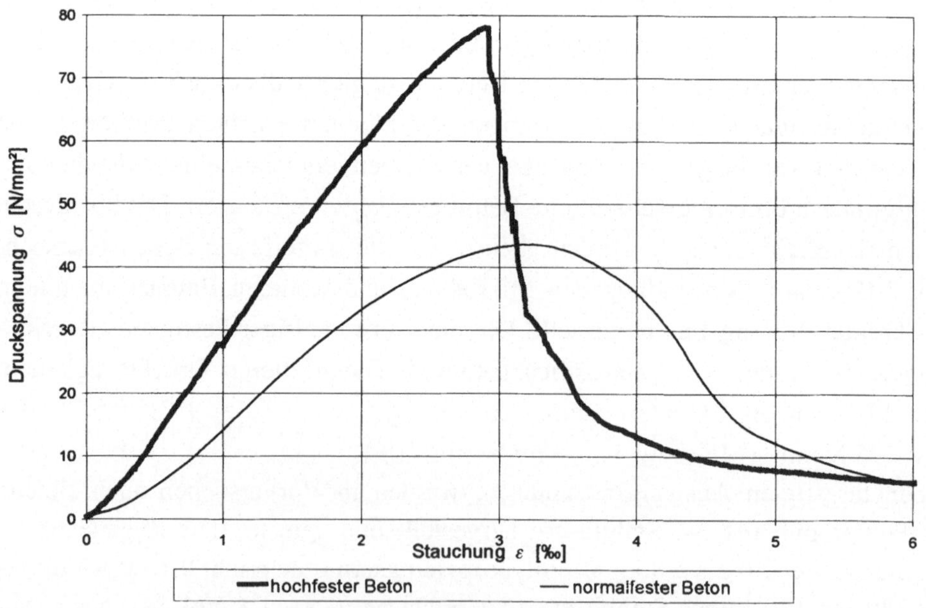


Bild 5-9 : Experimentell ermitteltes Verformungsverhalten

Bild 5-9 zeigt das Verformungsverhalten von faserfreien Betonen mit unterschiedlicher Festigkeit. Der bei höheren Druckfestigkeiten zunehmend steiler abfallende Ast ist ein Indiz für ein immer spröderes Bruchverhalten. Gleichzeitig verringert sich das Plateau im Bereich der Druckfestigkeit. Die mit der Plateaubildung verbundene Rißbildung, die bei normalfesten Betonen den Bruch ankündigt, setzt immer später ein und kann dadurch ihre warnende Aufgabe kaum mehr erfüllen. Das Tragwerk versagt ohne augenscheinliche Vorankündigung.

Erste Tastversuche mit Faserverstärkungen wurden an Betonproben mit einer mittleren Zylinderdruckfestigkeit von $f_{cm}$ = 90 – 95 N/mm² durchgeführt, dessen Referenzmischung spröde versagte. Technologische Verbesserungen des Bruchverhaltens sollten sich unter extremen Randbedingungen beweisen, verschönende Interpretationen sollten damit vermieden werden.

#### 5.3.4.2 Einfluß von Fasern auf das Bruchverhalten

Zu Beginn der umfangreichen Versuchsserien wurde der Einfluß verschiedener Faserarten, -geometrien und -materialien auf das Bruchverhalten und Verformungsvermögen der Prüfkörper untersucht. Die Zugabe der unterschiedlichen Stahlfasertypen bis zu Dosierungen von 120 kg/m³ (entsprechend 1,5 Vol.-%) verbesserte zwar das Arbeitsvermögen der Hochleistungsbetone merklich, jedoch erst im Nachbruchbereich bei ca. 50 % der Druckfestigkeit. Der steile Abfall der Spannungs-Stauchungslinie nach Überschreiten der Druckfestigkeit wird allerdings nur marginal tangiert (Bild 5-10). Ebensowenig bildet sich ein Plateau im Bereich der Maximallast aus. Das zeigt, daß die alleinige Zugabe von Stahlfasern das Verformungsvermögen hochfester Betone nicht ausreichend verbessern kann. Scheinbar gegensätzliche Ergebnisse veröffentlichte *Taerwe* in [5.31]. Die dort vorgestellten Verbesserungen der Duktilität wurden an Prüfkörpern mit Schlankheiten (Verhältnis von Höhe zu Durchmesser) von 2,0 bis 2,52 ermittelt. Aussagen über die Art der Lagerung in der Prüfmaschine sind nicht bekannt, so daß wahrscheinlich umschnürende und damit verformungsbegünstigende Effekte der Einspannung mit berücksichtigt wurden, was die Abweichungen zu hier vorgestellten Versuchsergebnissen erklären könnte. Bei diesen Prüfkörpergeometrien kann sich die Bruchfläche nicht frei einstellen. Das auf [5.31] aufbauende Bemessungskonzept für hochfeste, stahlfaserverstärkte Betone [5.32] ist dementsprechend mit Vorbehalt zu bewerten.

Ein weiteres Indiz für die unzureichende Wirkung der Stahlfasern ist das Bruchbild. Wie in Bild 5-11 dargestellt, unterscheidet es sich nicht von dem faserfreier Prüfkörper (Abbildung 5-12). Obwohl der Zylinder durch die vernähende Wirkung der Stahlfasern in seiner Ursprungsgeometrie erhalten bleibt, ist eine deutliche Ausbildung des Schubbandes erkennbar, das für konventionelle Hochleistungsbetone charakteristisch ist.

Dieses Verhalten stellte sich bei allen getesteten Stahlfasern ein. Eine weitere Erhöhung der Stahlfasergehalte über die Dosierung von 120 kg/m³ hinaus ist aus Gründen der Wirtschaftlichkeit und Verarbeitbarkeit nicht sinnvoll.

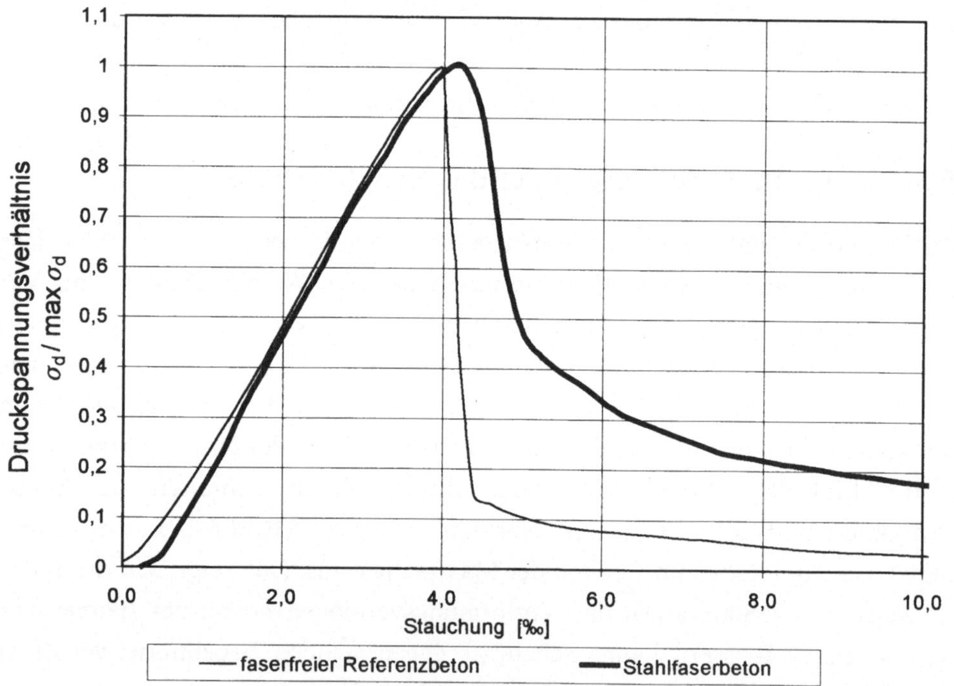


Bild 5-10 : $\sigma - \varepsilon$ Diagramm von Hochleistungsbetonen im zentrischen Druckversuch Zugabe von 120 kg/m³ Stahlfasern

Im Gegensatz hierzu zeigte sich bei sogenannten Feinfasern ein generell verbessertes Bruchverhalten. In Bild 5-13 ist das Verformungsverhalten eines hochfesten Betons abgebildet, dem 40 kg/m³ bzw. 120 kg/m³ einer Edelstahl - Feinfaser beigemischt wurden. Diese Faser ist 6 mm lang, gerade, ohne ausgeprägte Verankerungselemente und hat einen Durchmesser von 0,15 mm. Während bei einer Zugabe von 40 kg/m³ kaum eine Verbesserung des Bruchverhaltens festgestellt

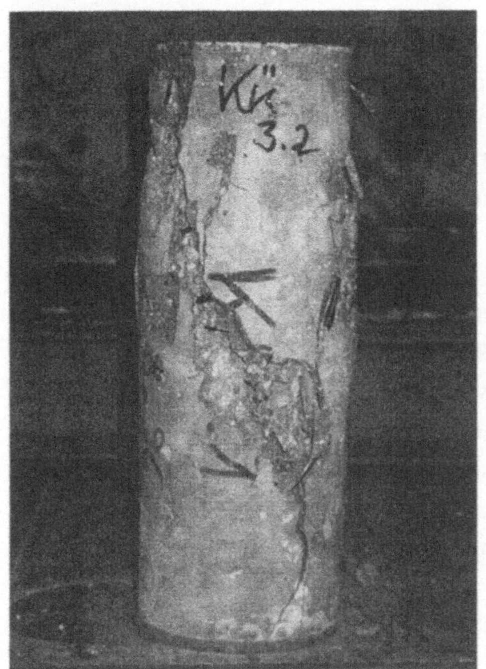

Bild 5-11 : Bruchbild des stahlfaserverstärkten Betons

Bild 5-12 : Bruchbild eines konventionellen hochfesten Betons

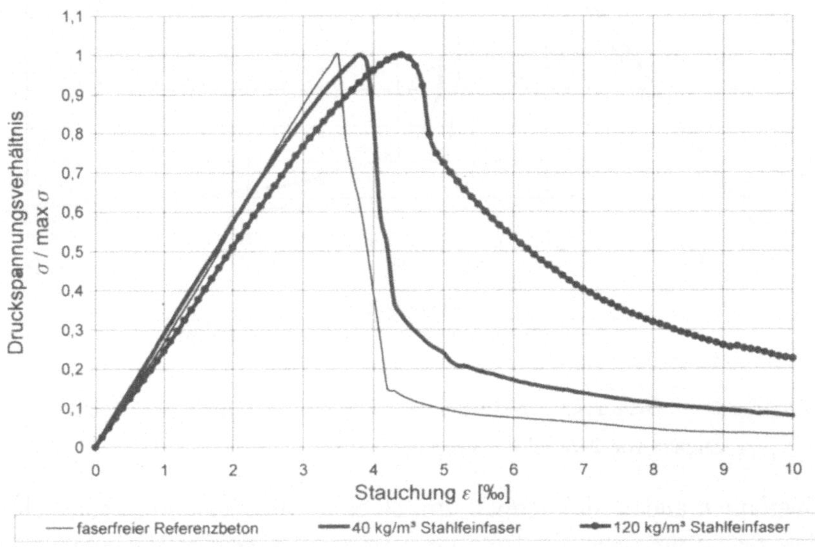


Bild 5-13 : Verformungsverhalten bei verschiedener Dosierung einer Stahlfeinfaser

werden kann, ergeben sich deutliche Änderungen bei einer Dosierung von 120 kg/m³. Das zeigt, daß die Wirksamkeit feinerer Fasern zwar insgesamt besser ist, doch wird der Effekt mit wesentlich höheren Herstellungskosten erkauft. Die in den Versuchen eingesetzte Feinfaser ist mit einem Preis von ca. 9 DM/kg etwa 5 mal teurer als marktübliche Stahlfasern und deshalb nur bei Sonderbetonen (z.B. beschußsicheren Bauten) einsetzbar.

In einer zweiten Versuchsserie wurde der hochfeste Referenzbeton durch Polypropylenfasern verstärkt. Die Dosierungen schwankten zwischen 1,0 und 5,0 kg/m³ (entsprechend 0,1 bis 0,5 Vol.-%). Es konnten Vorversuche aus Darmstadt bestätigt werden [5.27] [5.28], wonach das Verformungsverhalten (Bild 5-14) durch die Kunststoffaser nahezu unbeeinflußt bleibt. Merklich flacht der abfallende Ast erst spät im Nachbruchbereich ab, bei Spannungen von ca. 25-30 % der Druckfestigkeit. Es kann keine Plateaubildung bei Erreichen der Druckfestigkeit beobachtet werden, obwohl sich ein leichter Anstieg der Bruchstauchung einstellt.

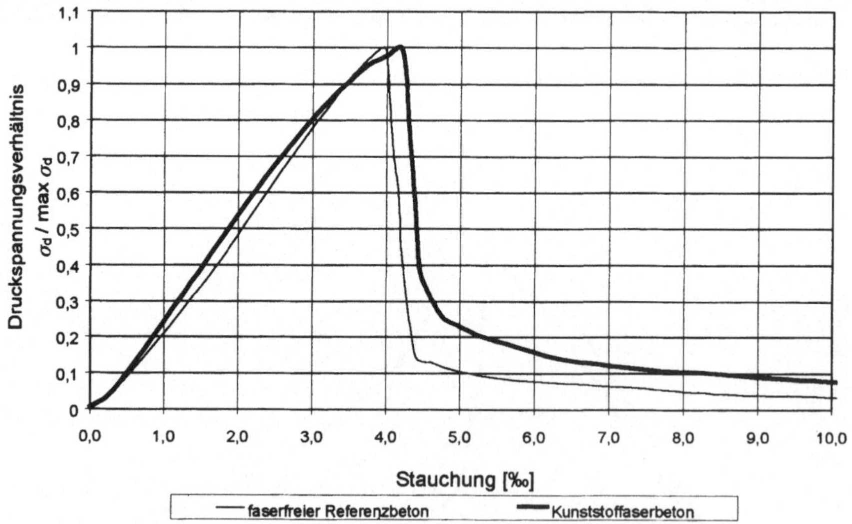


Bild 5-14 : $\sigma-\varepsilon$ Diagramm von Hochleistungsbetonen im zentrischen Druckversuch Zugabe von 2 kg/m³ Polypropylenfasern

Das Rißverhalten ändert sich jedoch grundlegend. Statt des typischen Schubbandes bilden sich viele, über den Umfang verteilte, Längsrisse sogenannte Separationsrisse aus.

In einer weiteren Versuchsserie wurden Stahl- und Polypropylenfasern in den beschriebenen Dosierungen kombiniert zugegeben. Verursacht durch die Kunststoffaser kann die Veränderung des Bruchmechanismus mit der rißvernähenden Wirkung der Stahlfasern verbunden werden. Das Versagen solcher Prüfkörper vollzieht sich stabil, unter einer ausgeprägten Separartionsrißbildung. Dabei stellt sich eine zu normalfesten Betonen affine σ–ε Kurve ein. Im Bereich der Druckfestigkeit bildet sich ein signifikantes Plateau aus, die Bruchstauchungen erhöhen sich merklich. Der Beton kündigt sein Kollabieren frühzeitig durch eine ausgeprägte Bildung longitudinaler Risse an. Der Entfestigungs-Ast der Verformungskurve flacht deutlich ab (siehe Bild 5-17). Die Entstehung der Schubfuge wird vermieden. Bild 5-16 zeigt das Bruchbild.

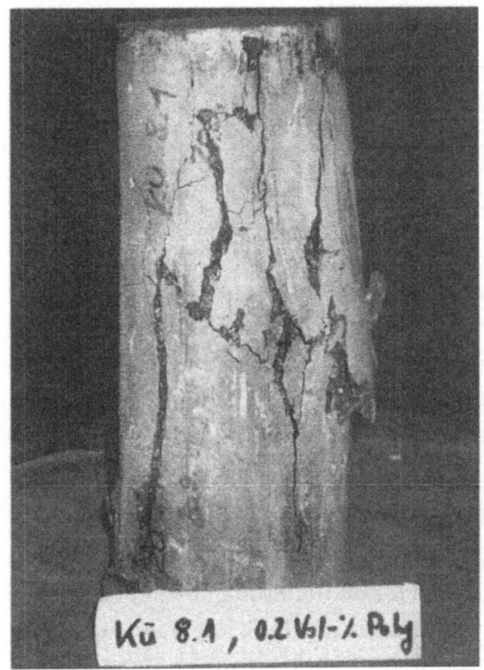


Bild 5-15 : Bruchbild des stahlfaserverstärkten Betons

Bild 5-16 : Bruchbild eines konventionellen hochfesten Betons

Die Wirkung des Fasercocktails konnte in weiteren Messungen bestätigt werden. Im Rahmen dieser Bestätigungsversuche wurden alle marktüblichen Stahlfasern getestet. Dabei ergab sich, daß Stahlfasern aus gezogenem Draht bessere Verformbarkeiten zeigen als gefräste Stahlfasern, deren Vorteil allerdings in der besseren Verarbeitbarkeit des Frischbetons liegt. Kürzere Fasern begünstigen das Deformationsverhalten. Die Bruchbilder zeigten keine von Abbildung 5-16 wesentlichen Abweichungen.

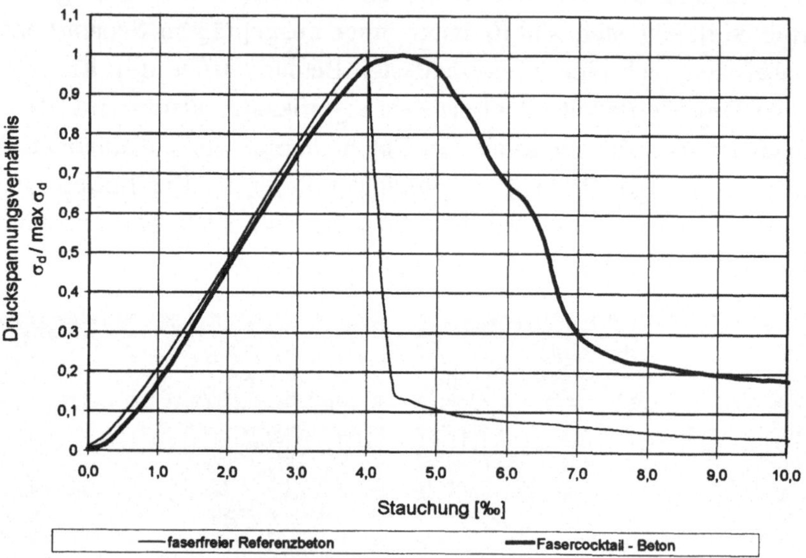


Bild 5-17 : $\sigma - \varepsilon$ Diagramm von Hochleistungsbetonen im zentrischen Druckversuch Kombinierte Zugabe von Polypropylen- und Stahlfasern ( „Fasercocktail")

Aufgrund ihres geringen E-Moduls im Vergleich zu dem der Betonmatrix, wirken die Polypropylenfasern als innere Fehlstelle. Sie beschleunigen die Entstehung von Mikrorissen, die so bereits im ansteigenden Ast Energie dissipieren und zu einer Ausrundung der Spannungs-Stauchungslinie führen. Verbinden sich diese Mikrorisse dann zu longitudinalen Makrorissen, können vorhandene Stahlfasern diese vernähen. Die entstehende Risse weiten sich kontinuierlich auf unter stetiger Zunahme der Stauchung und kontrollierter Reduktion der Last. Das charakteristische Schubband bildet sich nicht aus, wenn die Fähigkeit in den Längsrissen Energie zu dissipieren so ausgeprägt ist, daß das im Körper vorhandene Potential abgebaut werden kann. Daraus ergibt sich in Abhängigkeit der Sprödigkeit ein benötigter Mindestgehalt an Stahlfasern, deren vernähende Wirkung weiterhin frühzeitig durch die Polypropylenfaser aktiviert werden muß. Bei der mechanischen Beschreibung des Faserauszuges wurde erläutert, daß zur Aktivierung der Verbundkräfte eine gewisse Entwicklung der Rißweiten benötigt wird. Werden ausschließlich Stahlfasern beigemischt, setzt das Rißwachstum erst kurz vor Erreichen der maximalen Last ein. Das hohe Energiepotential verursacht einen instabilen Rißfortschritt, dem die Stahlfaser aufgrund der noch nicht ausreichend entwickelten Verbundspannungen nicht entgegen wirken können. Diese Zerstörung des Gefüges vollzieht sich plötzlich. Sobald sich die zur Aktivierung des Verbundes benötigen Rißbreiten entwickelt haben, beteiligt sich die Faser am Lastabtrag. Der rapide Tragfähigkeitsverlust wird abgebremst, der abfallende Ast flacht merklich ab. Dies erklärt die bei reinen Stahlfaserbetonen gemessenen Verformungskurven (siehe Bild 5-10).

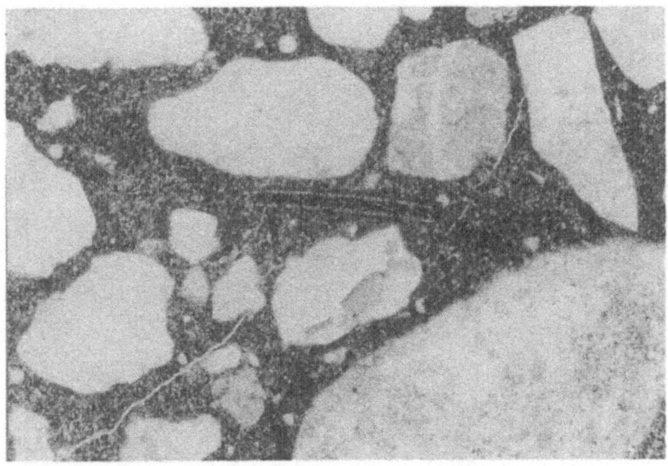

Bild 5-18 : Mikrorißbildung bei ca. 40 % der Druckfestigkeit

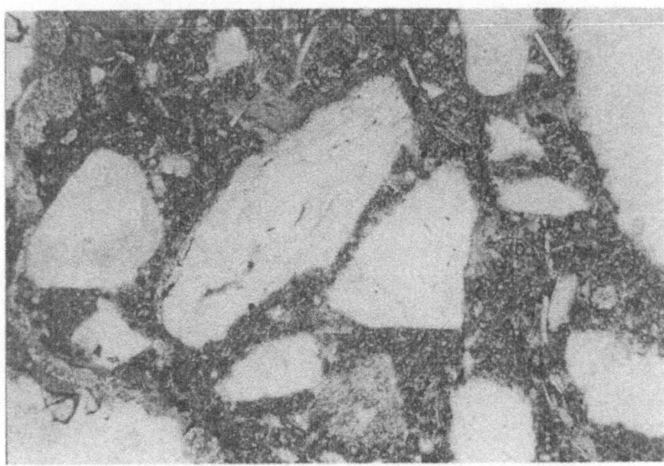

Bild 5-19 : Mikrorißbildung bei ca. 95 % der Druckfestigkeit

Das durch die Polypropylenfasern bedingte frühzeitigere Mikrorißwachstum hilft den Stahlfasern deshalb ihre vernähende Wirkung zum Zeitpunkt des einsetzenden Bruchs vollständig entwickelt zu haben.

Lichtmikroskopische Untersuchungen an Dünnschliffen aus hochfesten, unterschiedlichen Belastungsniveaus ausgesetzten Prüfzylindern bestätigen diese Überlegungen. Bild 5-18 zeigt die von einer Polypropylenfaser ausgelösten Mikrorißbildungen bei einer Spannung von ca. 40 % der Druckfestigkeit. Kurz vor Erreichen der Bruchlast (ca. 95 % $f_c$) ist eine weitere Ausweitung dieser Mikrodefekte erkennbar (Bild 5-19).

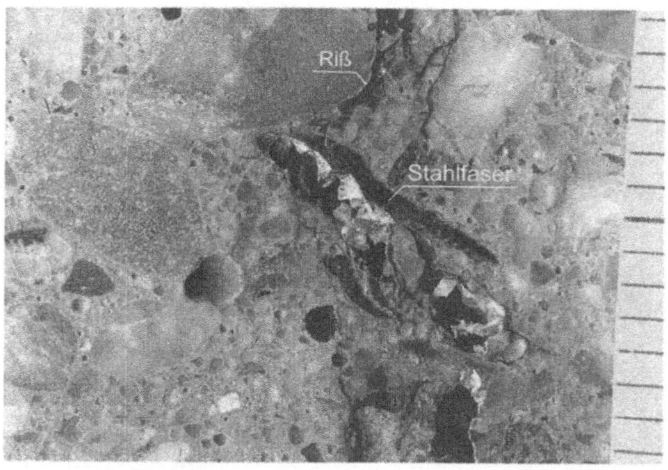


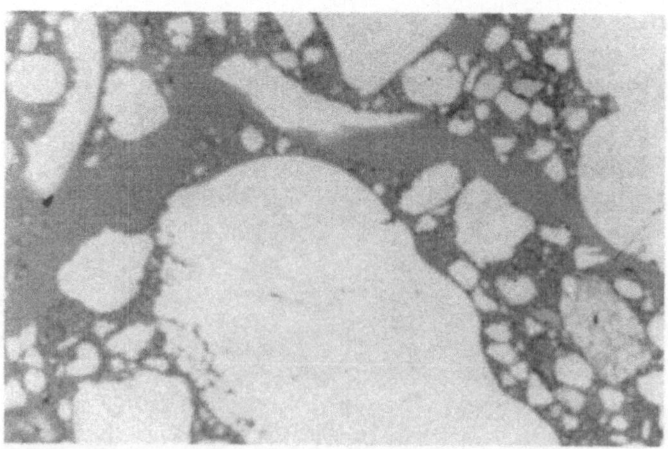

Bild 5-21 : Rißvernähende Wirkung einer Stahlfaser

Diese Wirkung der beiden Fasertypen des Cocktails wird weiterhin durch Untersuchungen an normalfesten Betonen bestätigt. Deren Struktur weist herstellungsbedingt bereits jene Fehlstellen auf, die hochfesten Betonen durch die weiche Kunststoffaser künstlich zugefügt werden müssen. Der hohe w/z Wert verursacht eine wesentlich porösere Zementsteinmatrix, weil aufgrund der Verarbeitbarkeit dem Zement mehr Wasser zur Verfügung gestellt wird, als er zur Hydratation benötigt. Da das Lastniveau wesentlich geringer als bei hochfesten Betonen ist, gleichzeitig die Bruchstellen infolge der Kornverzahnung rauher sind, bildet sich die σ-ε Linie unter Druckbeanspruchung glockenförmig aus. Führt man diesem Beton Stahlfasern zu, so entsteht ein Plateau im Bereich der Maximallast. Das frühzeitigere Einsetzen der Mikrorißbildungen aktiviert die Verbundwirkung der Fasern, die bis zum Einsetzen der Entfestigung ihre tragende Funktion voll ausgebildet haben. Mischt man normalfesten Betonen dagegen den beschriebenen Fasercocktail zu, wird die Anzahl der inneren Mikrodefekte weiter erhöht. Dies führt zu einer signifikanten Verminderung der Druckfestigkeit bei gleicher Verformbarkeit. In Bild 5-22 sind die Ergebnisse dieser Untersuchungen an normalfesten Betonen dargestellt.

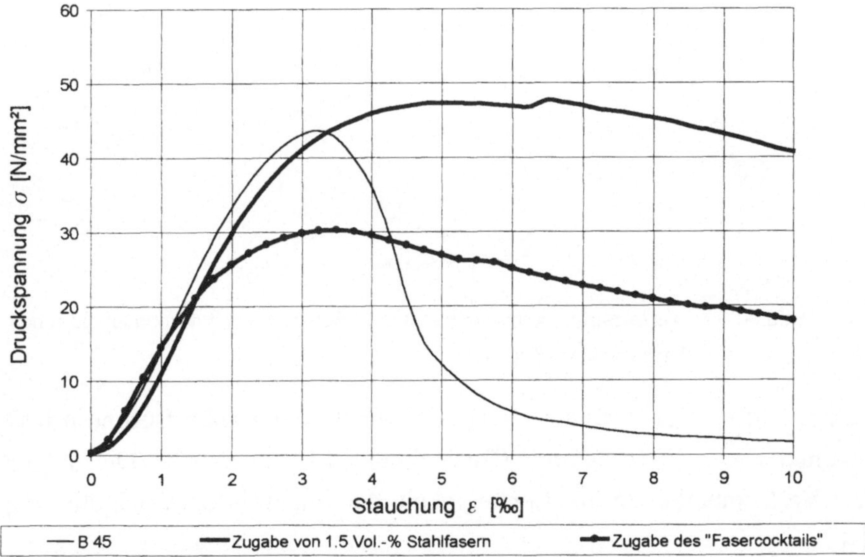


Bild 5-22 : σ – ε Diagramm von Beton im zentrischen Druckversuch. Verhalten normalfester Betone mit Stahlfaser- und Fasercocktail-Beimischungen

Diese schematischen Überlegungen konnten bei der rechnerischen Auswertung der Materialparameter zusätzlich belegt werden. Weiterhin ist einleuchtend, daß die zur Erhöhung der Verformungsfähigkeit benötigten Faserdosierungen des Cocktails von der Sprödigkeit des Ausgangsbetons abhängig sind. Mit sinkender Druckfestigkeit und damit verbundener Steigerung der Ausgangsduktilität des faserfreien Betons, verringern sich auch die benötigten Fasergehalte. So reichen bei einem mittelfesten Beton ($f_{cm}$ = 75 N/mm²) bereits 60 - 80 kg/m³ Stahlfasern und 1 - 2 kg/m³ Polypropylenfasern aus, um zu normalfesten Betonen affine Verformungskurven erzielen zu können. Bild 5-23 zeigt exemplarische Meßkurven dieser Versuchsserien.

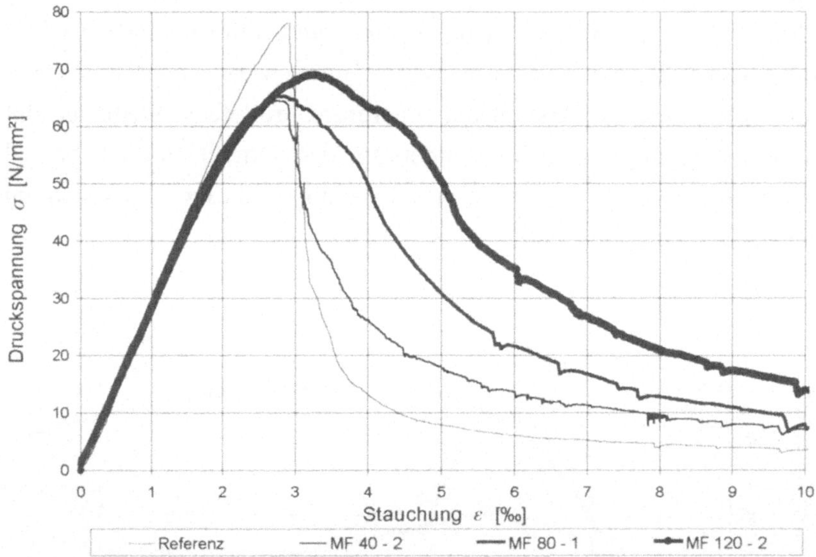


Bild 5-23 : Verformungsverhalten hochfester Betone B 85 mit unterschiedlichen Fasercocktail-Zugaben

In einer dritten Versuchsserie wurden abschließend auch Betone mit Druckfestigkeiten von $f_{cm}$ = 60 N/mm² (Bezeichnung LF) untersucht. Die unterschiedlichen Verformbarkeiten in Abhängigkeit der zugeführten Cocktails zeigt Bild 5-24.

In den Abbildungen 5-25 und 5-26 ist der Einfluß der Polypropylenfasern auf das Deformationsverhalten deutlich zu erkennen. Dabei kann die Wirkung der Stahlfasern durch Zugabe der Kunststoffasern deutlich verbessert werden.

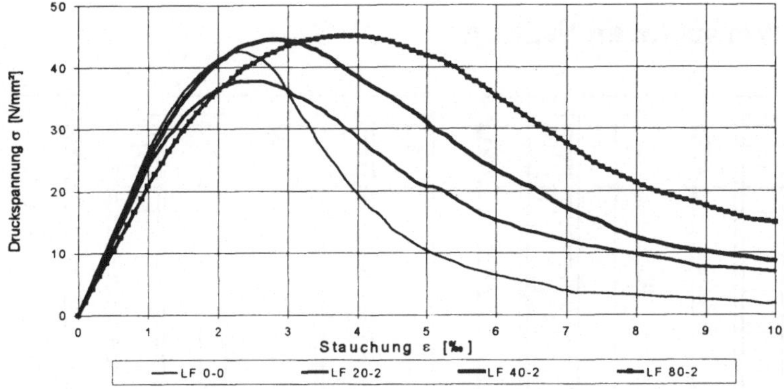


Bild 5-24 : Verformungsverhalten hochfester Betone B 65 - Variation der Stahlfasergehalte mit 2 kg/m³ Polypropylenfasern

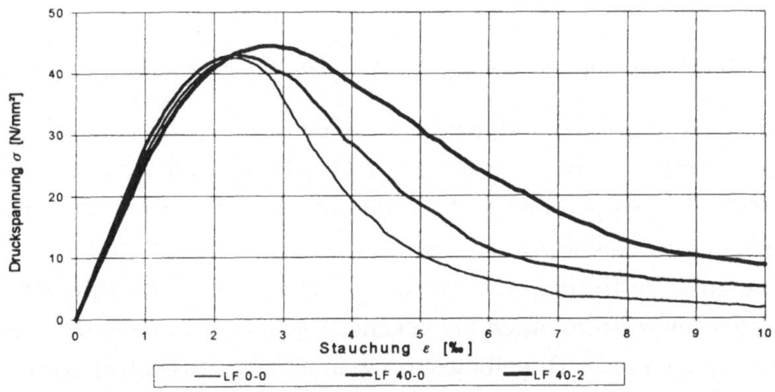


Bild 5-25 : Verformungsverhalten hochfester Betone B 65 - Variation der Polypropylenfasergehalte mit 40 kg/m³ Stahlfasern

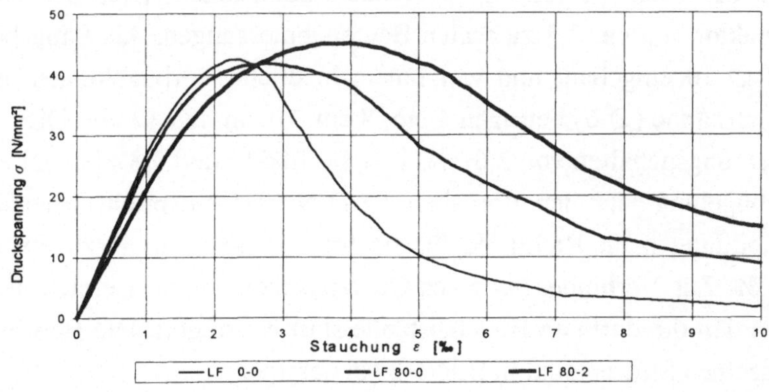


Bild 5-26 : Verformungsverhalten hochfester Betone B 65 - Variation der Polypropylenfasergehalte mit 80 kg/m³ Stahlfasern

### 5.3.5 Versuche an Stützen

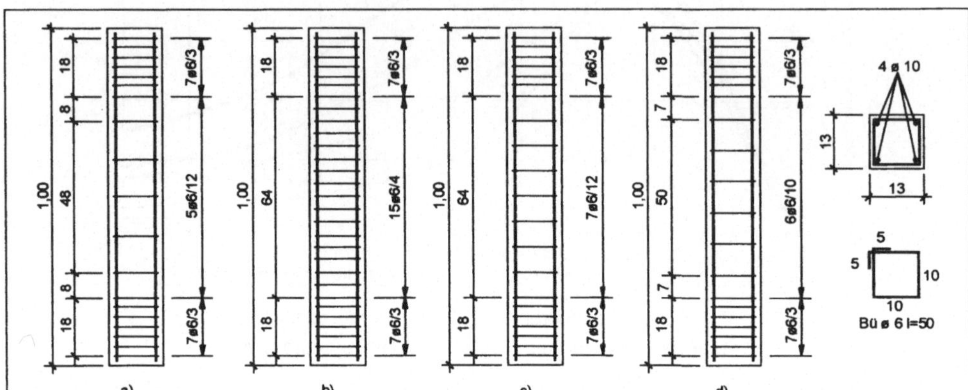


Bild 5-27 : Bewehrungskörbe nach a) DIN 1045; b) DAfStb.-Richtlinie; c) + d) frei gewählt

Die Verformbarkeit von Druckgliedern aus Hochleistungsbeton wird bisher durch die Festlegung eines Mindestgehaltes der Querbewehrung erreicht. Diese Maßnahmen sind in [5.10] geregelt und wurden in Abschnitt 5.2.2 erläutert. Im Rahmen der eigenen Versuche sollten die Auswirkungen einer verbesserten Materialduktilität auf die Verformungsfähigkeit der zentrischen Druckglieder untersucht werden. Dabei interessierte auch die gegenseitige Beeinflussung der Bauteilduktilität durch konventionelle Bügelbewehrung und Fasercocktailzugaben.

Zur Ermittlung dieser Beeinflussung wurden hochfeste Betonstützen gefertigt. Die Abmessungen wurden zu b / d / h = 13 cm / 13 cm / 100 cm gewählt und bei allen Versuchen unverändert beibehalten. Dies bedeutete einen Maßstabsfaktor von ca. 2,5 zu realen Bauteilabmessungen. Als Längsbewehrung wurden 4 ∅ 10 eingebaut und vier unterschiedliche Verbügelungen untersucht. Die Bügelabstände (∅ 6) betrugen 4 cm, 8 cm, 10 cm und 12 cm. Dies entspricht Querbewehrungsgehalten von 2,61 %, 1,31 %, 1,05 % und 0,87 %, wobei letzterer einer Verbügelung nach den Vorgaben der DIN 1045 entspricht. Eine konstruktive Durchbildung nach Richtlinie für hochfesten Beton führt zu einem Gehalt $\mu_q = 2,61$ %. Zur Verhinderung eines Querzugversagens im Bereich der Lasteinleitung wurden die dortigen Bügelabstände stark verringert. Die Bewehrungskörbe der einzelnen Stützen sind in Bild 5-27 abgebildet.

Pro Bewehrungskorb wurden jeweils eine Stütze aus faserfreiem Referenzbeton mit einer Zylinderdruckfestigkeit von $f_c = 75$ N/mm² und vergleichend eine mit

Fasercocktail-Zusatz von 80 kg/m³ Stahl- und 1 kg/m³ Polypropylenfasern hergestellt. Die Versuchskörper wurden zentrisch und weggesteuert belastet. An allen vier Seiten des Bauteils waren Dehnmeßgeräte über eine Meßlänge von 80 cm angebracht, die den Verformungsverlauf aufzeichneten und mit deren Hilfe die zentrische Lasteinleitung überprüft wurde. Hierzu mußten die Stützen mit ca. 10 N/mm² vorbelastet und gegebenenfalls neu justiert werden.

Bild 5-28 : Versuchsfertig eingebaute Stütze

Eine versuchsfertig eingebaute Stütze ist in Bild 5-28 abgebildet. Bild 5-29 zeigt das Last-Verformungsverhalten der faserfreien Stütze mit einer Verbügelung nach den Vorgaben der Richtlinie für hochfesten Beton. Diese Verformbarkeit wird im weiteren als normative Mindestduktilität angesehen. Im Gegensatz hierzu zeigt sich, daß mit einer konstruktiven Durchbildung gemäß DIN 1045 keine ausreichende Verformungsfähigkeit erzielt werden kann. Die Stütze versagt plötzlich ohne vorankündigende Rißbildung.

Durch Zugabe des beschriebenen Fasercocktails wird die Duktilität der Stütze generell verbessert. In Bild 5-30 sind die zu Bild 5-29 analogen faserverstärkten Versuchsserien abgebildet.

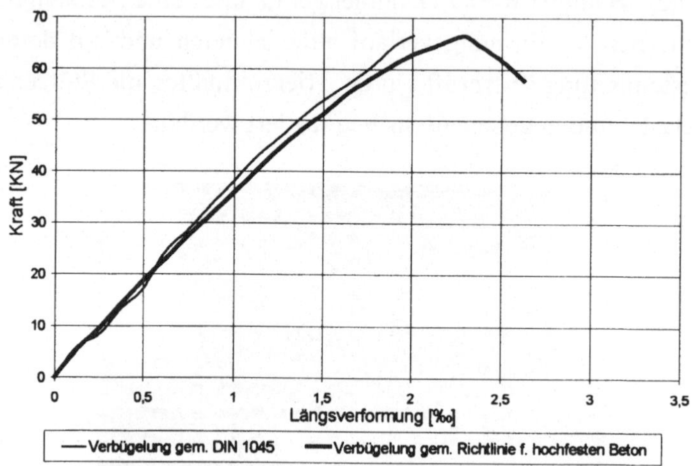


Bild 5-29 : Verformungsfähigkeit faserfreier Stützen
Vergleich zwischen DIN 1045 und Richtlinie für hochfesten Beton

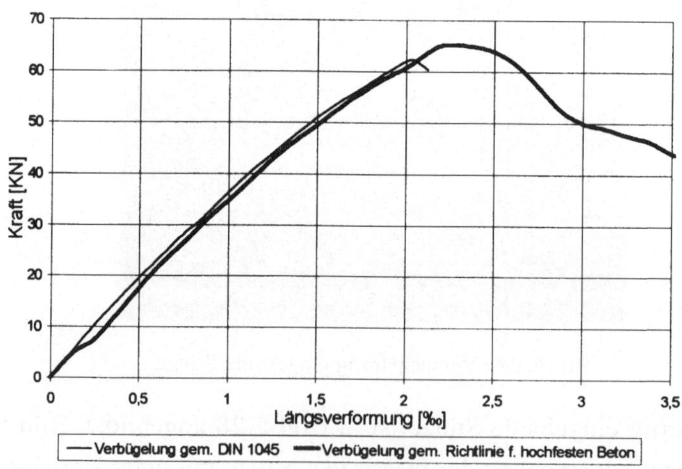


Bild 5-30 : Verformungsfähigkeit von Fasercocktail - Stützen
Vergleich zwischen DIN 1045 und Richtlinie für hochfesten Beton

Durch Zugabe des Fasercocktails bei einer Verbügelung gemäß DIN 1045 kann zwar noch eine Verformungsfähigkeit nach Überschreiten der Druckfestigkeit aufgezeichnet werden, doch wird die Mindestduktilität nicht erreicht. Die mit enger Verbügelung und zusätzlichem Fasercocktail versehene Stütze zeigt statt

dessen eine Flexibilität, die weit über dem geforderten Mindestmaß liegt. Anhand dieser Vergleiche wird bereits deutlich, daß durch die Beimischung des Fasercocktails der Verbügelungsgrad zum Erreichen einer der Richtlinie gleichwertigen Verformungsfähigkeit reduziert werden kann. Eine konstruktive Durchbildung nach Vorgaben der DIN 1045 erweist sich allerdings als nicht ausreichend.
Bei allen faserfreien Versuchskörpern stellte sich das von den Zylinderversuchen bekannte Bruchbild ein. Die Stützen versagten nach Absprengen der äußeren Betonschale ausnahmslos durch Ausbildung eines lokalen Schubbandes. Ein typisches Bruchbild ist in Bild 5-31 dargestellt. Im Gegensatz hierzu versagten die faserverstärkten Stützen unter ausgeprägter Mikrorißbildung, die im ansteigenden Ast ab ca. 85 % der Druckfestigkeit deutlich sichtbar das Erreichen der Tragfähigkeit ankündigte (Bild 5-32). Nach Überschreiten der Höchstlast kam es zu einem kontinuierlichen Abfall der Belastbarkeit unter stetiger Vergrößerung der Schädigungszonen. Bei allen Versuchen wurde das Entfestigungsverhalten bis zu Resttragfähigkeiten von ca. 50 % der maximalen Festigkeit aufgezeichnet. Dabei konnte weder ein Ausfall der Überdeckung noch die Ausbildung des charakteristischen Schubbandes beobachtet werden. Der Bruchmechanismus ändert sich folglich auch auf Bauteilebene.

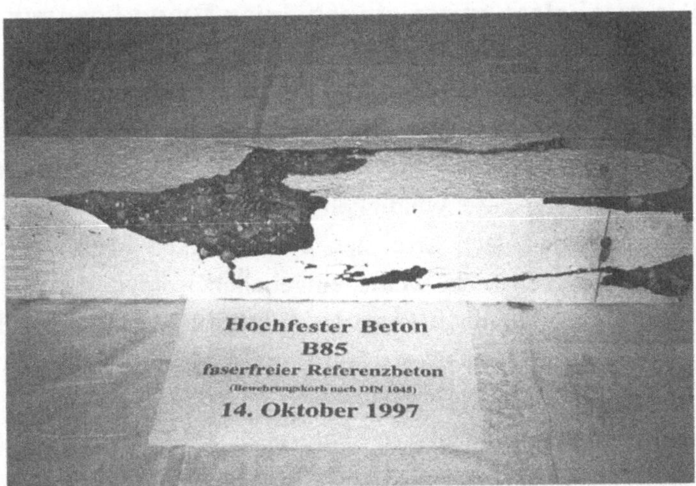


Bild 5-31 : Rißbild einer Stütze aus konventionellem Hochleistungsbeton

Zur Dimensionierung des Fasercocktails bzw. zur Prognose des Verformungsverhaltens der Stützen sind rechnerische Analysen der durchgeführten Untersuchungen notwendig.

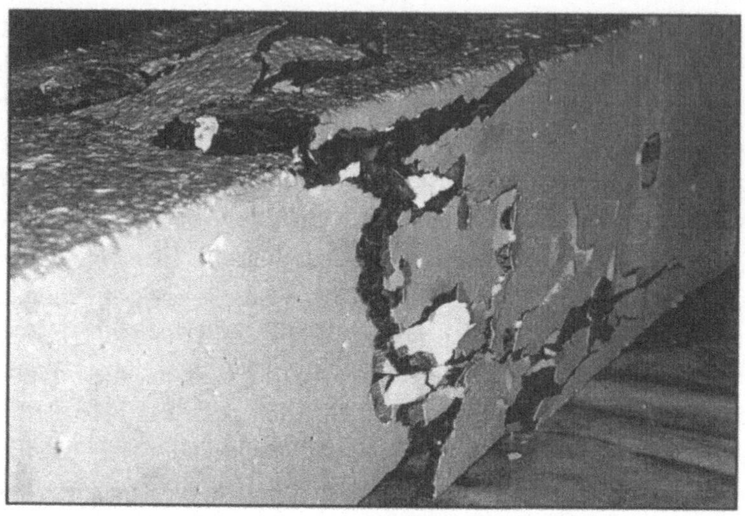

Bild 5-32 : Rißbild einer Fasercocktail - Stütze

# 5.4 Rechnerische Modellierung

## 5.4.1 Tragverhalten unter einachsialer Druckbeanspruchung

Die zur Bemessung von Betondruckgliedern benötigten Materialparameter werden gemäß den Vorgaben der DIN 1048 [5.16], Teil 5, an Würfeln bzw. Prüfzylindern ermittelt. Die Druckfestigkeit wird dabei kraftgesteuert, d.h. unter Vorgabe einer Belastungsgeschwindigkeit (Spannungszunahme um 0,5 N/mm² pro Sekunde) gemessen. Nach Erreichen der Festigkeit kann die vorgegebene Belastungsgeschwindigkeit nicht weiter eingehalten werden, der Versuch endet. Mit den so ermittelten Parameter kann das Werkstoffverhalten von Beton unter Druckbeanspruchung im linear elastischen Bereich ausreichend genau modelliert werden.

Wie in Kapitel 2 erläutert, beeinflußen Fasern dieses linear elastische Verhalten von Beton nahezu nicht. Die vernähende Wirkung entfaltet sich erst ab dem Einsetzen der Mikrorißbildung, d.h. in Belastungsregionen zwischen 40 % und 90 % der Druckfestigkeit (siehe Abschnitt 5.2.2). Unter verformungsgesteuerter Belastung, d.h. unter Vorgabe einer Deformations-Geschwindigkeit, kann die Entfestigung des Materials meßtechnisch erfaßt werden. Dabei ist eine Lokalisierung der Schadenszone zu beobachten. Messungen haben ergeben, daß diese sog.

Bruchprozeßzone in ihrer Ausdehnung von der Belastungsart (zentrischer Druck bzw. Biegung) abhängt und sich proportional zur Querschnittsabmessung verhält [5.17]. Innerhalb der Schadenszone wird die im Körper gespeicherte Energie in einer ausgeprägten Rißbildung umgesetzt. Diese Vorgänge werden durch verstärkte Querdehnungen (was bei der meßtechnischen Erfassung ausgenutzt wird) bzw. innerhalb der Bruchprozeßzone auch durch große Stauchungen in Längsrichtung begleitet. Die ungeschädigten Bereiche entlasten sich, es kommt zu Dehnungen, die denen innerhalb der Schadenszone entgegen wirken.

Um die Wirkung von Fasern unter Druckbeanspruchung berücksichtigen zu können, muß die Marterialentfestigung jedoch näher beleuchtet und mechanisch beschrieben werden. Weil dies bisher noch nicht durchgeführt wurde, berücksichtigen aktuelle Bemessungsansätze wie z.B. die Empfehlungen des Deutschen Beton Vereins (DBV) [2.8] die Faserwirkung im Druckbereich des Parabel-Rechteck-Diagramms nicht. Der von *Schnütgen* aus Versuchsbeobachtungen resultierende Vorschlag, eine Erhöhung der Bruchstauchungen in Abhängigkeit des Fasergehaltes vorzunehmen, wird durch die nachfolgend vorgestellte mechanische Modellierung untermauert. Aus den eigenen Untersuchungen wird diesbezüglich deutlich, daß eine derartige Erhöhung unbedingt auch von der Betondruckfestigkeit, d.h. der Sprödigkeit abhängig sein muß.

Zur mechanischen Beschreibung des Entfestigungsverhaltens stahlfaserverstärkter Betone wurde das Compressive Damage Zone Modell (CDZ) von *Markeset* verwendet, das im folgenden Abschnitt vorgestellt wird.

## 5.4.2 Das CDZ Modell

### 5.4.2.1 Allgemeines

Eine mechanische Beschreibung des Bruchverhaltens von Beton unter Druckbeanspruchungen muß die lokalen Phänomene berücksichtigen. Dies gelang erstmals mit dem von *Markeset* 1993 entwickelten Compressive Damage Zone Modell [5.17]. Es basiert auf zwei Vorarbeiten. Einerseits auf der Beschreibung der lokalisierenden Effekte im Bruchverhalten von Beton, die erstmals von *Hillerborg* im sog. fictitious crack model (FCM) für Zugbeanspruchungen formuliert wurden. Diese für die Anwendung bruchmechanischer Kenngrößen im

Betonbau grundlegende Arbeit findet sich zusammengefaßt in Kapitel 3. Andererseits beruht das CDZ-Modell auf dem sog. series coupling model [5.18] von *Bazant*, das analog zum fictitious crack model Lokalisierungen während des Versagens unter Druckbeanspruchungen berücksichtigt. Die gesamte Stauchung einer Struktur ergibt sich aus der Addition einzelner Dehnungen in den verschiedenen Beanspruchungsbereichen.

Vor diesem Hintergrund ist im folgenden Abschnitt das CDZ Modell beschrieben. Die Ausführung ist eine ausführliche Zusammenfassung, um den später vorgestellten Transfer auf Stahlfaser- und Fasercocktailbetone verständlich und nachvollziehbar zu gestalten. Weitere Beschreibungen dieses Modells finden sich natürlich in [5.17], aber auch in den deutschen Veröffentlichungen von *Grimm* [5.19] bzw. *Meyer* [5.20].

### 5.4.2.2 Modellierung des Bruchverhaltens

Die verschiedenen Zonen während der Entfestigung des Betons sind in Abbildung 5-33 dargestellt. Experimentell wurde die Ausdehnung der Bruchprozeßzone unter zentrischer Druckbeanspruchung, deren Länge mit $L^d$ bezeichnet ist, zu ca. dem 2,5-fachen der kleinsten Querschnittsabmessung ermittelt. Bei Biegebeanspruchung verdoppelt sich dieses Verhältnis. Das Tragverhaltens der Stützen ermittelt sich aus der energetischen Verknüpfung der dargestellten Einzelanteile.

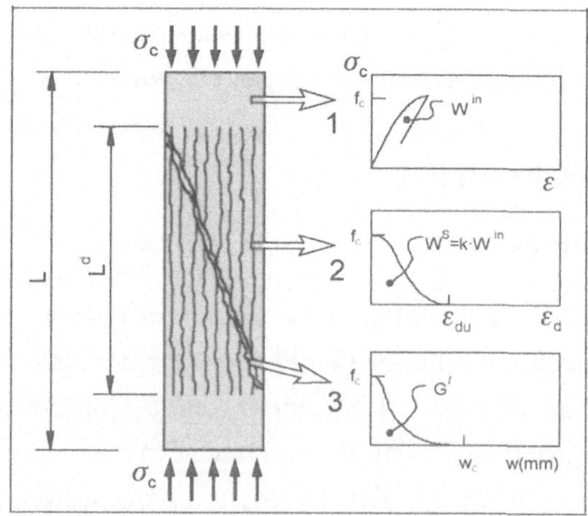


Bild 5-33 : Darstellung der lokalen Zonen im Druckversuch, aus [5.17]

In der Bruchprozeßzone kommt es zur Ausbildung von Längsrissen und einem Schubband, worin während der Entfestigung Energie dissipiert wird. Die jeweilige Rißbildung ist in Bild 5-33 mit der Kennzeichnung 2 (Längsriß) bzw. 3 (Schubband) versehen. Die Bereiche außerhalb der Schadenszone (Kennzeichnung 1) entlasten sich während der Entfestigung und leisten durch einen inelastischen Anteil $W^{in}$ ihren Beitrag zur Energiebilanz. $W^{in}$ entsteht infolge irreversibler Verformungen während der Belastung.

#### 5.4.2.2.1 Inelastischer Energieanteil $W^{in}$

Im ansteigenden Ast der Druckspannungs - Stauchungskurve werden elastische und inelastische Energien umgesetzt. Diese beeinflussen die Form der Kurve und die Bruchstauchung $\varepsilon_u$. Der elastische Energieanteil $W^{el}$ kann durch den E-Modul und die Druckfestigkeit berechnet werden (5.1). Der inelastische Anteil beschreibt den nichtlinearen Verlauf des $\sigma$-$\varepsilon$ Diagramms. Unter Annahme eines Formbeiwertes $\alpha_{in}$ ermittelt sich der Energieanteil $W^{in}$ gemäß Gleichung (5.2). Für faserfreie Betone kann $\alpha_{in}$ bekanntermaßen zu 0,8 bis 0,9 abgeschätzt werden.

$$W^{el} = \frac{f_c^2}{2 \cdot E_c} \quad ; \qquad \varepsilon_{el} = \frac{f_c}{E_c} \tag{5.1}$$

$$W^{in} = \alpha_{in} \cdot \varepsilon_{in} \cdot f_c \tag{5.2}$$

$$\varepsilon_u = \varepsilon_{el} + \varepsilon_{in} \tag{5.3}$$

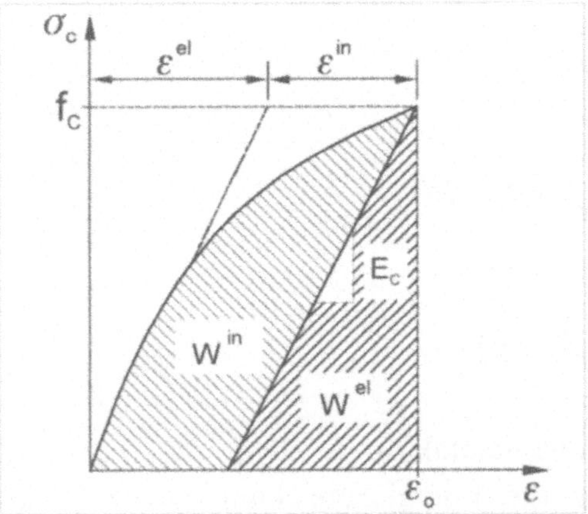


Bild 5-34 : Energieanteile im ansteigenden Ast

#### 5.4.2.2.2 Energiedissipation infolge Längsrißbildung

Die gesamte Energie $W^d$, die während der Längsrißbildung dissipiert wird, muß in zwei Anteile zerlegt werden. Bereits vor Erreichen der Druckfestigkeit bilden sich erste longitudinale Risse, die für den nichtlinearen Verlauf der Druckspannungs-Stauchungskurve verantwortlich sind. Dieser Anteil ist in $W^{in}$ (5.2) quantifiziert. Während der Materialentfestigung wird weitere Energie in den Längsrissen umgesetzt. Dieser Anteil wird mit $W^s$ bezeichnet. Der Gesamtanteil $W^d$ berechnet sich demnach gemäß (5.4)

$$W^d = W^{in} + W^s \tag{5.4}$$

Da die Rißbildung im ansteigenden Ast und während der Entfestigung als ein Versagen auf Querzug zu verstehen ist, wird in den Längsrissen Bruchenergie absorbiert. Versuche von *Delibes Liniers* zeigten, daß bei Erreichen der Druckfestigkeit noch ca. 55 % der ursprünglichen Querzugfestigkeit vorhanden sind [5.21], d.h. erst ein Teil der spezifischen Bruchenergie umgesetzt wurde. Der restliche Anteil steht der Rißbildung während der Entfestigung noch zur Verfügung. Mit dieser Modellvorstellung gelang es *Markeset* erstmals, bruchenergetische Kenngrößen, die im zentrischen Zugversuch ermittelt werden, mit den lokalen Phänomenen unter Druckbeanspruchung zu koppeln. Für die Längsrißbildung bedeutet das weiterhin, daß zwischen den beiden Energieanteilen $W^{in}$ und $W^s$ eine proprtionale Abhängigkeit besteht (5.5), und die gesamte umgesetzte Energie in den Längsrissen mit der spezifischen Bruchenergie $G_f$ in Beziehung gesetzt werden kann (5.6).

$$W^s = k \cdot W^{in} \tag{5.5}$$

$$W^d = (1+k) \cdot W^{in} = \frac{G_f}{r} \tag{5.6a}$$

$$W^{in} = \frac{G_f}{(1+k) \cdot r} \tag{5.6b}$$

Über den Proportionalitätsfaktor k geht die Form der Spannungs-Riß-öffnungsbeziehung in die Energiebetrachtung unter Druckbeanspruchung ein. *Markeset* setzt in [5.17] k pauschal zu 3,0 für Betone mit normaler Dichte bzw. zu

1,0 für Leichtbetone. Die Energie, die Normalbeton während der Entfestigung in den Längsrissen absorbieren kann ist folglich drei mal größer als die inelastische Energie vor Erreichen der Druckfestigkeit.
Während *Grimm* k zu 2,33 errechnet [5.19], verwendet *Meyer* für seine Berechnungen einen Proportionalitätsfaktor von k = 2,6 [5.20]. Beiden Ansätzen liegen unterschiedliche Spannungs-Rißöffnungsbeziehungen zugrunde. Für stahlfaserverstärkte Betone ist mit einem größeren Proportionalitätsfaktor zu rechnen, weil die Spannung in den Fasern erst bei fortschreitender Längsrißbildung im Nachbruchbereich aktiviert wird. Weiterhin wird k nicht mehr konstant, sondern von der Faserdosierung abhängig sein. Diesbezügliche Auswertungen sind in Kapitel 5.4.3 aufgeführt.
Der Faktor r in Gleichung (5.6) kann als Materialparameter angesehen werden. Er hat die Dimension einer Länge und verhält sich proportional zum durchschnittlichen Abstand der Längsrisse. Je mehr Risse über den Umfang verteilt sind desto größer ist die Energie, die umgesetzt werden kann. Diese Hypothese konnte bei eigenen Versuchen bestätigt werden.
Interessant hinsichtlich der Anwendung von Stahlfaserbeton sind die Verhältnisse der Bruchdehungen $\varepsilon_{in}$ und $\varepsilon_{el}$, weil eine Beleuchtung der Vorgänge hilft, das verbesserte Verformungsvermögen rechnerisch abgesichert in einem Bemessungsansatz zu nutzen. Das Verhältnis der jeweiligen Energieanteile (5.1) und (5.2) errechnet sich unter Berücksichtigung der entsprechenden Dehnungen (5.7).

$$\frac{W^{in}}{W^{el}} = 2 \cdot \alpha_{in} \cdot \frac{\varepsilon_{in}}{\varepsilon_{el}} \tag{5.7}$$

Die Energieanteile können auch dehnungsunabhängig durch (5.1) und (5.6) formuliert werden, so daß sich (5.8) ergibt.

$$\frac{W^{in}}{W^{el}} = \frac{2 \cdot E_c}{f_c^2} \cdot \frac{G_f}{r \cdot (1 + k)} \tag{5.8}$$

Gleichsetzen von (5.7) und (5.8) liefert das gesuchte Verhältnis.

$$\frac{\varepsilon_{in}}{\varepsilon_{el}} = \frac{1}{\alpha_{in} \cdot r \cdot (1 + k)} \cdot \frac{E_c \cdot G_f}{f_c^2} = \gamma \cdot \frac{E_c \cdot G_f}{f_c^2} \tag{5.9}$$

wobei in $\gamma$ alle spezifischen Parameter des CDZ Modells zusammengefaßt sind.

$$\gamma = \frac{1}{\alpha_{in} \cdot r \cdot (1+k)} \qquad \left[\frac{1}{m}\right] \tag{5.10}$$

Wie in Abschnitt 5.3.2 erwähnt, zeigen Versuchsbeobachtungen, daß die inelastischen Deformationen mit zunehmender Festigkeit geringer werden. Die Druckspannungs-Stauchungs-Kurve verläuft dann weniger völlig. Dies wurde auch durch Auswertungen von experimentellen Daten in [5.17] bestätigt. Bezieht man das Verhältnis der Dehungen $\varepsilon_{in}/\varepsilon_{el}$ jedoch auf $E_c G_f / f_c^2$, wie aus Gleichung (5.9) unmittelbar folgt, so kann durch eine Regressionsrechnung [5.17] $\gamma$ zu 0,25 $mm^{-1}$ bestimmt werden. In [5.20] wird dieser Wert bestätigt und weiterhin erläutert, daß $\gamma$ für niedrigere Betonfestigkeiten tendenziell etwas größer werden muß.

$$\gamma = \frac{\varepsilon_{in}/\varepsilon_{el}}{\dfrac{E_c \cdot G_f}{f_c^2}} \tag{5.11}$$

Aus (5.6 b) und (5.10) kann weiterhin die inelastische Dehnung berechnet werden,

$$\varepsilon_{in} = \gamma \cdot \frac{G_f}{f_c} \tag{5.12}$$

so daß die Bruchstauchung (5.3) auch wie folgt ausgedrückt werden kann :

$$\varepsilon_u = \frac{f_c}{E_c} + \gamma \cdot \frac{G_f}{f_c} \tag{5.13}$$

## 5.4.2.2.3 Energieverzehr bei Schubbandausbildung

Ein weiterer Energieanteil wird bei der Ausbildung des für Druckglieder aus Hochleistungsbetonen typischen Schubbandes absorbiert. Diese im folgenden mit $G^l$ bezeichnete Energie wird beim gegenseitigen Abgleiten der beiden Bruchkegel umgesetzt. Zur Beschreibung des Mechanismus kann der Ansatz des lokalen Druckversagens von *Hillerborg* [5.22] verwendet werden. $G^l$ berechnet sich dann gemäß Gleichung (5.14), wobei $w_c$ der vertikalen Verschiebung entspricht, ab der keine weiteren Druckspannungen über das zerstörte Korngefüge übertragen werden können. Wie durch Nachrechnungen von *Meyer* bestätigt, kann die Größe dieser Grenzverschiebungen mit $w_c = 0{,}5$ mm (hochfester Beton) bis 0,6 mm (normalfester Beton) angenommen werden. Dies rechtfertigt auch die Vorgaben *Fischers*, die den eigenen Überlegungen zum Faserverhalten bei Rißgleitung zugrunde liegen (siehe Kapitel 4.5). Der Faktor β beschreibt die Form des absteigenden Astes und kann vereinfachend mit 0,5, d.h. als lineare Entfestigung, angenommen werden. Das Produkt $\beta \cdot w_c$, das als Reibungswiderstand während des Abgleitens interpretiert werden kann, wird in [5.17] zu 0,36 mm für normalfeste bzw. zu 0,217 mm für hochfeste Betone angegeben.

$$G^1 = \beta \cdot f_c \cdot w_c \tag{5.14}$$

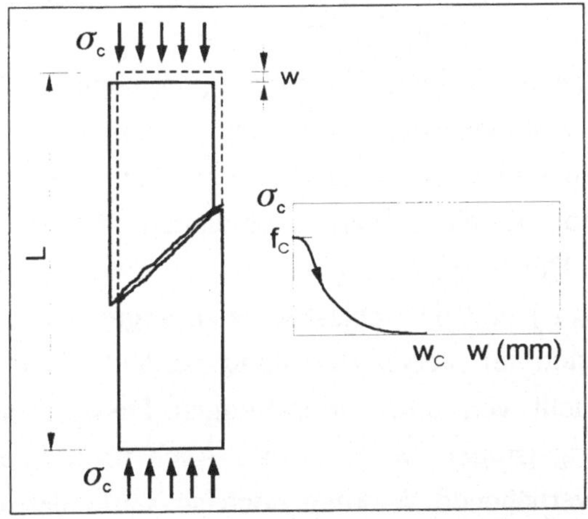


Bild 5-35 : Energieanteil bei Ausbildung des Schubbandes

## 5.4.2.2.4 Berechnung der gesamten Energie $W^c$

Aus diesen Beziehungen addiert sich die gesamte im Druckversuch dissipierte Energie $W^c$ unter Berücksichtigung der Größe der Bruchprozeßzone $L^d$ aus den Einzelanteilen (5.15).

$$W^c = \frac{G_f}{r \cdot (1+k)} \cdot \left(1 + k \cdot \frac{L^d}{L}\right) + \beta \cdot f_c \cdot \frac{w_c}{L} \tag{5.15}$$

Wenn der gesamte Prüfkörper in den Bruchprozeß verwickelt ist ($L^d = L$), kann (5.15) weiter vereinfacht werden (5.16).

$$W^c = \frac{G_f}{r} + \beta \cdot f_c \cdot \frac{w_c}{L} \tag{5.16}$$

## 5.4.3 Ermittlung der Werkstoffparameter für Faserbeton

### 5.4.3.1 Allgemeines

Die in Abschnitt 5.3.4 durchgeführten Versuche an Zylindern dienten zur Prognose des Druck - Verhaltens faserverstärkter Betone gemäß der CDZ - Modellierung. Zur Auswertung der weggesteuerten Druckversuche wurden immer Mittelwertskurven aus mehreren Einzelversuchen verwendet. Anhand dieser Meßwerte wurde der E-Modul, die Druckfestigkeit und die Bruchstauchung ermittelt, die anschließend in ihren elastischen (Gleichung 5.1) und inelastischen Anteil (Gleichung 5.3) aufgespalten wurde. Durch numerische Integration konnte die bis zum einsetzenden Bruch dissipierte Energie $W^u$ errechnet werden, aus der sich durch Subtraktion des elastischen Energieanteils $W^{el}$ der inelastische Anteil $W^{in}$ bestimmen läßt. Der Völligkeitsbeiwert $\alpha_{in}$ errechnet sich aus der Fläche des Parallelogramms ($\varepsilon_{in} \cdot f_c$) und der inelastischen Energie. Die an Versuchkörpern gemessenen Rißbreiten im Versagenszustand verdeutlichen, daß bei faserverstärkten Betonen nicht von einer vollständigen Dissipation der spezifischen Bruchenergie $G_f$ ausgegangen werden kann. Auch nach Beendigung des Versuches war die rißvernähende Wirkung noch so stark, daß es unmöglich war Bruchschollen aus dem sichtlich zerstörten Versuchskörper zu lösen. Selbst bei einer Grenzstauchungen von 10 ‰, bei der die experimentelle Aufzeichnung abgebrochen wurde, konnten noch Resttragfähigkeiten von teilweise deutlich über 10 N/mm² gemessen werden. Zwar erscheint der verbleibende Rest der Bruchenergie aufgrund der großen Rißbreiten für praktische Anwendung belanglos, bei der Ermittlung des Proportionalitätsfaktors kann er allerdings nicht vernachlässigt werden.

Weiterhin muß unterschieden werden, ob der Beton unter Ausbildung eines Schubbandes, wie bei faserfreien bzw. niedrigen Fasergehalten der Fall, oder unter ausschließlicher Seperationsrißbildung versagt.

### 5.4.3.2 Versagen unter Ausbildung eines Schubbandes

Die während der Entfestigung dissipierte Energie $W^{soft}$ wird der fortschreitenden Öffnung der Längsrisse und der Bildung des charakteristischen Schubbandes zugeschrieben. $W^{soft}$ kann durch numerische Integration der Meßreihen ermittelt werden. Folglich gilt :

$$W^{soft} = W^{s} \cdot \frac{L^{d}}{L} + G^{l} \cdot \frac{1}{L} \tag{5.17}$$

Der beim Abgleiten des Schubkegels umgesetzte Energieanteil $G^{l}$ kann gemäß Gleichung (5.14) als Produkt der Druckfestigkeit $f_c$ und des Abgleitwiderstandes $\beta \cdot w_c$ geschrieben werden. Anschließend kann k durch Umstellen von (5.17) ermittelt werden (5.18)-(5.19).

$$W^{s} \cdot \frac{L^{d}}{L} = W^{soft} - \frac{\beta \cdot w_c \cdot f_c}{L} = k \cdot W^{in} \cdot \frac{L^{d}}{L} \tag{5.18}$$

$$k = \frac{W^{soft} - \frac{\beta \cdot w_c \cdot f_c}{L}}{W^{in}} \cdot \frac{L}{L^{d}} \tag{5.19}$$

Diesbezügliche Auswertungen sind in Abschnitt 5.4.3.4 dargestellt.

### 5.4.3.3 Versagen unter reiner Separationsrißbildung

Bei einem Versagen unter reiner Separationsrißbildung wird $W^{soft}$ einzig durch Längsrisse dissipiert, so daß eine Aufsplittung unterbleiben kann. Der Proportionalitätsfaktor k kann demnach direkt bestimmt werden (5.20)-(5.21).

$$W^{soft} = W^{s} \cdot \frac{L^{d}}{L} = k \cdot W^{in} \tag{5.20}$$

$$k = \frac{W^{soft}}{W^{in}} \cdot \frac{L}{L^{d}} \tag{5.21}$$

Die Berechnung der umgesetzten Energie $W^{c}$ vereinfacht sich ebenfalls und kann in Abhängigkeit von $W^{in}$ formuliert werden (5.22).

$$W^{c} = W^{in} \cdot \left(1 + k \cdot \frac{L^{d}}{L}\right) \tag{5.22}$$

#### 5.4.3.4 Rechnerische Auswertung der experimentellen Daten

Auf Basis der vorgestellten theoretischen Hintergründe wurde im Rahmen einer Diplomarbeit [5.23] das umfangreiche experimentelle Datenmaterial gesichtet und ausgewertet. Dabei wurden neben den in Kapitel 5.3.3 erwähnten drei Betonfestigkeiten auch unterschiedliche Faser- und Fasercocktaildosierungen untersucht und ausgewertet. Um Aussagen über die Modellparameter treffen zu können, muß zwischen Versuchen mit und ohne Schubbandausbildung unterschieden werden.

##### 5.4.3.4.1 Versuchskörper mit ausgeprägter Schubbandausbildung

Eine typische Scherfuge konnte bei allen faserfreien bzw. mit nur einer der beiden Faserarten (Stahl- bzw. Polypropylenfaser) versehenen Versuchskörpern festgestellt werden. Der Formbeiwert $\alpha_{in}$ ermittelte sich konstant zu 0,90 und bestätigte damit bisherige Vorschläge. Für alle faserfreien Versuchskörper konnten weiterhin die jeweiligen Proportionalitätsfaktoren k ermittelt werden. Diese lagen alle in den in Abschnitt 5.4.2.2.2 diskutierten Bereichen. Weiterhin wurde die Proportionalität des Beiwertes r vom Abstand der Längsrisse durch Messungen überprüft und bestätigt.

| **Name** | $f_{c,exp}$ | **Faserdosierung [kg/m³]** | | $\alpha$ | **k** | $\gamma$ | **r** | $\varepsilon_u$ | $\varepsilon_{in}/\varepsilon_{el}$ |
|---|---|---|---|---|---|---|---|---|---|
| | **[N/mm²]** | **Stahl** | **Polyprop.** | **[-]** | **[-]** | **[mm⁻¹]** | **[mm]** | **[‰]** | **[-]** |
| C 25 M | 23,25 | 0,0 | 0,0 | 0,88 | 3,15 | 0,31 | 0,89 | 2,77 | 0,59 |
| C 35 M | 29,79 | 0,0 | 0,0 | 0,91 | 3,00 | 0,30 | 0,93 | 2,94 | 0,44 |
| C 50 M | 49,19 | 0,0 | 0,0 | 0,90 | 3,83 | 0,18 | 1,28 | 2,70 | 0,18 |
| Ref. | 78,05 | 0,0 | 0,0 | 0,90 | 2,74 | 0,20 | 1,50 | 2,82 | 0,15 |
| LF 0-0 | 39,18 | 0,0 | 0,0 | 0,91 | 4,52 | 0,25 | 0,80 | 2,40 | 0,38 |
| LF 0-2 | 36,50 | 0,0 | 2,0 | 0,94 | 5,80 | 0,26 | 0,60 | 2,58 | 0,39 |
| LF 20-0 | 37,84 | 20,0 | 0,0 | 0,91 | 5,93 | 0,23 | 0,70 | 2,23 | 0,38 |
| LF 40-0 | 39,65 | 40,0 | 0,0 | 0,91 | 5,61 | 0,30 | 0,56 | 2,46 | 0,46 |
| LF 80-0 | 38,50 | 80,0 | 0,0 | 0,92 | 6,18 | 0,36 | 0,42 | 2,70 | 0,55 |

Tabelle 5-1: Modellkenngrößen der Versuche mit Schubbandausbildung

Bei faserverstärkten Betonen wurden allerdings größere Abweichungen von den Modellparametern festgestellt. Besonders der Proportionalitätsfaktor k als Maßstab für das Verhältnis zwischen inelastischen und entfestigenden Energieanteilen verändert sich signifikant.

Tabelle 5-1 zeigt die wichtigsten Modellkenngrößen dieser Versuchsserien

#### 5.4.3.4.2 Versuchskörper mit reiner Separationsrißbildung

Durch Zugabe des Fasercocktails kann die Ausbildung der Schubfuge vermieden werden. Die Versuchskörper versagten unter ausgeprägter Separationsrißbildung. In Tabelle 5-2 sind die charakteristischen Kenngrößen aufgeführt.

| Name | $f_{c,exp}$ | Faserdosierung [kg/m³] | | α | k | γ | r | $\varepsilon_u$ | $\varepsilon_{in}/\varepsilon_{el}$ |
|---|---|---|---|---|---|---|---|---|---|
| | [N/mm²] | Stahl | Polyprop. | [-] | [-] | [mm⁻¹] | [mm] | [‰] | [-] |
| LF 20-2 | 34,75 | 20,0 | 2,0 | 0,90 | 6,65 | 0,27 | 0,54 | 2,44 | 0,45 |
| LF 40-2 | 41,75 | 40,0 | 2,0 | 0,91 | 5,80 | 0,35 | 0,46 | 2,82 | 0,47 |
| LF 80-2 | 41,61 | 80,0 | 2,0 | 0,88 | 5,53 | 0,45 | 0,39 | 3,43 | 0,50 |
| MF 40-1 | 61,85 | 40,0 | 1,0 | 0,98 | 6,81 | 0,19 | 0,68 | 2,68 | 0,18 |
| MF 40-2 | 64,46 | 40,0 | 2,0 | 0,89 | 5,73 | 0,30 | 0,57 | 2,82 | 0,27 |
| MF 80-0 | 61,57 | 80,0 | 0,0 | 0,92 | 11,96 | 0,15 | 0,54 | 2,36 | 0,16 |
| MF 80-1 | 65,22 | 80,0 | 1,0 | 0,94 | 6,95 | 0,30 | 0,44 | 2,83 | 0,27 |
| MF 80-2 | 60,75 | 80,0 | 2,0 | 0,91 | 5,94 | 0,34 | 0,46 | 2,82 | 0,34 |
| MF 80-5 | 62,39 | 80,0 | 5,0 | 0,99 | 8,93 | 0,24 | 0,42 | 3,02 | 0,20 |
| MF 120-1 | 66,59 | 120,0 | 1,0 | 0,90 | 7,74 | 0,32 | 0,40 | 2,91 | 0,28 |
| MF 120-2 | 68,85 | 120,0 | 2,0 | 0,93 | 6,52 | 0,39 | 0,36 | 3,29 | 0,31 |
| FC | 101,87 | 120,0 | 2,0 | 0,95 | 7,17 | 0,39 | 0,33 | 3,90 | 0,18 |
| FC I | 111,47 | 120,0 | 2,0 | 0,90 | 8,44 | 0,30 | 0,39 | 3,98 | 0,12 |
| ME I | 104,02 | 120,0 | 2,0 | 0,92 | 5,69 | 0,53 | 0,31 | 4,35 | 0,23 |
| ZC I | 113,62 | 120,0 | 2,0 | 0,91 | 6,68 | 0,56 | 0,26 | 4,58 | 0,21 |

Tabelle 5-2: Modellkenngrößen der Versuche ohne Schubbandausbildung

Auch für die getesteten Fasercocktail-Betone ermittelt sich der Völligkeitsbeiwert $\alpha_{in}$ zu ca. 0,90. Die Energiedissipation in den Längsrissen steigert sich erheblich, k nimmt in Abhängigkeit der Fasergehalte Werte von sechs und mehr an. Dieser Proportionalitätsfaktor ist schwer zu ermitteln, da der Faserbeton auch bei sehr großen Stauchungen noch erhebliche Resttragfähigkeiten aufweist. Der Energieverzehr $W^s$ in den Längsrissen kann deshalb experimentell nur schwer bestimmt werden. Andererseits sind die Tragfähigkeiten bei derart großen Verformungen für praktische Belange nicht relevant. Da die Druckspannungs-Stauchungskurven aus meßtechnischen Gründen nur bis zu einer Verformung von 10 ‰ aufgezeichnet werden konnten, erfolgte die Auswertung auf Basis einer Bezugsspannung. Diese setzt sich zusammen aus der größten gemessenen Spannung der Mittelwertkurven bei Erreichen der Grenzstauchung von 10 ‰ und beträgt ca. 13,8 N/mm². Bei der Erfassung der jeweiligen Proportionalitätsfaktoren werden nur die Ener-

gien im Nachbruchbereich berücksichtigt, die bis zu dieser Spannung dissipiert wurden.
Die Gegenüberstellung der Ergebnisse zeigt weiter, daß die Festigkeit und der Elastizitätsmodul durch die Zugabe der Fasern nicht wesentlich beeinflußt wird. Allerdings stellt sich eine deutliche Ausrundung des ansteigenden Astes bei Zugabe von Polypropylenfasern bzw. eine Abflachung im Nachbruchbereich in Abhängigkeit der zugegebenen Stahlfasern ein. Somit wird die beschriebene Wirkungsweise der einzelnen Faserkomponeneten untermauert und frühere Überlegungen werden bestätigt [5.24][5.25]. Die inelastische Energie $W^{in}$ steigt mit zunehmender Dosierung der Polypropylenfasern an. In zentrischen Zugversuchen [5.29] an hochfesten Betonproben mit geringen Polypropylenfasergehalten (1-5 kg/m³) gab es zwar eine rauhere Bruchfläche, eine signifikante Änderung der Bruchenergie bzw. des Verlaufes der Entfestigungskurve wurde jedoch nicht beobachtet. Damit begründet sich die weitere Vorgehensweise, beim Ermitteln bruchmechanischer Kenngrößen für Fasercocktail-Betone nur den Anteil der Stahlfasern zu berücksichtigen.

### 5.4.3.5 Bestimmung der Modellkenngrößen für Faserbetone

#### 5.4.3.5.1 Energie im ansteigenden Ast

Die Energieanteile im ansteigenden Ast werden durch das Verhältnis der inelastischen zur elastischen Energie charakterisiert. Die Analyse der Versuchsdaten zeigt einen generellen Einfluß der Fasern im ansteigenden Ast, wobei eine Erhöhung der Polypropylenfasergehalte effektiver ist. Das bestätigt die modellhaften Vorstellungen, daß die Mikrorißbildung im ansteigenden Ast durch die Kunststoffaser gefördert wird und das vernähende Potential der Stahlfasern sich erst im Nachbruchbereich entwickelt. Mit steigenden Festigkeiten nimmt der Einfluß der Fasern auf das Energieverhältnis $\varepsilon_{in}/\varepsilon_{el}$ ab.
Für faserfreie Betone hoher bzw. mittlerer Festigkeiten wurde ein Energieverhältnis von $\varepsilon_{in}/\varepsilon_{el} = 0{,}15$ ermittelt. Normalfeste Betone können gemäß den Beziehungen des EC 2 behandelt werden. Durch Umformen erhält man Gleichung (5.23).

$$\frac{\varepsilon_{in}}{\varepsilon_{el}} = \frac{E}{f_c} \cdot \varepsilon_u - 1 \tag{5.23}$$

Fasercocktail – Betone ergaben bei Zugabe von 1,0 Vol.-% Stahlfasern und 0,2 Vol.-% Polypropylenfasern folgende Werte :

- für hochfeste Betone $\varepsilon_{in} / \varepsilon_{el} =$ 0,20
- für mittelfeste Betone $\varepsilon_{in} / \varepsilon_{el} =$ 0,30
- für mittelfest, mit 0,1 Vol.-% Polypropylen $\varepsilon_{in} / \varepsilon_{el} =$ 0,27
- für normalfeste Betone $\varepsilon_{in} / \varepsilon_{el} =$ 0,40 bis 0,50

### 5.4.3.5.2 Energiedissipation in der Entfestigungsphase

Die Energiedissipation im Nachbruchbereich wird durch den Faktor k beschrieben, der gemäß (5.5) die Proportoionalität zwischen dem Energieverzehr in den longitudinalen Rissen vor und nach Erreichen der Druckfestigkeit beinhaltet. Während k für faserfreie Betone konstant ist, übt bei Fasercocktail - Betonen der Stahlfasergehalt einen merklichen Einfluß aus. Dies ist plausibel, da durch die Rißvernähung die Völligkeit im Nachbruchbereich der Belastung gesteuert werden kann.

Die Auswertung der experimentellen Untersuchungen ist hinsichtlich der Bestimmung des k - Faktors schwierig, weil die vollständige Umsetzung der Bruchenergie im Druckversuch meßtechnisch nicht aufgezeichnet werden konnte. Bei einer Stauchung von $\varepsilon = 10$ ‰ wurden die Messungen abgebrochen, der Anteil der bis zu diesem Punkt umgesetzten Bruchenergie kann nicht ermittelt werden. Die nachfolgenden Gleichungen bilden diesen Sachverhalt mit ab.

Mit zunehmendem Stahlfasergehalt vergrößert sich k, mit steigendem Polypropylenfasergehalt nimmt der Proportionalitätsfaktor hingegen ab. Letzteres ist darauf zurückzuführen, daß die Kunststoffasern die inelastische Energie $W^{in}$ vergrößern.

Insgesamt konnte durch die Auswertung der experimentellen Untersuchungen an Zylindern gezeigt werden, daß der Proportionalitätsfaktor k linear von der Dosierung der Stahlfasern abhängt. Die Steigung ermittelt sich unabhängig von den Zugabegehalten der Polypropylenfasern zu eins. Damit folgt für normal- und mittelfeste Betone :

mit 0,1 Vol.-% Polypropylenfasern : $k = 6{,}0 + 1{,}0 \cdot (100 \cdot \eta_{Vol})$ (5.24a)

mit 0,2 Vol.-% Polypropylenfasern : $k = 5{,}0 + 1{,}0 \cdot (100 \cdot \eta_{Vol})$ (5.24b)

Die Untersuchungen an hochfesten Betone, mit Druckfestigkeiten von $f_{c,cyl} \geq 90$ N/mm² zeigten, daß eine stabile Entfestigung Dosierungen von mindestens 2 kg/m³ Polypropylen- und 120 kg/m³ Stahlfasern erfordern. Eine Steigerung dieses Stahlfasergehaltes scheint weder aus Gesichtspunkten der Herstellung noch aus wirtschaftlichen Überlegungen sinnvoll und wurde deshalb nicht untersucht. Aufgrund des geringen vergleichbaren Datenmaterials wird deshalb für hochfeste Betone keine rechnerische Abschätzung des Proportionalitätsfaktors k angegeben. Sollten praktische Anwendungen eine Prognose des Tragverhaltens erfordern, wird die Durchführung von Eignungsversuchen empfohlen, bei der die gewünschte Rezeptur, die Fasergeometrie und –dosierung aufeinander abgestimmt und hinsichtlich ihrer Verformbarkeit getestet werden können.

#### 5.4.3.5.3 Weitere Materialparameter des CDZ Modells

Die Abhängigkeit des Versagensmechanismus unter Druckbeanspruchung von der Bruchenergie $G_f$, wird im vorgestellten CDZ-Modell durch Untersuchungen von *Delibes Liners* verknüpft, dessen Ergebnisse für Faserbeton jedoch nicht als hinreichend abgesichert gelten können. Wie *Römer* in [5.23] anhand der in Kapitel 4 vorgestellten σ-w Beziehung für Faserbetone zeigte, kann die Zugabe von 120 kg/m³ Stahlfasern die Bruchenergie $G_f$ um den Faktor 12 im Vergleich zu faserfreien Betonen vergrößern. Betrachtet man hingegen nur einen Rißbreitenbereich bis w = 160 μm, so liegt die Steigerung lediglich bei einem Faktor von ca. 1,5 bis 2. Ein Ansatz der vollständigen Bruchenergie faserverstärkter Betone ist demzufolge fehlerhaft. Auch ist der gegenseitige Einfluß der Fasern, beispielsweise auf das Dehnungsverhältnis $\varepsilon_{in}/\varepsilon_{el}$ noch unbestimmt. Weitere experimentelle Untersuchungen müssen das und die endgültigen Abhängigkeiten klären.

Die folgende rechnerische Vorgehensweise lehnt sich deshalb an die in den Modellüberlegungen beschriebene Faserwirkung an, nach der die Polypropylenfaser hauptsächlich vor Erreichen der Druckfestigkeit wirkt, die Stahlfaser hingegen im Nachbruchbereich. Zur Vereinfachung wird die Wirkung der Polypropylenfasern rechnerisch nicht erfaßt. Mit dieser Annahme bleibt γ durch die Faserzugabe unbeeinflußt und kann gemäß Gleichung (5.11) berechnet werden. Der Faktor r, der sich proportional zum Abstand der longitudinalen Risse entwickelt, kann durch Umstellen von (5.10) ermittelt werden (5.25), wobei k in Abhängigkeit der Fasercocktailkomposition errechnet wird (Gleichung 5.24). Die so ermittelten Werte zeigten gute Übereinstimmungen mit den gemessenen experimentellen Rißbreiten.

$$r = \frac{1}{\alpha_{in} \cdot \gamma \cdot (1+k)} \tag{5.25}$$

## 5.4.4 Das BDZ Modell

### 5.4.4.1 Modellbeschreibung

*Meyer* erweiterte das CDZ Modell in [5.20] um den Einfluß einer Bügelbewehrung, die die Druckzone umschließt. Während sich in der bisherigen Formulierung von *Markeset* die beiden Versagensmodi ungehindert ausbilden konnten, wird im Biegedruckzonen Modell (BDZ) die umschnürende Wirkung der Bügel energetisch beschrieben.

Dabei werden die Bügel erst bei einer überproportionalen Zunahme der Querverformungen, also kurz vor Erreichen der Höchstlast aktiviert. Bis zu diesem Punkt ist ihr erhöhender Beitrag zur Verformbarkeit des Bauteils zu vernachlässigen, folglich beeinflußt die Querbewehrung den inelastischen Energieanteil der Längsrisse nicht. Beobachtungen bei experimentellen Untersuchungen zeigten weiterhin, daß eine umschließende Druckzonenbewehrung im Bereich der Höchstlast in der Regel ihre Fließgrenze überschritten hat. Der energetische Anteil der Umschnürung wird von *Meyer* am Beispiel eines einbetonierten Stabes hergeleitet (siehe Bild 5-36).

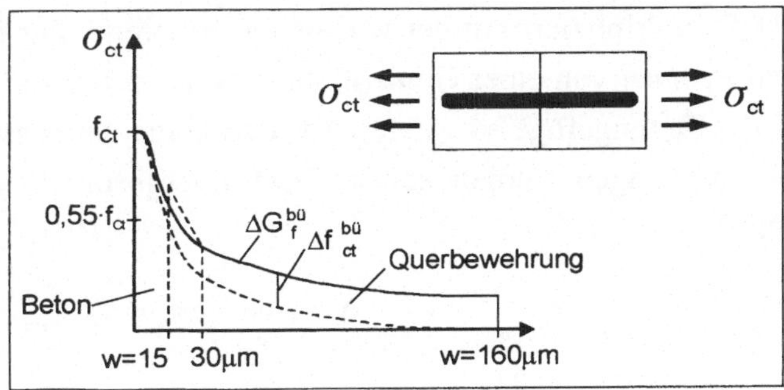


Bild 5-36 : Modellvorstellung der Umschnürungswirkung

Nach Überschreiten der Zugfestigkeit entsteht ein Riß. Die zu übertragenden Spannungen werden dann vom Beton und von der Bewehrung übernommen. Mit zunehmender Rißöffnung sinkt der Einfluß des Betons, der der Bewehrung wird größer. Nach *Delibes Liners* [5.21] ist bei Erreichen der Druckfestigkeit noch eine Restzugfestigkeit von ca. 55 % vorhanden. Dies entspricht, abhängig von der Betongüte, etwa einer Rißweite von w = 0,15 µm. Nach Gleichung (5.26) ermittelt sich unter Vorgabe experimentell gemessener Rißabstände $d_{Riß}$, die Grenzrißbreite w, ab der die Streckgrenze $\varepsilon_s$ des Bewehrungsstahls erreicht wird zu 0,30 µm.

$$\varepsilon_s = \frac{w}{d_{Riß}} + \mu \cdot \varepsilon_1 \tag{5.26}$$

Daraus folgert *Meyer*, daß die energetische Wirkung der Querbewehrung etwa ab der Druckfestigkeit zur Verfügung steht, weil die Größe des Energieanteils aus der Umschnürung bis zum Erreichen der maximalen Last ca. dem Anteil entspricht, der zur vollen Ausnutzung der Stahlspannung zwischen w = 0,15 µm und w = 0,30 µm aufgewendet werden muß.
Der durch die Querbewehrung aufnehmbare Anteil der Zugspannung $\Delta f_{ct}^{bü}$ kann in Abhängigkeit von der gesamten, in der Bruchzone vorhandenen Bügelfläche $\alpha_{s,bü}$ und der Breite des Bauteilquerschnitts b ermittelt werden.

$$\Delta f_{ct}^{bü} = \frac{a_{s,bü} \cdot f_y}{b} \tag{5.27}$$

Der Anteil der Umschnürungsenergie $\Delta G_f^{bü}$ ergibt sich aus der aufnehmbaren Zugspannung $\Delta f_{ct}^{bü}$ multipliziert mit der wirksamen Rißbreite. Für faserfreie Betone kann gemäß *Remmel* von einer Grenzrißbreite $w_{grenz}$ = 160 µm ausgegangen werden, ab der das Betongefüge so zerstört ist, daß keine nennenswerten Zugspannungen mehr übertragen werden können. Der Energieanteil berechnet sich demnach wie folgt :

$$\Delta G_f^{bü} = \Delta f_{ct}^{bü} \cdot \left(w_{grenz} - 15\mu m\right) = \Delta f_{ct}^{bü} \cdot 0{,}145 \cdot 10^{-6}\,m \tag{5.28}$$

Für stahlfaserverstärkte Betone ergeben sich größere Grenzrißbreiten, die gemäß Kapitel 4 bestimmt werden können. Die um den Bügelanteil erweiterte Entfestigungskurve stellt sich wie in Abbildung 5-36 dar.
Die in den longitudinalen Rissen infolge der Verbügelung dissipierte Energie errechnet sich in Abhängigkeit der Rißabstände gemäß (5.29). (5.30) gibt den

hieraus resultierenden zusätzlichen Stauchungsanteil an, so daß die in Bild 5-37 aufgeführte Druckspannungs-Stauchungskurve für bügelumschlossenen Kernbereiche der Bruchprozeßzone angesetzt werden kann. Außerhalb des Kerns gelten die Formulierungen des CDZ Modells nach *Markeset*.

$$\Delta W^{s,bü} = \frac{\Delta G_f^{bü}}{r} \tag{5.29}$$

$$\Delta \varepsilon_{du}^{bü} = \frac{\Delta G_f^{bü}}{r \cdot f_c} \tag{5.30}$$

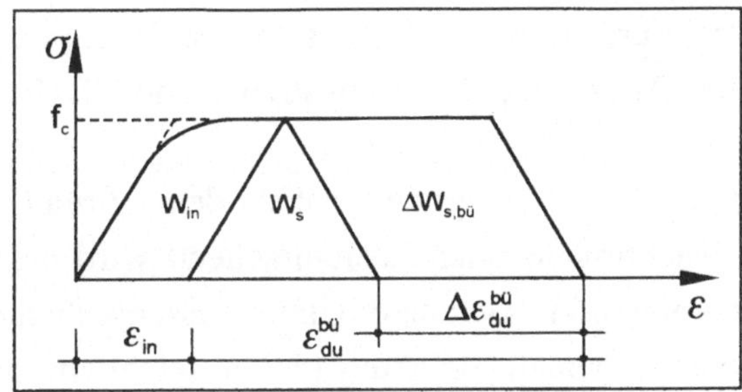


Bild 5-37 : Werkstoffbeziehung für bügelumschlossene Kernbereiche der Bruchprozeßzone

### 5.4.4.2 Spannungs-Stauchungsbeziehung für zentrisch belastete Stützen

In [5.23] sind die einzelnen Module des BDZ Modells für zentrisch beanspruchte Stützen zusammengestellt. Dabei errechnet sich das Stauchungsverhalten der Stützen aus den Verformungen, die sich innerhalb der einzelnen Bauteilbereiche überlagern.

#### 5.4.4.2.1 Ansteigender Ast

Bis die Druckfestigkeit erreicht ist, können die bekannten Werkstoffbeziehungen für Beton verwendet werden. *Meyer* benutzt für die Nachrechnung seiner exzentrisch belasteten Versuchskörper die Beziehung des EC 2, Teil 1. Diese Gesetzmäßigkeiten können auch für Faser- und Fasercocktailberechnungen angewendet werden, weil deren Einfluß im ansteigenden Ast nur geringfügige Änderungen mit sich führt.

#### 5.4.4.2.2 Ungeschädigte Bauteilbereiche

Die ungeschädigten Bauteilbereiche außerhalb der Bruchprozeßzone werden während der Entfestigung entlastet und dehnen sich aus. Die Steigung entspricht dem negativen Elastizitätsmodul $E_c$ des ansteigenden Astes, so daß sich die Spannung $\sigma_{el}$ gemäß (5.31) ermittelt (siehe Bild 5.39 a).

$$\sigma_{el}(\varepsilon_{el}) = (\varepsilon_{el} - \varepsilon_u) \cdot E_c + f_c \tag{5.31}$$

#### 5.4.4.2.3 Bruchprozeßzone

Die Bestimmung des Verformungsverhaltens in der Bruchprozeßzone erfolgt in Abhängigkeit zweier Parameter, des Entfestigungsmoduls $E_s$ und der Grenzstauchung $\varepsilon_{du}$.

Der Entfestigungsmodul $E_s$ entspricht dabei dem Abfall der Spannungsdehnungskurve im Nachbruchbereich. Vereinfachend wird hier ein linearer Zusammenhang angenommen. Für Betone die unter ausschließlicher Separationsrißbildung versagen, kann $E_s$ gemäß Gleichung (5.32a) leicht ermittelt werden.

$$E_s = \frac{f_c}{\varepsilon_{du}} \tag{5.32a}$$

Bei zusätzlicher Ausbildung eines Schubbandes muß der Entfestigungsmodul $E_s$ auch den Energieverzehr der aufeinander abgleitenden Kegel beinhalten (siehe Abschnitt 5.4.2.2.3) und berechnet sich dann gemäß Gleichung (5.32b).

$$E_s = \frac{f_c}{\varepsilon_{du} + \dfrac{w_c}{L^d}} \tag{5.32b}$$

$\varepsilon_{du}$ entspricht der Stauchung bei der die maximal mögliche Energie $W^s$ in den Längsrissen umgesetzt wurde. Der Wert kann unter Berücksichtigung von (5.2) und (5.5) ermittelt werden :

$$\varepsilon_{du} = 2 \cdot k \cdot \alpha_{in} \cdot \varepsilon_{in} \tag{5.33}$$

In den umschnürten Bereichen der Schadenszone folgt die Spannung $\sigma_s^{bü}$ den in Gleichung (5.34) dargestellten Abhängigkeiten, je nachdem ob die zusätzliche Verformungskapazität $\Delta\varepsilon_{du}^{bü}$ der Bügel ausgeschöpft wird oder nicht.

$$\sigma_s^{bü}(\varepsilon_{BPZ}) = \begin{cases} f_c; \ \varepsilon_{BPZ} \leq \Delta\varepsilon_{du}^{bü} \\ f_c + E_s \cdot (\varepsilon_{BPZ} - \varepsilon_{du}^{bü}) \ ; \ \varepsilon_{BPZ} > \Delta\varepsilon_{du}^{bü} \end{cases} \quad (5.34)$$

Außerhalb des umschlossenen Kernbereiches, in der Betonschale der Schadenszone, kann der Spannungsverlauf gemäß (5.32) beschrieben werden.

$$\sigma_s(\varepsilon_{BPZ}) = f_c + E_s \cdot \varepsilon_{BPZ} \qquad \text{mit } \varepsilon_{BPZ} \leq \varepsilon_{du} \quad (5.35)$$

Weil sich durch die zentrische Belastung der Querschnitt nicht verkrümmt, können die Stauchungen in der Schadenszone im Kern und in der Betonschale einheitlich mit $\varepsilon_{BPZ}$ bezeichnet werden. Das Materialverhalten innerhalb der Schadenszone ist in Bild 5.39 b und c abgebildet.

#### 5.4.4.2.4 Bestimmung der Wirkungsbereiche

Bei der Berechnung der Bauteilreaktion muß also das Materialverhalten in der Bruchprozeßzone und in den ungeschädigten Bereichen voneinander getrennt betrachtet und anschließend überlagert werden. Daraus folgt bei Stützen eine Aufteilung in vertikal angeordnete Wirkungssegmente. In der Bruchprozeßzone ist weiterhin eine horizontale, die Stützenfläche betreffende Aufteilung erforderlich, weil sich der bügelumschlossene Kernbereich anders entfestigt als die Bereiche außerhalb der Verbügelung. Die Kernfläche wird nachfolgend mit $A_s^{bü}$ bezeichnet, die der kernumschließenden Zonen mit $A_s^{Rand}$. Zu deren Berechnung wird der Vorschlag von *Meyer* aufgegriffen, der $A_s^{Rand}$ zusammensetzt aus der Fläche der Betondeckung, dem halben Bügeldurchmesser und dem Stich des sich zwischen der Umschließung ausbildenden Druckbogens. Dieser Stich kann mit einem Achtel des Bügelabstandes abgeschätzt werden.

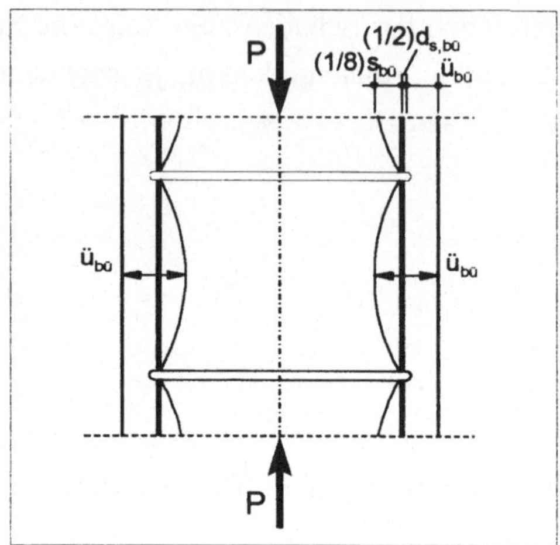


Bild 5-38 : Aktivierte Kernfläche

Damit ergibt sich die Fläche $A_s^{Rand}$, in der die umschließende Wirkung der Bügel nicht zum Tragen kommt, zu

$$A_s^{Rand} = 4 \cdot u_{eff} \cdot (b - u_{eff}) \tag{5.36}$$

mit der effektiven Betondeckung $u_{eff}$ :

$$u_{eff} = ü_{bü} + \frac{1}{2} \cdot d_{s,bü} + \frac{1}{8} \cdot s_{bü} \tag{5.37}$$

Dabei entspricht $ü_{bü}$ der Betonüberdeckung der Bügel, $d_{s,bü}$ dem Durchmesser und $s_{bü}$ dem Abstand der Bügel. Der verbleibende Teil der Fläche wird dem bügelumschlossenen Kern zugerechnet, wobei der Längsbewehrungsgehalt mit berücksichtigt wird, so daß von der ideellen Gesamtfläche $A_i$ ausgegangen werden muß (Gleichung 5.38).

$$A_s^{bü} = A_i - A_s^{Rand} \tag{5.38}$$

Mit dieser horizontalen Unterteilung der Flächen innerhalb der Bruchprozeßzone können die unterschiedlichen Bruchmechanismen gewichtet, überlagert und zur Berechnung der Bauteilsreaktion verwendet werden.

#### 5.4.4.2.5 Überlagerung der einzelnen Anteile

Aus Gleichgewichtsgründen muß die Normalkraft innerhalb der Schadenszone gleich der im ungeschädigten Bereich sein, so daß folgt :

$$\sigma_{el} = \frac{\sigma_s^{bü} \cdot A_s^{bü} + \sigma_s \cdot A_s}{A} \tag{5.39}$$

Die gesamte Verkürzung Δl der Stütze errechnet sich aus der Stauchung $\varepsilon_{BPZ}$ innerhalb der Bruchprozeßzone abzüglich den elastischen Dehnungen $\varepsilon_{el}$ der ungeschädigten Bereiche.

$$\Delta l = \varepsilon_{el} \cdot \left(L - L^d\right) + \varepsilon_{BPZ} \cdot L^d \tag{5.40}$$

Durch Umformen und Einsetzen der in den einzelnen Schadensbereichen maßgeblichen Werkstoffbeziehungen (siehe Abbildung 5-39), kann das Verformungsverhalten unter zentrischer Druckbeanspruchung ermittelt werden.

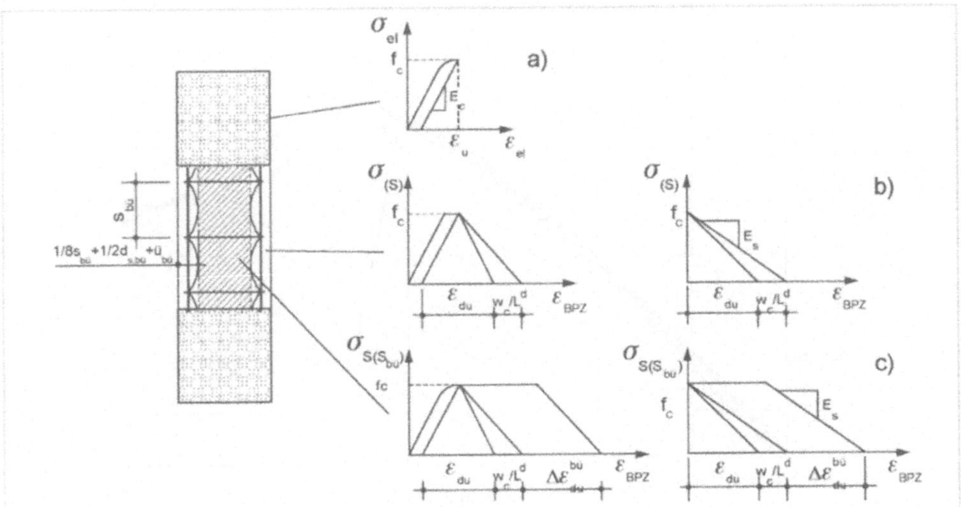


Bild 5-39 : Werkstoffverhalten der jeweiligen Zonen

Falls die Dehnungen in der Schadenszone $\varepsilon_{BPZ}$ kleiner als die durch die Querbewehrung hervorgerufene Dehnungskapazität $\Delta\varepsilon_{du}^{bü}$ sind, berechnen sich die Verformungen während der Entfestigung gemäß Gleichung (5.41). Andernfalls, bei voller Ausschöpfung der Verformungskapazität der umschließenden Bügel, gilt Gleichung (5.42).

$$\varepsilon = \left( \frac{\sigma_{el} - f_c}{E_c} + \varepsilon_u \right) + \left( \frac{(\sigma_{el} - f_c) \cdot A}{E_s \cdot \left(A - A_s^{bü}\right)} \right) \cdot \frac{L^d}{L} \tag{5.41}$$

$$\varepsilon = \left( \frac{\sigma_{el} - f_c}{E_c} + \varepsilon_u \right) + \left( \frac{(\sigma_{el} - f_c) \cdot A + E_s \cdot A_s^{bü} \cdot \Delta\, \varepsilon_{du}^{bü}}{E_s \cdot A} \right) \cdot \frac{L^d}{L} \tag{5.42}$$

## 5.4.5 Vergleich mit experimentellen Untersuchungen

Zur Gütebestimmung der theoretischen Überlegungen wurden die in Kapitel 5.3.5 beschriebenen Stützenversuche nachgerechnet. Beispielhaft für die Berechnungen sind in Abbildung 5-40 die experimentellen und theoretischen Bruchkurven verglichen.

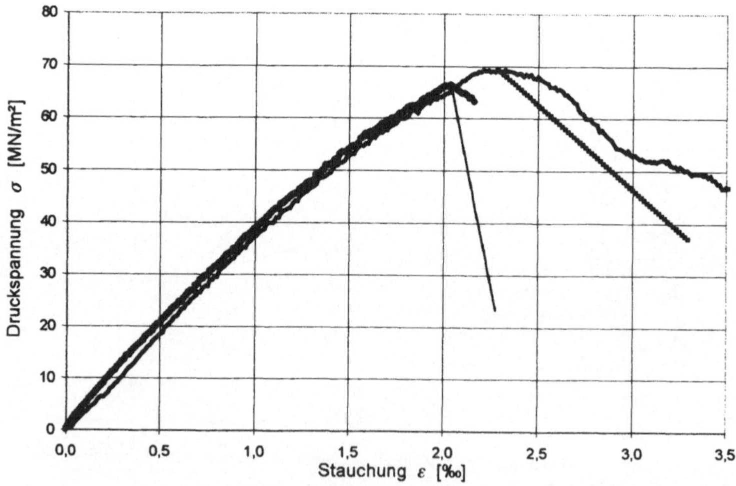


Bild 5-40 : Weggesteuerter zentrischer Druckversuch an Stützen aus Fasercocktail-Beton

Für die dargestellten Fasercocktail-Betone und bei den faserfreien Versuchen zeigt sich eine sehr gute Übereinstimmung der experimentellen Daten mit den modellierten Versagenskurven.

Anhand einer Beispielrechnung werden die Auswirkungen der beschrittenen konventionellen Wege mit den Möglichkeiten einer Fasercocktailverstärkung des Betons hinsichtlich der Verformungsfähigkeit von Bauteilen aufgezeigt und diskutiert.

### 5.4.6 Vergleich der Verformungskapazität durch Bügel und Fasern

Der Einfluß der Materialduktilität auf das Last–Verformungsverhalten von Stützen soll anhand einer Beispielrechnung verdeutlicht werden. Dabei wird die Entfestigung der Stütze gemäß den hergeleiteten Abhängigkeiten berechnet. Vergleichend werden unterschiedliche Druckfestigkeiten d.h. Ausgangssprödigkeiten jeweils mit Verbügelungen nach DIN 1045 und Richtlinie für hochfesten Beton in Verbindung mit diversen Materialduktilitäten betrachtet.
Die Abmessungen der Stütze werden praxisnah gewählt, die Seitenlängen betragen jeweils 30 cm, die Höhe wurde zu h = 2,75 m gesetzt. Als Überdeckung der Bügel sind 3 cm vorgesehen. Alle geometrischen Vorgaben werden bei den verschiedenen Rechnungen konstant gehalten.
Die Längsbewehrung bestimmt sich unter Berücksichtigung der jeweiligen Mindestbewehrungsgrade. Nach DIN 1045 sind hier 0,8 % des statisch erforderlichen Querschnitts einzubauen, für hochfeste Betone erhöht sich der Wert auf 1,0 %. Als Querbewehrung werden Bügel ∅ 10 vorgesehen, die bei der DIN-Bemessung mit einem Abstand von s = 19,2 cm (entspricht $12 \cdot d_{sl}$), bei der konstruktiven Durchbildung nach Richtlinie mit s = 10 cm (entspricht d/3) eingebaut werden.
Die Berechnungen sind für normalfeste Zylinderdruckfestigkeiten von $f_c = 25\ N / mm^2$ und $f_c = 55\ N / mm^2$ bzw. für hochfeste Betone mit $f_c = 85\ N/mm^2$ und $f_c = 105\ N/mm^2$ durchgeführt. Neben den faserfreien Referenzbetonen werden Fasercocktails mit 40 / 1 kg/m³ (Stahl- / Polypropylenfasern), 80 / 2 kg/m³ und 120 / 2 kg/m³ Fasern simuliert.
Bild 5-41 zeigt die Ergebnisse der faserfreien Referenzen mit einer Verbügelung gemäß DIN 1045. Dabei kann die Steigung des abfallenden Astes nach Überschreiten der maximalen Festigkeit als Maß der Sprödigkeit des Bauteils gelten. Für eine Ausgangsdruckfestigkeit von $f_c = 25\ N/mm^2$ zeigt sich ein sehr gutmütiges Versagen, das sich unter ausgeprägter Rißbildung vollzieht. Die gewählte Verbügelung erhöht die Verformungsfähigkeit maßgeblich. Dahingegen ist der Abfall der Festigkeiten für $f_c = 55\ N/mm^2$ erheblich steiler. Aufgrund der höheren

Ausgangssprödigkeit des Betons fällt die Wirkung der umschnürenden Bügel deutlich geringer aus.

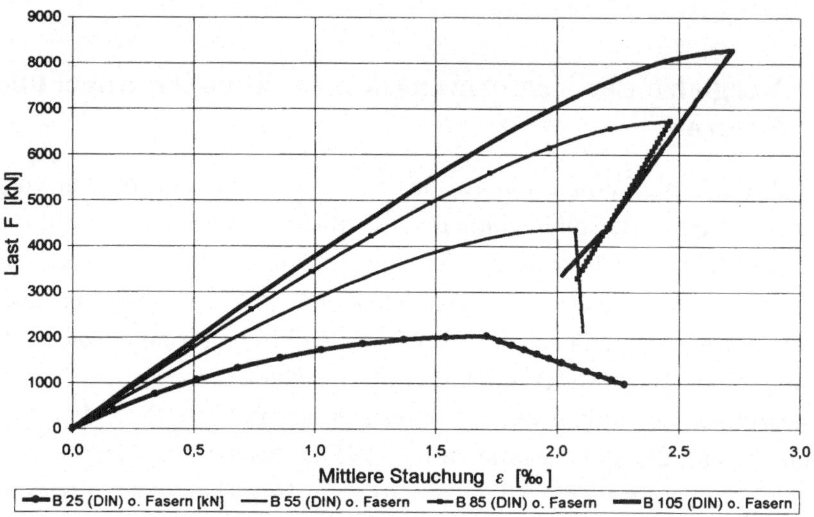


Bild 5-41 : Rechnerisches Verformungsverhalten faserfreier Betonstützen mit Querbewehrung nach DIN 1045

Für hochfeste Betone errechnet sich nach Überschreiten der Höchstlast ein „snap-back“ Verhalten, das als Anzeichen eines explosionsartigen Versagens gewertet werden muß. Dies begründet die Überlegungen, die in [5.10] zu einer Modifikation der vorgesehenen Umschließungsbewehrung geführt hatten.

Bild 5-42 stellt die erhöhte Verformungsfähigkeit der Stütze mit $f_c$ = 85 N/mm² dar unter Ansatz der Verbügelung nach Richtlinie für hochfesten Beton. An der errechneten Entfestigung zeigt sich, daß eine Stütze mit den gewählten Abmessungen im Laborversuch nicht stabil getestet werden könnte und explosionsartig nach Erreichen der maximalen Traglast versagen würde. Um dies bei realen Stützen zu vermeiden, wird die maximal zulässige Stauchung ε zentrisch beanspruchter Tragglieder aus hochfestem Beton auf $\varepsilon_{bs}$ beschränkt.

Je nach Betonfestigkeitsklasse werden Werte zwischen = 2,03 ‰ (B 65) und ε = 2,20 ‰ (B 115) angesetzt. Außerdem wird im Ansatz der Rechenfestigkeit $\beta_R$ eine weitere Abminderung vorgesehen, um die erforderlichen Versagenssicherheit zu gewährleisten (siehe auch Abschnitt 5.2.2).

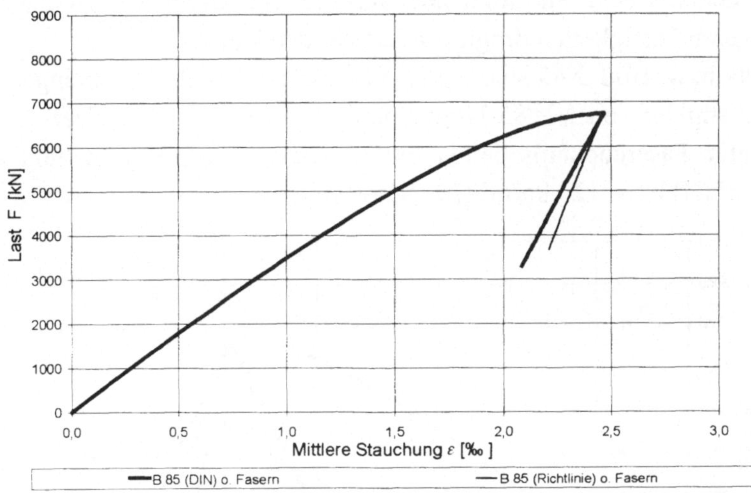


Bild 5-42 : Rechnerisches Verformungsverhalten faserfreie Stütze mit unterschiedlichen Querbewehrungen

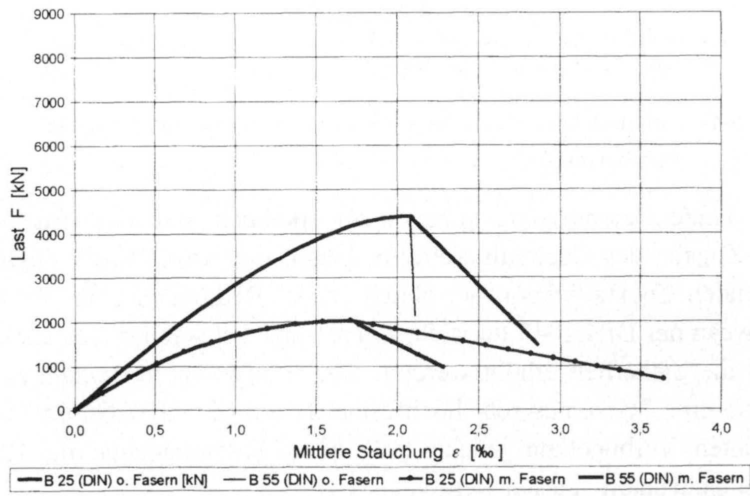


Bild 5-43 : Zentrisch belastete Stützen mit unterschiedlicher Materialduktilität

Nach Zugabe eines Fasercocktails mit 40 kg/m³ Stahlfasern und 1 kg/m³ Polypropylenfasern zu den normalfesten Mischungen verhalten sich die entsprechenden Stützen erwartungsgemäß erheblich duktiler (Bild 5-43). Der Vergleich der Entfestigungsgrade zeigt, daß für die höherfeste Stütze ($f_c$ = 55 N/mm²) nach Zugabe

des Fasercocktails etwa ein ähnliches Versagensverhalten wie für die faserfreie mit niedrigeren Festigkeiten prognostiziert werden kann.
In Bild 5-44 bzw. Bild 5-45 sind die Ergebnisse der Bruchberechnungen bei einer Ausgangsfestigkeit von $f_c$ = 85 N/mm² und $f_c$ = 105 N/mm² aufgezeigt. Die berücksichtigten Fasercocktails beinhalteten 2 kg/m³ Polypropylen- und 40 kg/m³ (I), 80 kg/m³ (II) bzw. 120 kg/m³ (III) Stahlfasern.

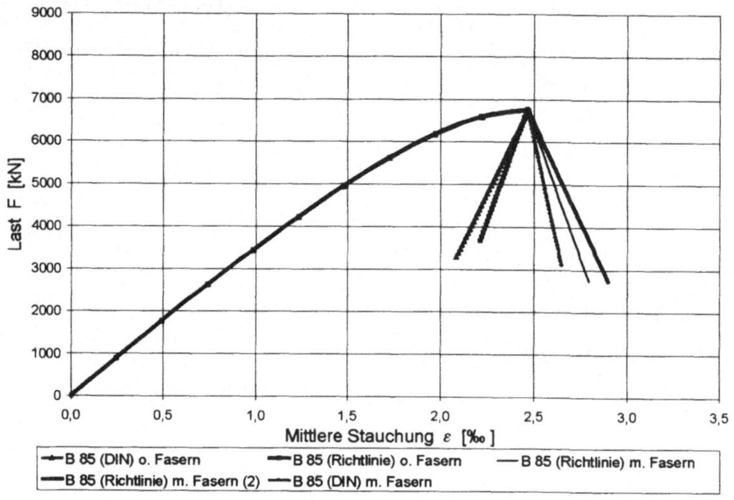


Bild 5-44 : Zentrisch belastete, hochfeste Stützen – Variation der Verbügelung und Materialduktilität

Es ist für beide Betondruckfestigkeiten zu erkennen, daß das Bruchverhalten durch die Zugabe des Cocktails auffällig begünstigt wird. Durch Zugabe eines entsprechenden Cocktails kann bei gleichzeitiger Reduzierung der Verbügelung auf das Niveau der DIN 1045 teilweise ein rechnerisch stabiles Versagen erreicht und damit die Sicherheit erhöht werden. Wie in eigenen Versuchen festgestellt wurde, kann eine Stütze aus sehr hochfestem Beton ($f_c$ = 105 N/mm³) und einer DIN-gerechten Verbügelung jedoch trotz eines Fasercocktails mit 120 kg/m³ Stahlfasern nicht stabil getestet werden.
Durch eine Kombination von Querbewehrung und Fasercocktail kann das Nachbruchverhalten von zentrisch belasteten Stützen gezielt gesteuert werden. Bei vergleichbaren Sicherheitsstandards ersetzten Fasern einen Teil der Bügelbewehrung und gewährleisten einen verbesserten Bauablauf bzw. erleichtern bei hochbewehrten Druckgliedern durch Stahleinsparungen den Einbau der restlichen Bewehrung und des Betons. Weiterhin führt die günstige Gestaltung des

Bruchverhaltens auch zu einer Erhöhung des Sicherheitsstandards, der eine bessere rechnerische Ausnutzung des Werkstoffes erlauben sollte.

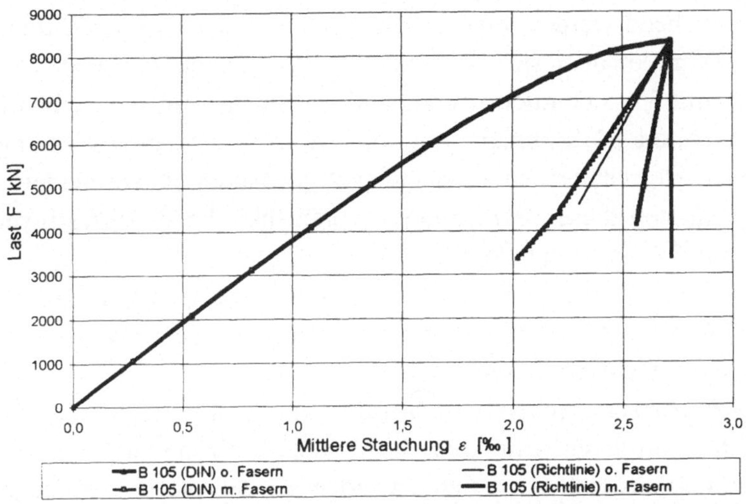


Bild 5-45 : Rechnerisches Last-Verformungsverhalten zentrisch belasteter Stützen -Variation der Verbügelung und Materialduktilität

## 5.4.7 Optimierung der Verformungskapazität

Wie in den vorstehenden Abschnitten verdeutlicht wurde, kann durch eine kombinierte Anwendung von Querbewehrung und Fasern die Verformungskapazität zentrisch beanspruchter Stützen wesentlich beeinflußt werden. Dabei wirkt sich die Zugabe eines entsprechend dosierten Fasercocktails rechnerisch günstiger aus als die Erhöhung der Bügelbewehrung. Optimierungen müssen jedoch im konkreten Anwendungsfall betrieben werden, da neben der Betonfestigkeit (Ausgangssprödigkeit) auch die Schlankheit (Verhältnis von Höhe zu Seitenlänge) maßgeblichen Einfluß auf das Versagensverhalten besitzt. Je schlanker eine Stütze wird, desto größer werden die Bauteilbereiche, die nicht in die Bruchzone involviert sind und sich nach Überschreiten der Höchstlast entspannen. Der Energieanteil, der in diesen Abschnitten freigesetzt wird muß durch die Verformungsfähigkeit der Bruchprozeßzone verzehrt werden. Bei sehr schlanken Stützen, wenn dieser elastische Anteil zu groß wird, würde sich die gezielte Ausbildung von mehreren Bruchprozeßzonen günstig erweisen. Dies könnte durch konstruktive Maßnahmen gesteuert werden.

Um dennoch Größenordnungen für benötigte Dosierungen des Fasercocktails zu erhalten, sind mit dem beschriebenen Modell einige Berechnungen durchgeführt worden. Dabei wurden quadratische Stützen modelliert, deren Länge 275 cm betrugen. Vergleichend wurden jeweils Seitenlängen von 24 cm und 30 cm gegenübergestellt. Damit ergaben sich Schlankheiten (l/d) von ca. 11,5 bzw. ca. 9.
Wie in Abschnitt 5.4.6 deutlich wurde, sind bei Stützen mit sehr hohen Druckfestigkeiten besondere Maßnahmen nötig, um ein explosionsartiges Versagen, ausgedrückt durch ein rechnerisches „snap-back“ Verhalten, zu vermeiden. Deshalb werden im Rahmen dieser Berechnungen praxisübliche Druckfestigkeiten von $f_c = 65$ MPa bis $f_c = 85$ MPa untersucht.
Alle Stützen werden unter Ansatz einer Mindestlängsbewehrung gerechnet, der Querbewehrungsgehalt variiert zwischen den Vorgaben der DIN 1045 [5.34] und der Richtlinie für hochfesten Beton [5.10].
In Tabelle 5-3 sind entsprechende Richtwerte für die Dosierungen des Fasercocktails aufgeführt. Mit deren Hilfe kann die Bruchprozeßzone mit einer ausreichenden Verformungskapazität ausgestattet werden, so daß die freiwerdenden elastischen Energien der übrigen Bereiche kompensiert werden können. Dadurch wird ein sprödes Versagen vermieden.

| **Betonfestigkeit $f_c$ [MPa]** | **d [cm]** | **Konstruktive Durchbildung DIN 1045** | **Konstruktive Durchbildung Richtlinie für hochfesten Beton** |
|---|---|---|---|
| **65** | 24 | 1 kg/m³ Polypropylenfasern<br>30 – 40 kg/m³ Stahlfasern | 1 kg/m³ Polypropylenfasern<br>25 – 30 kg/m³ Stahlfasern |
| | 30 | 1 kg/m³ Polypropylenfasern<br>25 – 30 kg/m³ Stahlfasern | Ohne Fasercocktail |
| **75** | 24 | 1 - 2 kg/m³ Polypropylenfasern<br>80 – 100 kg/m³ Stahlfasern | 1 - 2 kg/m³ Polypropylenfasern<br>60 – 80 kg/m³ Stahlfasern |
| | 30 | 1 - 2 kg/m³ Polypropylenfasern<br>50 – 60 kg/m³ Stahlfasern | 1 - 2 kg/m³ Polypropylenfasern<br>40 – 50 kg/m³ Stahlfasern |
| **85** | 24 | 2 kg/m³ Polypropylenfasern<br>120 – 140 kg/m³ Stahlfasern | 2 kg/m³ Polypropylenfasern<br>80 – 100 kg/m³ Stahlfasern |
| | 30 | 2 kg/m³ Polypropylenfasern<br>80 – 100 kg/m³ Stahlfasern | 2 kg/m³ Polypropylenfasern<br>60 – 80 kg/m³ Stahlfasern |

Tabelle 5-3 : Richtwerte für ausreichende Verformbarkeiten von Stützen

# 6 Schubtragfähigkeit stahlfaserverstärkter Balken

## 6.1 Allgemeine Einführung

In Bauteilen üblicher Hochbaukonstruktionen treten im Regelfall neben Normal- und Biegebeanspruchungen zusätzlich Querkräfte auf, die Schubspannungen $\tau$ hervorrufen. Diese sind nach der Elastizitätstheorie „Hilfskräfte", die von der äußeren Belastung eines Bauteils und besonders von der Orientierung des verwendeten Koordinatensystems abhängen. Schneidet man aus einem belasteten Prüfkörper ein beliebiges Volumenelement mit infinitesimalen Abmessungen (siehe Bild 6.1a), so beschreibt der Spannungsvektor $\vec{t}$ den Zustand des betrachteten Elements. Er kann in eine Komponente normal zur Schnittfläche, die sog. Normalspannung $\sigma$, und in einen tangentialen Anteil, die sog. Schubspannung $\tau$, zerlegt werden. Die Größe dieser Komponenten ist abhängig von der Betrachtungsrichtung. Die Hauptrichtung $\varphi$ definiert dabei den Schnittwinkel, für den die Normalspannungen $\sigma_1$ und $\sigma_2$ Extremwerte annehmen und die tangentialen Spannungen $\tau$ verschwinden (siehe Bild 6.1b). Andererseits kann auch eine Hauptspannungsrichtung $\varphi^{**}$ bestimmt werden, bei der die Spannungen in tangentialer Richtung Extremwerte annehmen (siehe Bild 6.1c).

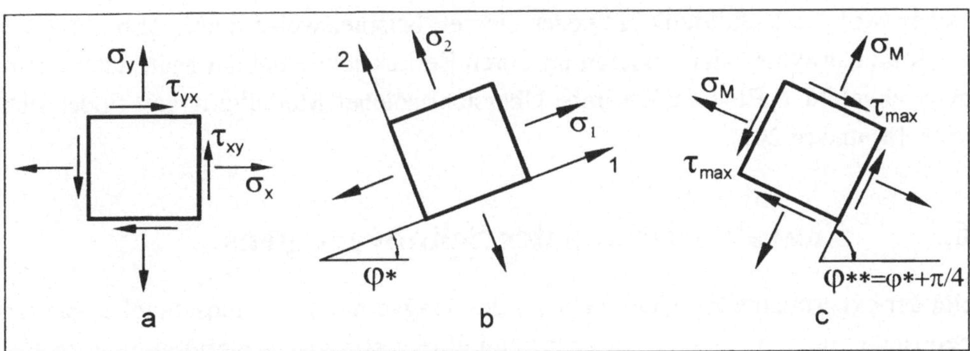


Bild 6.1 : Spannungskomponenten am infinitesimalen Element

Es verdeutlicht sich *Leonhardts* Auffassung in [6.1], Schubspannungen seien reine Vorstellungsgrößen, deren Existenz einzig auf der Tatsache beruhten, daß die Hauptspannungen nicht parallel zu den gewählten Koordinatenachsen orientiert seien. Weiterhin trägt dies wesentlich zum Verständnis des Lastabtragungsverhal-

tens unter Querkraftbeanspruchung bei. Baustatische Untersuchungen reduzieren komplexe Tragstrukturen oft auf stabförmige Ersatzsysteme, für die ein karthesisches Koordinatensystem gewählt wird. Die Koordinatenachsen orientieren sich an der Längsachse des Systems bzw. werden darauf aufbauend per Definition der Richtungsorientierung festgelegt (z.B. „rechte Hand-Regel“). Schubspannungen in stabförmigen Tragmodellen nehmen so untereinander vergleichbare Größenordnungen an, denen durch Bemessungsvorschriften begegnet werden kann.
Bei der phänomenologischen Untersuchung des Lastverlaufes und daraus resultierenden Versagens spielen solche Definitionen eine untergeordnete Rolle. Die für Umlagerungen und Neubildung innerer Abtragungsmechanismen verantwortliche Entwicklung von Rißläufen kann nur vor dem erläuterten Hintergrund geschehen. Dabei muß bedacht werden, daß die modellhaften Vorstellungen der Elastizitätstheorie im gerissenen Zustand nicht mehr gültig sind. Erreicht die Haupzugspannung $\sigma_2$ die Zugfestigkeit des Betons, so entstehen lokale Bruchprozeßzonen. Mit beginnender Entfestigung des Zuggurtes verliert die Elastizitätstheorie ihre Gültigkeit. Einerseits sind neue Rißverläufe und die damit verbundenen Kraftumlagerungen probablistischer Natur. Andererseits können die Entfestigungscharakteristiken eines Materials durch die Bruchmechanik formuliert werden. Trotz dieser Möglichkeit ist der Lastabtrag in gerissenen Konstruktionen kompliziert zu beschreiben. Zur Quantifizierung der Tragfähigkeit auf Bauteil - Ebene werden solche Mechanismen deshalb mit vereinfachten Modellen beschrieben. Dabei wird die Rißbildung entweder diskret, beispielsweise durch Abbildung einer Kammstruktur, oder verschmiert durch Berücksichtigung der Materialentfestigung abgebildet. Eine ausführliche Übersicht solcher Modellierungen findet sich in [6.18] und [6.20].

## 6.2 Charakteristiken des Schubversagens

Bei der experimentellen Untersuchung des Tragverhaltens schubschlanker Balken beobachtet man zu Beginn der Belastung eine verstärkte Biegerißbildung im Bereich des größten Momentes. Diese Risse breiten sich mit zunehmender Last zu den weniger beanspruchten Bereichen aus. Die horizontalen Abstände werden durch die Verbundverhältnisse von Längsbewehrung und Beton bestimmt. Sie leiten rißüberbrückende Zugkräfte von der Bewehrung wieder in den Beton ein. Ein neuer Riß entsteht, wenn die Zugfestigkeit des Betons erreicht wird. Dasselbe gilt auch für das vertikale Rißwachstum in Richtung der Biegedruckzone. Bei einer symmetrischen Versuchsanordnung mit zwei Einzellasten bleiben sie im mittleren, querkraftfreien Bereich auch unter zunehmender Belastung vertikal orientiert. Im Bereich zwischen Lasteinleitungspunkt und Auflager überlagert sich der linear abnehmende Momentenverlauf mit einer konstanten Querkraftbeanspruchung. Unter dieser Kombination ändert sich die Richtung der Hauptspannungen. Die Rißverläufe passen sich dem Verlauf der Hauptdruckspannungstrajektorien an (siehe Bild 6.2) und orientieren sich gemäß [6.20] häufig unter einem Winkel von ca. 70° zur Längsachse. Bei weiterer Laststeigerung verändern die Rißverläufe erneut die Ausrichtung hin zur Lasteinleitung. Im wesentlichen unterscheidet man drei mögliche Versagensformen unter Schubbeanspruchung.

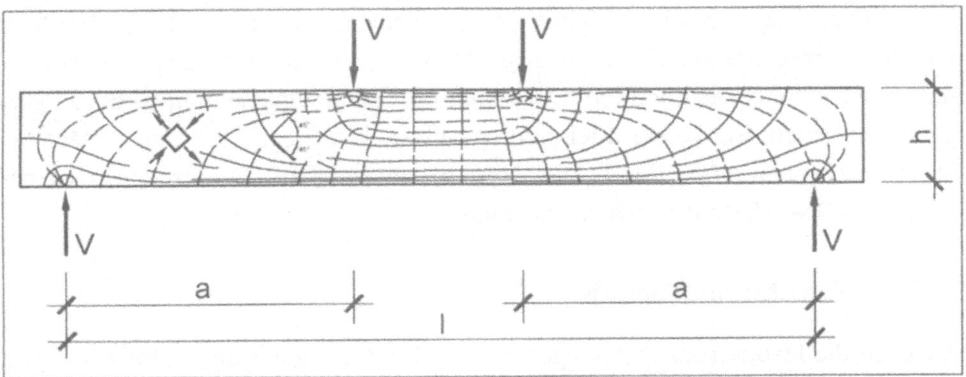


Bild 6.2 : Spannungstrajektorien im ungerissenen Zustand, aus [6.20]

### 6.2.1 Biegeschubbruch

Ein Biegeschubbruch stellt sich bei schlanken Balken ein. Dabei errechnet sich die sog. Schubschlankheit $\lambda_s$ unter Belastungen aus dem Verhältnis des Abstandes a zwischen Lasteinleitung und Auflager, sowie der statischen Nutzhöhe. Ab Verhältnissen von $\lambda_s = a/d \geq 3{,}0$ spricht man von schubschlanken Balken. Aufgrund der geometrischen Verhältnisse ist eine direkte Ableitung der Last zum Auflager nicht möglich. Für Balken unter Gleichstreckenlasten geben *Kordina Blume* in [6.3] eine äquivalente Schubschlankheit

$$\lambda_s = \frac{1}{4} \cdot \frac{l_{eff}}{d} \quad \text{an.}$$

Die sich einstellende Kinematik im Versagensfall ist in [6.20] anschaulich erläutert. Zur Lasteinleitung strebende Risse erzwingen eine Dübelreaktion der Längsbewehrung. Dabei bilden die Verbindungslinie zwischen den beiden Rißspitzen und die Stabachse kurz vor Erreichen der Tragfähigkeit einen Winkel von ca. 45°. Bei weiterer Laststeigerung beginnt der Versagensriß instabil zu wachsen. Infolge der sich hierbei einstellenden Rotation des Schubfeldes fällt die Verdübelungswirkung aus. Ein horizontaler Riß in Höhe der Längsbewehrung bildet sich aus. Bedingt durch den Ausfall des Dübels kann sich der Schrägriß instabil in die Druckzone fortpflanzen und diese zerstören. Das System versagt.

### 6.2.2 Schubzugbruch

Unter großer Querkraft- und kleiner Momentenbeanspruchung kann es bei Trägern mit dünnen Stegen in einem ungerissenen Querschnittsbereich zur Ausbildung eines Schubrisses kommen. Dazu muß die Hauptzugspannung $\sigma_2$ die Zugfestigkeit erreichen. Bei keiner oder einer zu schwachen Stegbewehrung schlägt der Riß plötzlich nach unten durch; das System versagt. Diese Versagensart ist besonders bei Spannbetonträgern zu beachten.

### 6.2.3 Schubdruckbruch

Erreichen die Hauptdruckspannungen $\sigma_1$ die Druckfestigkeit des Betons, so kann der Ausfall der Druckstreben ein Versagen des Systems herbei führen. Diese Versagensart ist maßgebend bei Trägern mit starken Gurten und dünnen Stegen, weil dort die Tragfähigkeit der Druckstreben begrenzt ist und Umlagerungsmöglichkeiten nicht vorhanden sind. Zusätzliche Bügelbewehrung kann die Druckstrebe nicht verstärken.
Zur Entwicklung eines Bemessungsmodells für Stahlfaserbetone unter Schubbeanspruchung sollen im Rahmen dieser Arbeit nur schubschlanke Balken interessieren, bei denen sich ein Biegeschubbruch einstellt.

## 6.3 Bemessungsvorschriften nach EC 2

### 6.3.1 Grundlagen des Nachweiskonzeptes

Bei der Querkraft - Bemessung nach Eurocode 2 [6.4] wird zwischen unbewehrten Bauteilen und solchen mit Schubbewehrung unterschieden.

Die Nachweise für Bauteile mit Schubbewehrung beruhen auf einer Weiterentwicklung der Fachwerkanalogie, die den Lastabtrag beschreibt. Der Obergurt dieses Fachwerks wird durch die Biegedruckzone des Balkens gebildet, der Untergurt durch die Biegezugbewehrung. Als Querstreben im Steg wirken senkrecht die eingebaute Bügelbewehrung und diagonal die geneigten Druckstreben des Betons. In der klassischen Fachwerkvorstellung, die ursprünglich von *Ritter* entwickelt und anschließend von *Mörsch* fortgeführt wurde, sind diese Betondruckstreben im parallelgurtigen Fachwerk unter einer Neigung von 45° angeordnet. Durch Untersuchungen von *Kupfer*, *Leonhardt* und *Kirmair* wurde sie um den Einfluß flacher geneigter Druckstreben bzw. eines geneigten Obergurtes, sowie Rißverzahnungswirkungen erweitert. Gemeinsam mit der Möglichkeit auch schräg geneigte Schubbewehrung anzuordnen und rechnerisch zu erfassen, liegen sie dem Nachweis der neuen europäischen Bemessungsnorm zugrunde.

Die rechnerischen Modellierungen für Bauteile ohne Schubbewehrung können im wesentlichen in drei unterschiedliche Ansätze gegliedert werden. Entweder wird das Verhalten des sich entfestigenden Zuggurtes durch eine Diskretisierung der auftretenden Risse untersucht, oder die Versagensquerkraft wird über die Resttragfähigkeit der Biegedruckzone hergeleitet.

Zuggurtuntersuchungen führen zu den Kamm- bzw. Zahnmodellen (z.B. [6.6]) bzw. auch zum sog. Parabel-Schrägriß Modell nach *König / Fischer* [6.18] [6.19]. Sie berücksichtigen den Lastabtrag über Rißöffnungen und -gleitungen, einen senkrechten und einen normalen Traganteil der Längsbewehrung sowie, im Falle der Kamm- und Zahnmodelle eine Einspannung in der Biegedruckzone. Die Anwendbarkeit solcher Modelle zur Ermittlung der Querkrafttragfähigkeit stahlfaserverstärkter Betone wird in Abschnitt 6.6 am Beispiel des Parabel-Schrägriß Modells diskutiert, die einzelnen Traganteile näher beschrieben und nötige Modifizierungen vorgestellt.

Dahingegen bauen beispielsweise das Querkraftmodell von *Specht / Scholz* [6.6] bzw. die Berechnungen von *Zink* [6.20] auf der Tragfähigkeit der Biegedruckzone auf.

Außer diesen zwei prinzipiellen Modellarten gibt es zahlreiche empirische Formeln, die auf der statistischen Auswertung von Versuchen basieren. Durch die Variation unterschiedlicher Parameter - dem Längsbewehrungsgehalt $\mu_l$, der Bauteilgeometrie, der Schubschlankheit $\lambda_s$, den Betonfestigkeiten - werden die jeweiligen Einflüsse auf die globale Schubtragfähigkeit ermittelt. Eine Anwendbarkeit solcher empirischer Ableitungen zur Berechnung der Schubtragfähigkeit beschränkt sich jedoch auf den durch Versuchswerte erfassten Variationsbereich der Ausgangsparameter. Die Extrapolation solcher Gesetzmäßigkeiten sollte deshalb mit Skepsis betrachtet werden.

### 6.3.2 Das Nachweisverfahren nach EC 2

Die Verfahren des Eurocode 2 zur Bemessung von Stahlbetonbauteilen erfordern den Nachweis, daß eine auf die Struktur einwirkende Belastung $V_{sd}$ aufgenommen werden kann. Dabei müssen Teilsicherheitsbeiwerte für die Belastung und den Bauteilwiderstand berücksichtigt werden.

$$V_{Sd} \leq V_{Rd} \tag{6.1}$$

mit $V_{Sd}$ = aufzunehmende Bemessungsquerkraft
$V_{Rd}$ = Bauteilwiderstand

Bei der Berechnung des Bauteilwiderstands unterscheidet man weiterhin drei mögliche Grenzbereiche :

- Der Grenzwert $V_{Rd1}$ entspricht dem Querkraftanteil, den der Betonquerschnitt ohne zusätzliche Schubbewehrung aufnehmen kann.
- Der Wert $V_{Rd2}$ ist der Grenzwert der Schubtragfähigkeit, der durch die Festigkeit der Druckstrebe begrenzt wird. Dabei wird eine Abnahme der Druckfestigkeit infolge wirkender Querzugkräfte berücksichtigt.
- $V_{Rd3}$ entspricht dem Grenzwert der aufnehmbaren Querkraft, der bei beginnendem Fließen der Schubbewehrung erreicht wird.

### 6.3.3 Zum Einfluß von Stahlfasern

Der Einfluß von Stahlfasern auf die Materialeigenschaften von Beton wurde in Kapitel 2 dieser Arbeit ausführlich dargestellt. Hinsichtlich der Entwicklung eines Bemessungsverfahrens für Stahlfasern scheint eine Erweiterung des in Kapitel 6.3.2 vorgestellten Verfahrens aus zwei Gründen sinnvoll. Erstens sollte ein Bemessungskonzept einen stetigen Übergang von faserfreien zu faserverstärkten Betonen ermöglichen. So wird deutlich, daß es sich bei Stahlfaserbeton nicht um ein neues Material handelt, sondern lediglich um einen Beton mit variabler Duktilität. Zweitens finden neue Bemessungsverfahren, die sich aus bekannten Regelwerken ableiten bzw. sich an diese anlehnen zu einer schnelleren und größeren

Akzeptanz in der Praxis. Vor diesem Hintergrund sollen die vorgestellten Bemessungsgrenzwerte $V_{Rd1-3}$ auf eine Modifizierung hinsichtlich der Erweiterung auf Stahlfaserbetone diskutiert werden.
Der Bauteilwiderstand $V_{Rd2}$, der die Grenztragfähigkeit der Betondruckstrebe widerspiegelt, errechnet sich gemäß Gleichung (6.2).

$$V_{Rd2} = \nu \cdot f_{cd} \cdot b_w \cdot z \cdot \frac{(\cot\theta + \cot\alpha)}{(1 + \cot^2\alpha)} \tag{6.2}$$

mit

| | | |
|---|---|---|
| $\nu$ | = | Abminderungsfaktor zur Berücksichtigung der Verringerung der Druckfestigkeit $f_{cd}$ infolge vorhandener Querzugspannungen |
| $f_{cd}$ | = | Bemessungswert der Betondruckfestigkeit |
| $b_w$ | = | Stegbreite des Querschnittes |
| $z$ | = | Innerer Hebelarm |
| $\theta$ | = | Neigungswinkel der Druckstrebe |
| $\alpha$ | = | Neigungswinkel der Bügelbewehrung |

Der Einfluß von Stahlfasern auf diese Tragfähigkeit ist sicherlich gering und könnte höchstens den Abminderungsfaktor $\nu$ beeinflussen. Aufgrund fehlender experimenteller Untersuchungen ist dies derzeit jedoch nicht geklärt, der Bemessungswert $V_{Rd2}$ sollte deshalb unverändert für Stahlfaserbeton übernommen werden.
Der Bemessungswert $V_{Rd3}$, der den Fließbeginn der Bügelbewehrung kennzeichnet, bestimmt sich gemäß Gleichung (6.3) wenn mit veränderlicher Druckstrebenneigung gerechnet wird. Gleichung (6.3a) wird für das Standardverfahren mit einer Neigung der Druckstrebe von 45° verwendet.

$$V_{Rd3} = V_{wd} \tag{6.3}$$

$$V_{Rd3} = V_{wd} + V_{cd} \tag{6.4}$$

Dabei ergibt sich die durch die Querbewehrung aufnehmbare Querkraft $V_{wd}$ in Abhängigkeit des gewählten Fachwerkmodells allgemein zu :

$$V_{wd} = \frac{A_{sw}}{s_{bü}} \cdot f_{yd} \cdot z \cdot (\cot\theta + \cot\alpha) \cdot \sin\alpha \tag{6.5}$$

mit

$A_{sw}$ = Querschnitt der Bügelbewehrung
$s_{bü}$ = Abstand der Bügel
$f_{yd}$ = Bemessungswert der Streckgrenze des Betonstahls
$z$ = Innerer Hebelarm
$\theta$ = Neigungswinkel der Druckstrebe
$\alpha$ = Neigungswinkel der Bügelbewehrung

Aufgrund der Unterschätzung des Traganteils darf bei Anwendung des Standardverfahrens noch der Betonanteil $V_{cd}$ zusätzlich angesetzt werden. Gemäß [6.4] kann dazu vereinfachend der Grenzwert $V_{Rd1}$ angesetzt werden.
Dieser Betontraganteil $V_{cd}$ wird durch die Zugabe von Stahlfasern gesteigert. Für faserfreie Betone wird nach Eurocode 2 [6.4] folgender Bemessungswert angesetzt werden.

$$V_{Rd1} = (\tau_{Rd} \cdot k_{EC} \cdot (1{,}2 + 40 \cdot \mu_l) + 0{,}15 \cdot \sigma_{cp}) \cdot b_w \cdot d \tag{6.6}$$

mit

$\tau_{Rd}$ = Grundwert der Bemessungsschubfestigkeit
$k_{EC}$ = Faktor zur Berücksichtigung des Maßstabeffekts
$\mu_l$ = geometrischer Bewehrungsgrad
$\sigma_{cp}$ = vorhandene Normalkraft, z.B. aus Vorspannung (als Druckkraft positiv)
$b_w$ = Stegbreite des Querschnittes

Unter Berücksichtigung der beschriebenen Charakteristika des Schubversagens (siehe Kapitel 6.2) sind alle in Gleichung (6.6) verwendeten Parameter erklärbar.
Der Einfluß der Zugfestigkeit auf das Schubversagen wird durch den Grundwert der Bemessungsschubfestigkeit $\tau_{Rd}$ berücksichtigt, der sich gemäß Gleichung (6.7) berechnet. Dabei wird, wie in Bild 6-3 erkennbar, der unterproportionale Anstieg der Zugfestigkeit bei Betonen höherer Druckfestigkeiten mit einbezogen.
Der Grundwert der Bemessungsschubfestigkeit $\tau_{Rd}$ des Eurocode 2 folgt dem Verlauf der Quadratwurzel der zentrischen Zugfestigkeit $f_{ct}$. In Kapitel 6.5.2 wird hierauf näher eingegangen.

$$\tau_{Rd} = 0{,}09 \cdot f_{ck}^{1/3} \tag{6.7}$$

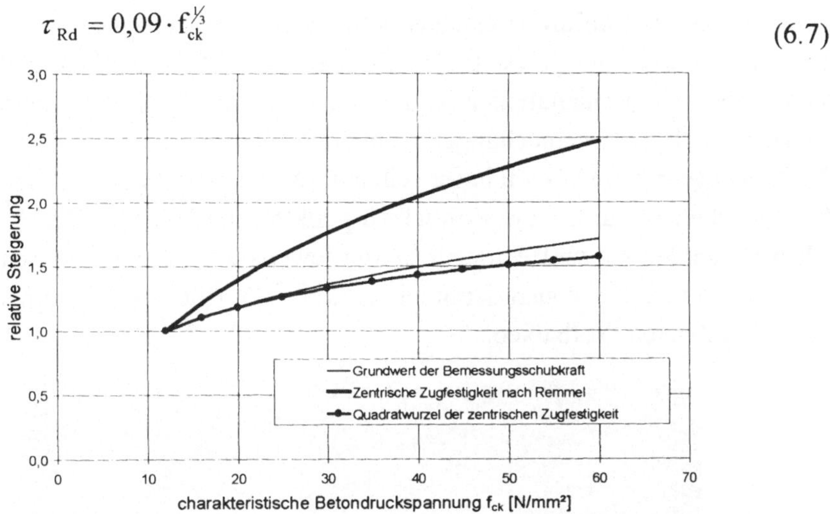


Bild 6-3: Vergleich des Grundwertes der Bemessungsschubkraft $\tau_{Rd}$ und der zentrischen Zugfestigkeit $f_{ct}$

Der sog. Maßstabseffekt, der zu einer relativen Abnahme der flächenbezogenen Schubtragfähigkeit bei ansteigenden Balkenhöhen führt, wird über einen Beiwert $k_{EC}$ berücksichtigt. Während $\sigma_{cp}$ den Einfluß einer Normalspannung berücksichtigt, wird in Gleichung (6.6) durch $\mu_l$ auch die Dübeltragfähigkeit der Längsbewehrung einbezogen.

Zur Ermittlung und Abschätzung des Einflusses der Stahlfasern auf die Schubtragfähigkeit von Beton wurden am Institut für Massivbau und Baustofftechnologie der Universität Leipzig in Zusammenarbeit mit der Materialforschungs- und Prüfanstalt (MFPA) Schubversuche an stahlfaserverstärkten Betonen durchgeführt. Die Versuchskonzeption und -ergebnisse sind im folgenden Abschnitt erläutert.

## 6.4 Experimentelle Untersuchungen an schubschlanken Balken

### 6.4.1 Versuchskonzeption

#### 6.4.1.1 Balkengeometrie und Bewehrung

Im Rahmen des durchgeführten Versuchsprogrammes sollte das Tragverhalten schubschlanker Balken ohne Bügelbewehrung ermittelt werden. Dabei wurde

insbesonders der Einfluß unterschiedlicher Betondruckfestigkeiten und variierender Stahlfasergehalte getestet. Die Einflüsse der Maßstabsabhängigkeit, unterschiedliche Schubschlankheiten $\lambda_s$ und verschiedener Balkengeometrien konnten im Rahmen dieser Untersuchungen nicht ermittelt werden.
Die Balkengeometrie l / b / h betrug einheitlich 154 cm / 30 cm / 20 cm.
An zwei Stellen wurden die Prüfbalken punktförmig belastet. Der Abstand zwischen Lasteinleitung und Auflager betrug jeweils a = 52 cm. Die Schubschlankheit $\lambda_s$ = a/d errechnete sich damit zu ca. $\lambda_s$ = 3,25. Bild 6.4 zeigt einen versuchsfertig eingebauten Prüfbalken.

Bild 6.4 : Versuchsaufbau

Der Längsbewehrungsgehalt der Balken betrug $\mu_l$ = 1,57 %. Zur Stabilisierung des Bewehrungskorbes wurden in der Druckzone 2 Bewehrungsstäbe ∅ 10 sowie im Bereich des Balkens hinter den Auflagern jeweils 3 Bügel ∅ 8 eingebaut.
Bei den stahlfaserverstärkten Balken erhöhte sich die Schubtragfähigkeit wesentlich. Es kam zu einem Überschreiten der Biegekapazität, die Druckzone der Balken versagte. Eine konzeptionelle Veränderung der Lasteinleitungspunkte durch eine lastverteilende Stahlplatte, die auf ein dünnes Mörtelbett aufgelegt wurde und infolge der Umschnürungswirkung eine Festigkeitssteigerung der Druckzone herbeiführen sollte, blieb wirkungslos. Überlegungen die Zugzone der bereits gefertigten Balken durch geklebte CFK-Laschenbewehrung zu verstärken wurden auch verworfen, da dies weitere unbekannte Versuchsparameter eingeführt hätte. Folglich mußte eine neue konstruktive Durchbildung der Stahlfaserbetonbalken

erarbeitet werden, die eine Erhöhung der Biegetragfähigkeit bewirkte, ohne dabei die Schubfelder zu beeinflussen. Realisiert wurde schließlich ein Balkenaufbau, wie in Bild 6.5 ersichtlich. Das Zugband wurde deutlich verstärkt, der Längsbewehrungsgehalt auf $\mu_l$ = 4,09 % erhöht. Gleichzeitig wurde im mittleren Balkenbereich zwischen den beiden Lasteinleitungspunkten eine verstärkte Druckzonenbewehrung eingebaut. Durch eine zusätzliche enge Verbügelung dieses Feldes (∅ 8 / s = 5 cm) sollte ein dreiachsialer Spannungszustand erzielt werden, der die Verformbarkeit der Druckzone weiter erhöht. Infolge dieser Modifizierungen konnten die maximalen Stauchungen in der Druckzone später auf $\varepsilon_b$ = 1,6 ‰ begrenzt werden.

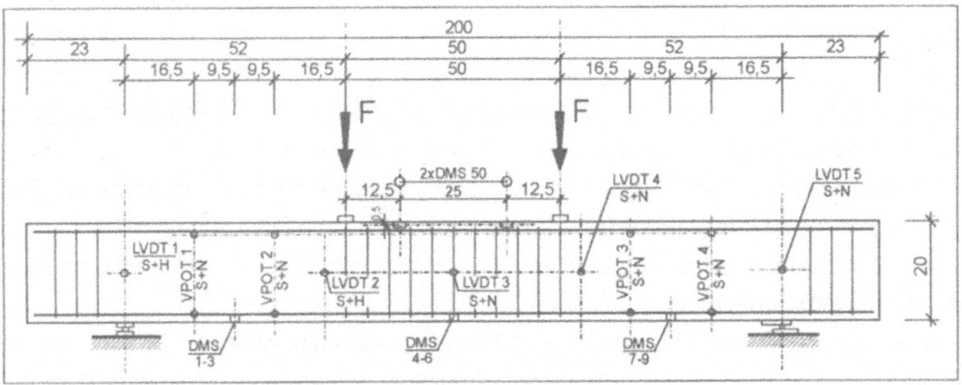


Bild 6.5 : Konstruktive Durchbildung der Schubbalken

Zur Erfassung der Bauteilreaktionen während des Belastungsvorganges sind beidseitig an 5 definierten Stellen die Durchbiegungen (LVDT) aufgezeichnet worden. Das Stauchungsverhalten der Biegedruckzone zwischen den Lasteinleitungspunkten (DMS 50) bzw. das Dehnungsverhalten der Längsbewehrung (DMS) wurde an drei Stellen gemessen. Durch induktive Wegaufnehmer konnte weiterhin das Stauchungsverhalten der Schubfelder (VPOT) an jeweils zwei Stellen pro Seite ermittelt werden. Diese vertikalen Meßbereiche im Querkraftfeld ermöglichten während der Versuchsdurchführung eine Prognose, welches der beiden konkurrierenden Schubfelder versagen würde. Die Rotation des Schubfeldes konnte anhand dieser wenigen Meßstellen nicht ermittelt werden. Hierzu wären zusätzliche horizontale Wegaufnehmer erforderlich gewesen. Die Lage der Meßbereiche ist ebenfalls in Bild 6.5 dargestellt.

#### 6.4.1.2 Betontechnologie

Untersucht wurden zwei unterschiedlicher Betonfestigkeiten, eine normalfeste (NF) und eine hochfeste (HF) Serie mit Zuschlägen aus sächsischen Vorkommen. Bei den normalfesten Betonen kamen Kieszuschläge aus Kleinpösna zum Einsatz, deren Größtkorn 16 mm betrug. Die hochfesten Betone wurden mit Splittzuschlägen aus Hartmannsdorf hergestellt. Dabei wurde ebenfalls eine Sieblinie mit einem Größtkorn von 16 mm verwendet. Zur weiteren Steigerung der Festigkeiten wurden Mikrosilica (8 M.-% des Zementes) und verflüssigende Zusatzmittel eingesetzt. Die Würfeldruckfestigkeiten betrugen nach 28 Tagen ca. $f_{cm,cube} = 47$ N/mm² (NF) bzw. ca. $f_{cm,cube} = 115$ N/mm² (HF).

Innerhalb jeder Festigkeitsserie wurden neben den faserfreien Referenzbalken (Bewehrungsführung gemäß Serie 1) jeweils 40 kg/m³ bzw. 80 kg/m³ Stahlfasern eingebaut (Bewehrungsführung gemäß Serie 2). Dies entspricht Zugabegehalten von 0,5 Vol.-% bzw. 1,0 Vol.-%. Verwendet wurde eine marktübliche Stahlfaser mit einer Länge von 30 mm und einem Durchmesser von 0,5 mm. Die Stahlfasern aus kaltgezogenem Stahl besaßen eine glatte Oberfläche mit ausgeprägten Abkröpfungen als Endverankerung.

Alle Balken und zugehörigen Prüfkörper wurden gemäß DIN 1048 gelagert und nach 28 Tagen geprüft.

Weitere Angaben zur Betontechnologie und zur Verarbeitbarkeit finden sich in Kapitel 2.

### 6.4.2 Versuchsergebnisse

Insgesamt wurden sechs Balken getestet, deren maximale Schublasten in den Tabellen 6.1 und 6.2 aufgeführt sind. Dabei sind neben den absoluten Bruchlasten $V_u$ [kN] auch die auf die Querschnittsfläche bezogenen Versagenslasten $v_u$ [MPa] aufgeführt.

| Serie | Bruchlast $V_u$ [kN] | bezogene Bruchlast $v_u$ [MPa] |
|---|---|---|
| NF - Referenz | 95,5 | 1,59 |
| HF - Referenz | 120,7 | 2,01 |

Tabelle 6.1 : Schubtragfähigkeiten der Referenzserien

| Serie | Bruchlast $V_u$ [kN] | bezogene Bruchlast $v_u$ [MPa] |
|---|---|---|
| NF - 40 kg/m³ Stahlfasern | 179,9 | 3,00 |
| NF - 40 kg/m³ Stahlfasern | 176,6 | 2,94 |
| HF - 40 kg/m³ Stahlfasern | 226,4 | 3,77 |
| HF - 80 kg/m³ Stahlfasern | 252,5 | 4,21 |

Tabelle 6.2 : Schubtragfähigkeiten der Stahlfaserbetonserien

Bei einer ersten Betrachtung der experimentellen Ergebnisse ist der stark unterproportionale Anstieg der Schubtragfähigkeit bei faserfreien Betonen ersichtlich. Trotz einer Steigerung der Würfeldruckfestigkeit um den Faktor 2,45 steigt die zugehörige Schubtragfähigkeit nur um den Faktor 1,26. Dies gilt analog für die Stahlfaserbetonserien. Nach Zugabe von 40 kg/m³ Stahlfasern unterscheiden sich die Schubtragfähigkeiten der beiden Betondruckfestigkeiten um den gleichen Faktor.

Untersuchungen zur Modellierung des Tragverhaltens finden sich in Abschnitt 6.5. In Bild 6.6 und Bild 6.7 sind die Rißverläufe der stahlfaserverstärkten Balken abgebildet.

Bild 6.6 : Rißbilder der normalfesten Versuchsserien

Dabei zeigt sich bei einer Steigerung des Fasergehaltes eine feinere Rißverteilung, die auf die erhöhte Spannungsübertragung zwischen den Rißufern zurückzuführen ist. Eine Abhängigkeit der Rißverläufe vom Fasergehalt kann nicht festgestellt werden.

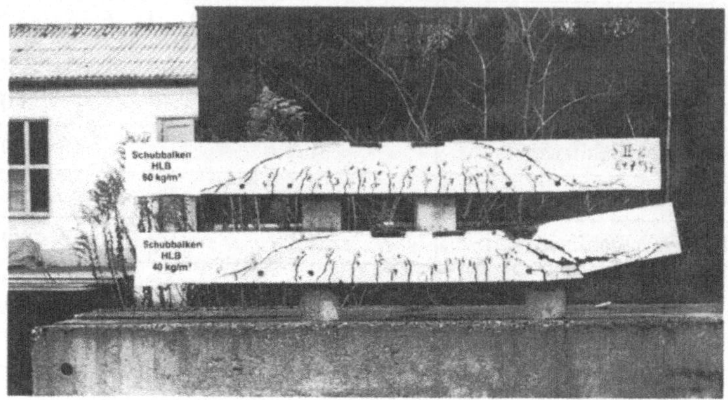


Bild 6.7 Rißbilder der hochfesten Versuchsserien

Vergleichend zu den Balken aus Stahlfaserbeton ist in Bild 6.8 das Rißbild des Schubbalkens aus faserfreien Normalbeton abgebildet. Auch diese Rißbilder bestätigen, daß die Faserzugabe keinen Einfluß auf die Ausbildung des Versagensrisses haben.

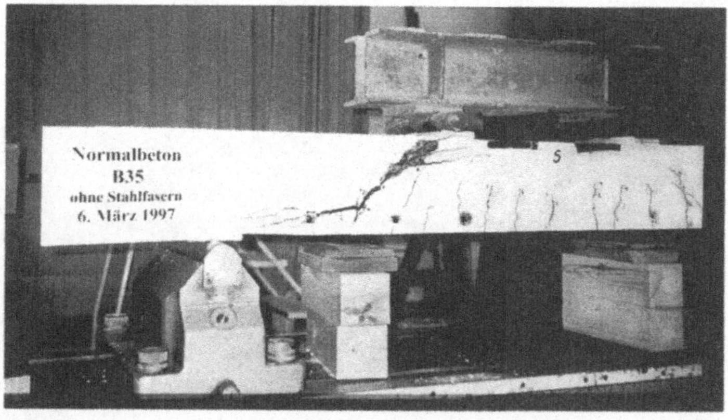


Bild 6.8 : Rißbild eines faserfreien Schubbalkens

### 6.4.3 Literaturangaben

Die geringe Anzahl der eigenen Untersuchungen reicht nur zu tendenziellen Betrachtungen des Schubtragverhaltens von Stahlfaserbeton aus. Um die folgenden theoretischen Überlegungen zu festigen, wurden weitere Ergebnisse von Schubversuchen an Stahlfaserbetonen herangezogen. Darunter eine Versuchreihe aus Budapest [6.8] ( Tabelle 6.3 ) und eine Datensammlung der Firma *Bekaert*.

| Serie | Vol. [kg/m³] | $f_{ck}$ [N/mm²] | $\lambda_s$ [–] | $\rho_\lambda$ [%] | $V_u$ [kN] | $v_u$ [MPa] |
|---|---|---|---|---|---|---|
| B 1 | 0,0 | 37,9 | 5,0 | 2,68 | 24,2 | 1,61 |
| B 2 | 40,0 | 39,8 | 5,0 | 2,68 | 29,0 | 1,93 |
| B 3 | 80,0 | 3,2 | 5,0 | 2,68 | 35,0 | 2,33 |
| B 4 | 0,0 | 42,7 | 5,0 | 2,68 | 21,6 | 1,44 |
| B 5 | 40,0 | 48,8 | 5,0 | 2,68 | 33,6 | 2,24 |
| B 6 | 80,0 | 47,2 | 5,0 | 2,68 | 44,7 | 2,98 |

Tabelle 6.3 : Versuchsergebnisse aus Budapest [6.8]

| Serie | Vol. [kg/m³] | $f_{ck}$ [N/mm²] | $\lambda_s$ [–] | $\rho_l$ [%] | $V_u$ [kN] | $v_u$ [MPa] |
|---|---|---|---|---|---|---|
| C 1 | 0,0 | 25,0 | 4,66 | 2,00 | 184,0 | 1,10 |
| C 2 | 130,0 | 25,0 | 4,66 | 2,00 | 261,0 | 1,57 |
| C 3 | 130,0 | 25,0 | 4,66 | 2,00 | 263,0 | 1,58 |
| C 4 | 0,0 | 25,0 | 3,65 | 1,30 | 38,5 | 1,14 |
| C 5 | 0,0 | 25,0 | 4,47 | 1,30 | 33,8 | 1,00 |
| C 6 | 40,0 | 25,0 | 3,65 | 1,30 | 45,0 | 1,33 |
| C 7 | 0,0 | 29,0 | 3,50 | 1,10 | 39,6 | 1,03 |
| C 8 | 80,0 | 29,0 | 3,50 | 2,00 | 67,4 | 1,75 |
| C 9 | 40,0 | 29,0 | 3,50 | 2,00 | 49,4 | 1,28 |
| C 10 | 0,0 | 29,0 | 3,50 | 2,00 | 53,6 | 1,39 |
| C 11 | 0,0 | 29,0 | 3,50 | 2,00 | 34,7 | 0,90 |
| C 12 | 80,0 | 19,0 | 3,00 | 2,00 | 79,0 | 2,73 |
| C 13 | 80,0 | 19,0 | 3,00 | 2,00 | 20,5 | 2,52 |
| C 14 | 80,0 | 19,0 | 3,00 | 1,10 | 15,7 | 2,41 |
| C 15 | 80,0 | 22,0 | 3,00 | 2,00 | 79,0 | 2,73 |
| C 16 | 80,0 | 22,0 | 3,00 | 2,00 | 23,0 | 2,83 |
| C 17 | 80,0 | 19,0 | 3,00 | 2,00 | 49,0 | 1,69 |

Tabelle 6.4 : Versuchsergebnisse der Firma Bekaert

Letztere bilden die Grundlage eines Bemessungsvorschlages für Stahlfaserbetone unter Schubbeanspruchungen, der derzeit von einer RILEM - Arbeitsgruppe[1] erarbeitet wird. Zur Modellierung wurden nur Experimente herangezogen, die eindeutig unter Schubbeanspruchung versagten und deren Schubschlankheit $\lambda_s \geq 3{,}0$ waren. Diese Versuche sind in Tabelle 6.4 abgebildet.

## 6.5 Empirische Modellierungen für Bauteile ohne Schubbewehrung

### 6.5.1 Allgemeines

Zur Ermittlung der Schubtragfähigkeit eines Materials werden meist Bauteilversuche an Balken durchgeführt, die durch zwei symmetrisch angeordnete Einzellasten beansprucht werden. Dabei hängt die Bruchlast wesentlich von der Schubschlankheit $\lambda_s$ ab. Für gedrungene Balken mit $\lambda_s$ Werten unter drei, bildet sich ein scheibenförmiger Lastabtrag durch sprengwerkartige Druckstreben aus, die die äußeren Kräfte direkt in die Auflager einleiten. Dies führt zu einem überproportionalen Anstieg der Bruchlast und ist gekennzeichnet durch ein Druckversagen des Betons im Bereich der Lasteinleitung.
Bei Schubschlankheiten $\lambda_s$ ab etwa drei versagen Balken durch Ausbildung von Zugspannungstrajektorien. Dabei kommt es während der Belastung zu einer Änderung der Hauptzugspannungsrichtung und zur Ausbildung des charakteristischen Schrägrisses. Dieser entwickelt sich im Versagensaugenblick plötzlich zur Lasteinleitung bzw. zum Auflager hin.
Infolge dieser Rotation der Hauptspannungen und der Überlagerung mehrerer unterschiedlicher Tragmechanismen ist das Trag- und Versagensverhalten solcher schubschlanker Balken schwer zu beschreiben.
Die in bisherigen Regelwerken formulierten Bemessungsansätze basieren fast ausschließlich auf der statistischen Auswertung von Versuchsdaten. Solche empirischen Abhängigkeiten beschreiben das Tragverhalten allerdings nur, wenn die Eingangsparameter im Rahmen der statistisch untersuchten Variationen liegen. Eine Extrapolation auf Werte außerhalb dieser Bereiche ist schwierig.

[1] Herrn Dr.-Ing. M. Teutsch (TU Braunschweig), Mitglied dieser Arbeitsgruppe, sei für die zur Verfügung gestellten Daten gedankt.

Infolge der charakteristischen Rißbildungen ist die Zugfestigkeit eine für die Beschreibung des Schubtragverhaltens maßgebende Einflußgröße. Sie wächst im Vergleich zur Druckfestigkeit bei hochfesten Betonen nur unterproportional mit an. Eine generelle Erweiterung verwendeter empirischer Berechnungsverfahren kann deshalb nicht vorgenommen werden. *König* und *Fischer* weisen hierauf in [6.10] hin.
*Hillerborg* prognostiziert in [6.15] eine direkte Proportionalität der Schubtragfähigkeit zur charakteristischen Länge $l_{ch}$, d.h. zur Materialsprödigkeit.
*Remmel* formuliert in [6.17] eine Gleichung zur Beschreibung des Schubtragverhaltens schlanker Balken unter Verwendung der Bruchenergie $G_f$. Diese empirische Gleichung berücksichtigt neben der Duktilität auch den Längsbewehrungsgrad, den Einfluß der Zugfestigkeit und die Bauteilhöhe. Die Gewichtung der Parameter wird anhand statistischer Auswertungen vorgenommen.
Dahingegen schlägt *Fischer* in [6.18] ein Versagensmodell für schubschlanke Balken ohne Schubbewehrung vor, das auf mechanisch begründeten Annahmen beruht. Zur Bestimmung der Bruchlast formuliert er ein Kräftegleichgewicht, das im Zustand der Rotation des charakteristischen Versagensrisses um seine Rißspitze entsteht. Neben den im Schrägriß wirkenden Spannungen werden auch die Zugkraft in der Längsbewehrung und deren Verdübelungswirkung berücksichtigt.
*Zink* leitet in [6.20] die Versagensquerkraft in Abhängigkeit der Tragfähigkeit der Druckzone ab.

### 6.5.2 Die Auswertungen von *Gustafsson* / *Hillerborg*

*Hillerborg*, der als erster mit seinem fictitious crack model (FCM, siehe auch Kapitel 2) bruchmechanische Kenngrößen im Betonbau einführte, beschäftigte sich auch mit dem Schubtragverhalten von Stahlbetonbalken.
Im Gegensatz zu *Fischer* (siehe Kapitel 6.5.3) gehen *Gustafsson* und *Hillerborg* [6.15] [6.16] von einer stochastischen Rißverteilung aus. Vereinfacht wurden die Schubrißverläufe, je nach Entfernung zum Auflager, durch bi- bzw. trilineare Formen abgebildet und die Rißspannungen integriert. Dabei kennzeichnet die geringste dieser rechnerischen Querkräfte den Rißverlauf, der für das Versagen maßgeblich ist. Folgende Eigenschaften wurden bei den Nachrechnungen vorausgesetzt :

- Beton und Stahl verhalten sich unter Bruchlast noch linear
- das Spannungs-Rißöffnungsgesetz $\sigma$-w ist linear

- die Einflüsse aus *aggregate interlock* und Verdübelungswirkung der Längsbewehrung werden nicht berücksichtigt
- die Verbundspannungs - Schlupf Beziehung $\tau - \delta$ ist elastisch - plastisch
- das Versagenskriterium der Druckzone basiert auf einem modifizierten Kriterium nach *Coulomb - Mohr*
- Prinzipielle Rißgeometrie ist vorgegeben

Die Berechnungen wurden an 3-punkt belasteten Balken unter Variation der Schubschlankheit $\lambda_s$ ($3 \leq \lambda_s \leq 9$), des Bewehrungsgrades $\mu_l$ ($0,5\ \% \leq \mu_l \leq 2,0\ \%$) und der Balkenhöhe bzw. der statischen Höhe durchgeführt.
Aufgrund der vorausgesetzten Vereinfachungen, insbesondere der Unterschlagung der tangentialen Tragwirkungen des *aggregate interlock* bzw. der Dübelwirkung der Längsbewehrung, können durch die Berechnungen keine Versuche direkt nachgerechnet werden. Hauptziel der Untersuchungen war es auch, Einflußtendenzen unterschiedlicher Parameter auf die Schubtragfähigkeit zu ermitteln, die nachfolgend aufgeführt sind :

- Betonzugfestigkeit $f_{ct}$
- Balkenhöhe d
- Materialduktilität $l_{ch}$, $G_f$
- Längsbewehrungsgrad $\rho_l$
- Schubschlankheit $\lambda$

Dabei konnte für die Schubtragfähigkeit $V_u$ folgende Proportionalität ermittelt werden :

$$V_u \sim \left(\frac{l_{ch}}{d}\right)^{1/4} \cdot f_{ct} = \sqrt[4]{\frac{E \cdot G_f}{d} \cdot f_{ct}^2} \tag{6.8}$$

Gleichung (6.8) postuliert, daß sich die Schubtragfähigkeit entgegen anderer Überlegungen, nicht direkt proprotional zur zentrischen Zugfestigkeit $f_{ct}$ verhält, sondern proportional zur Quadratwurzel. Der Maßstabseffekt und die Materialduktilität werden mittels der vierten Wurzel berücksichtigt. Dies unterscheidet sich von den Ergebnissen *Remmel's*, dessen Auswertungen in [6.17] eine Ansatzfunktion zur Beschreibung der Schubtragfähigkeit gemäß Gleichung (6.9) ergab.

$$v_u = c \cdot \sqrt[3]{\frac{l_{ch} \cdot \rho}{d}} \cdot f_{ct} = c \cdot \sqrt[3]{\frac{E \cdot G_f \cdot \rho}{d}} \cdot f_{ct} \tag{6.9}$$

In (6.9) wird der Einfluß der Duktilität des Materials und des Maßstabseffektes mit der dritten Wurzel berücksichtigt. Er ist damit ausgeprägter als in den Schlußfolgerungen *Hillerborg's* und *Gustafsson's*. Die Zugfestigkeit $f_{ct}$ hingegen hat einen abgeschwächteren Einfluß.

### 6.5.3 Berücksichtigung durch einen Proportionalitätsfaktor

Durch die Zugabe von Stahlfasern verändert sich bekanntermaßen nur die Duktilität des Betons. Die vorgestellten empirischen Ergebnisse von *Hillerborg* und *Gustafsson* (Gleichung 6.8) bzw. *Remmel* (Gleichung 6.9) ermöglichen beide die Berechnung eines Proportionalitätsfaktors der Schubtragfähigkeit in Abhängigkeit der Materialverformbarkeit, allerdings mit unterschiedlicher Gewichtung. Ausgehend von der Tragfähigkeit eines geometrisch gleichen Referenzbalkens, kann die Querkrafttragfähigkeit von Balken aus Stahlfaserbeton damit gemäß Gleichung (6.10) ermittelt werden.

$$V_{Stahlfaserbeton} = V_{Referenzbeton} \cdot \chi_{Fasern} \tag{6.10}$$

Dieser Ansatz erscheint auf den ersten Blick unpraktisch, weil die Schubtragfähigkeit eines Referenzbalkens zur Berechnung nötig ist. Dieser Kritikpunkt verliert sich aber vor dem Hintergrund der umfangreichen Untersuchungen und Formulierungen, die für faserfreie Betone bereits existieren. $V_{Referenzbeton}$ kann mit jedem beliebigen brauchbaren Ansatz, z.B. nach *Fischer* oder *Remmel* errechnet oder experimentell ermittelt werden.

Der Beiwert $\chi_{Fasern}$ beschreibt den Einfluß der Duktilität auf die Schubtragfähigkeit infolge der Faserzugabe. Die Untersuchungen von *Hillerborg & Gustafsson* zugrunde legend, errechnet sich der Erhöhungsfaktor $\chi_{Fasern}$:

$$\chi_{Fasern} = \frac{\sqrt[4]{l_{ch,Fasern}}}{\sqrt[4]{l_{ch,Referenzbeton}}} \tag{6.11}$$

Nach der Ansatzfunktion *Remmel's* würde $\chi_{Fasern}$ unter Berücksichtigung der dritten Wurzel berechnet.

Die charakteristischen Längen faserfreier Betone können problemlos ermittelt werden (siehe Kapitel 2). Sie sind in Abhängigkeit der Zylinderdruckfestigkeit $f_{cm}$ nachfolgend in Tabelle 6-5 aufgeführt. Dabei wurde der Elastizitätsmodul gemäß Eurocode 2, Teil 1 angesetzt, die Bruchenergie $G_f$ und die zentrische Zugfestigkeit $f_{ct}$ nach den Ergebnissen von *Remmel* [6.17] berücksichtigt.

| **$f_{cm}$ [N/mm²]** | **20** | **25** | **30** | **35** | **40** | **45** | **50** | **55** | **60** | **65** |
|---|---|---|---|---|---|---|---|---|---|---|
| $l_{ch}$ [mm] | 339,5 | 320,7 | 308,0 | 298,8 | 292,0 | 286,7 | 282,5 | 279,1 | 276,4 | 274,2 |
| $l_{ch}^{0,25}$ [$mm^{0,25}$] | 4,292 | 4,232 | 4,189 | 4,158 | 4,134 | 4,115 | 4,100 | 4,087 | 4,077 | 4,069 |
| $l_{ch}^{0,33}$ [$mm^{0,33}$] | 6,976 | 6,845 | 6,753 | 6,685 | 6,634 | 6,594 | 6,561 | 6,535 | 6,514 | 6,496 |

Tabelle 6-5a : charakteristische Längen faserfreier Betone mit entsprechenden Wichtungen

| **$f_{cm}$ [N/mm²]** | **70** | **75** | **80** | **85** | **90** | **95** | **100** | **105** | **110** | **115** |
|---|---|---|---|---|---|---|---|---|---|---|
| $l_{ch}$ [mm] | 272,3 | 270,7 | 269,4 | 268,3 | 267,4 | 266,6 | 266,0 | 265,4 | 264,9 | 264,5 |
| $l_{ch}^{0,25}$ [$mm^{0,25}$] | 4,062 | 4,056 | 4,051 | 4,047 | 4,044 | 4,041 | 4,038 | 4,036 | 4,034 | 4,033 |
| $l_{ch}^{0,33}$ [$mm^{0,33}$] | 6,482 | 6,469 | 6,459 | 6,450 | 6,443 | 6,436 | 6,431 | 6,426 | 6,423 | 6,419 |

Tabelle 6-5b : charakteristische Längen faserfreier Betone mit entsprechenden Wichtungen

Die charkteristischen Längen der faserverstärkten Betone errechnen sich unter Berücksichtigung der jeweiligen Zugabemengen und Fasereigenschaften gemäß Kapitel 4. Dabei kann das dort vorgestellte vereinfachte trilineare Entfestigungsmodell angewendet werden. Die Reibungsspannung $\tau_m$ wurde gemäß Tabelle 6-6 angesetzt. Die Nachrechnungen bestätigten den großen Einfluß der Verbundgesetze auf die Ergebnisse. Bei den eigenen Versuchsreihen und der Budapester [6.8] wurde für $V_{Referenzbeton}$ die experimentelle Bruchlast des faserfreien Balkens angesetzt. Da bei den Versuchsreihen der Firma *Bekaert* dieser Wert nicht immer getestet wurde, sind die Modellierungen dieser Serie (Bezeichnung „C-") auf einen Rechenwert bezogen, der mit der empirischen Formel nach *Remmel* ermittelt wurde.

Nachfolgend sind die experimentellen und modellierten Tragfähigkeiten aufgeführt. Dabei wurden die Duktilitätsgewichtung nach *Hillerborg / Gustafsson* (Bild 6-9a) und *Remmel* (Bild 6-9b) verglichen.

| **Versuchsreihe** | **Reibungsspannung** $\tau_m$ **[N/mm²]** |
|---|---|
| Eigene Versuche | 3,0 (normalfest)<br>5,0 (hochfest) |
| Budapest | 3,0 (normalfest) |
| Firma Bekaert | 2,0 (normalfest) |

Tabelle 6-6 : angesetzte Verbundfestigkeiten

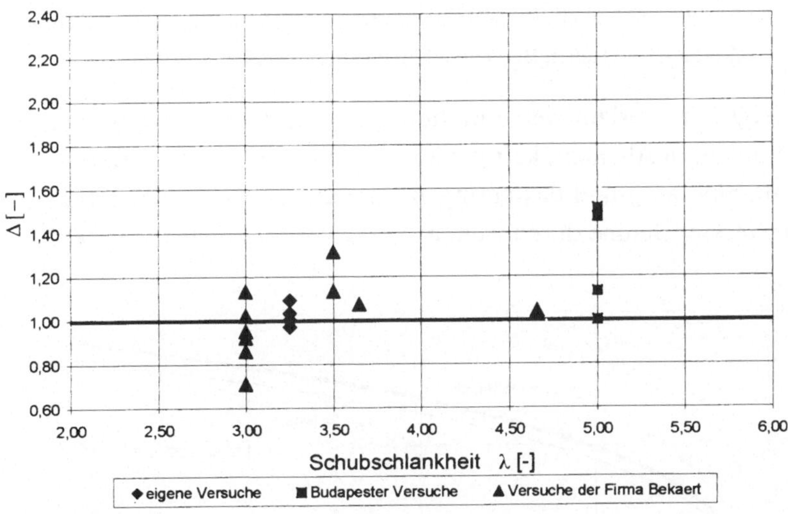


Bild 6.9a : Schubtragfähigkeit, Proportionalitätsfaktor und Gewichtung nach *Hillerborg*
Vergleich zwischen Berechnung und experimentellen Ergebnissen

Die Diagramme 6-9 a und b verdeutlichen, daß die Gewichtung der Materialdukilität gemäß des Vorschlages von *Hillerborg / Gustafsson* bessere Übereinstimmungen zwischen Versuch und Modellierung erzeugt als die Ergebnisse *Remmel's*. Damit können die Schubtragfähigkeiten von Balken aus Stahlfaserbeton mit den in Abschnitt 4 vorgestellten Duktilitätsberechnungen sehr gut und einfach abgeschätzt werden.

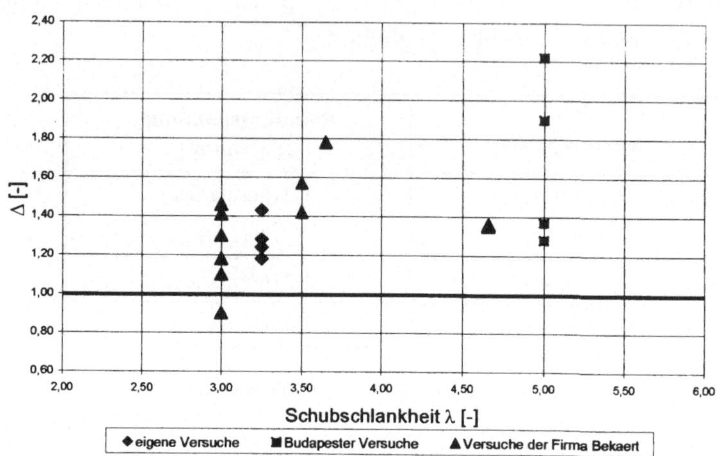


Bild 6.9b : Schubtragfähigkeit, Proportionalitätsfaktor und Gewichtung nach Remmel Vergleich zwischen Berechnung und experimentellen Ergebnissen

Bild 6-10 zeigt den Verlauf der Funktion $\chi_{Fasern}$ und damit die Steigerung der Schubtragfähigkeit in Abhängigkeit zur Materialduktilität ausgewertet.
Dieser Ansatz muß aufgrund des geringen Datenmaterials zur Schubtragfähigkeit stahlfaserverstärkter Betone durch weitere Versuche untermauert werden.

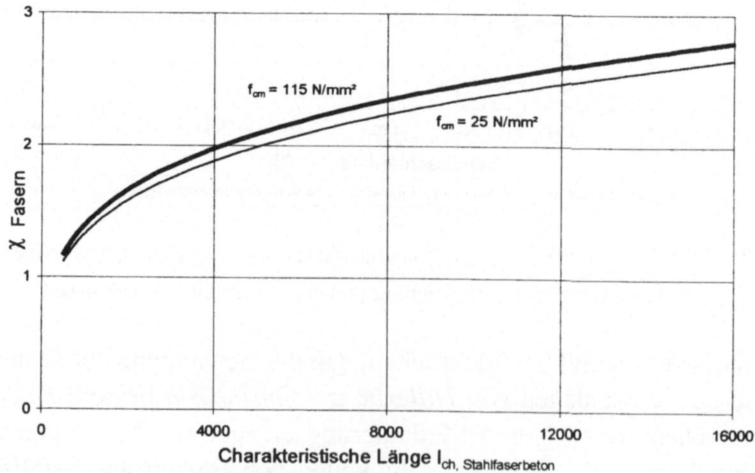


Bild 6-10 : Funktion $\chi$ zur Beschreibung der Schubtragfähigkeitssteigerung von Stahlfaserbeton

# 6.6 Das Parabel-Schrägriß Modell von *Fischer*

## 6.6.1 Zur Entwicklung

Neben empirischen Ansätzen wie den in Kapitel 6.5 vorgestellten Proportionalitätsverfahren, aufbauend auf den Untersuchungen von *Hillerborg / Gustafsson* bzw. *Remmel*, basiert das Parabel-Schrägriß Modell von *Fischer* auf mechanisch begründeten Zusammenhängen. *Fischer* formuliert die Schubtragfähigkeit $V_u$ in Abhängigkeit der charakteristischen Rißbildung des sich entfestigenden Zuggurtes. Die mechanischen Abhängigkeiten ermöglichen eine Übertragung des Modells auch auf neue Parameter, z.B. höhere Betonfestigkeiten oder veränderte Materialduktilitäten. Hier liegen die Stärken solcher Formulierungen im Vergleich zu empirischen Ansätzen. Die mathematische Beschreibung eines komplizierten Tragmechanismus wie des Schubverhaltens erfordert Verallgemeinerungen und Annahmen, die schnell zur Schwäche des Modells werden können. Ungeachtet sicherlich berechtigter Kritik soll in diesem Kapitel das Parabel-Schrägriß Modell von *Fischer* zur Anwendung für Stahlfaserbetone überarbeitet und modifiziert werden. Dazu müssen die Grundlagen der ursprünglichen Formulierung kontrolliert und ggf. verändert werden.

## 6.6.2 Modell - Grundlagen

Der ursprünglichen Modellentwicklung ging die Auswertung einer umfangreichen Datenbank von Schubversuchen an Balken aus normalfesten und hochfesten Betonen voraus. Dabei versuchte *Fischer* die experimentellen Ergebnisse durch FE-Berechnungen nachzubilden. Die Berechnungen wurden mit dem Programmsystem SNAP durchgeführt, das am Institut für Massivbau der TH Darmstadt entwickelt wurde. Dieses Programm ermöglicht nichtlineare Berechnungen und eine diskrete Rißabbildung.

Nach anfänglichen Berechnungen mit vorgegebenem Rißverlauf entwickelte *Fischer* ein Zusatzmodul *cracker* für SNAP, das Rißverläufe automatisch berechnet. Diese Idee wurde bereits in [6.9] von *Grimm* geäußert. Das Programmodul *crakker* sorgt dabei für eine automatische Netzgenerierung. Bei Überschreiten der Zugfestigkeit wird orthogonal zur Hauptzugspannungsrichtung ein Rißelement mit vordefinierter Länge eingefügt, das Netz umstrukturiert, neu aufgebaut und berechnet.

Mit Hilfe dieser aufwendigen Methode, die sicherlich für einen praktischen Einsatz derzeit noch ungeeignet ist, gelang es *Fischer* Versagenslasten und Rißverläufe der Balken mit hoher Genauigkeit abzubilden. Eine Programmbeschreibung für *cracker* und Berechnungsbeispiele stehen in [6.11].

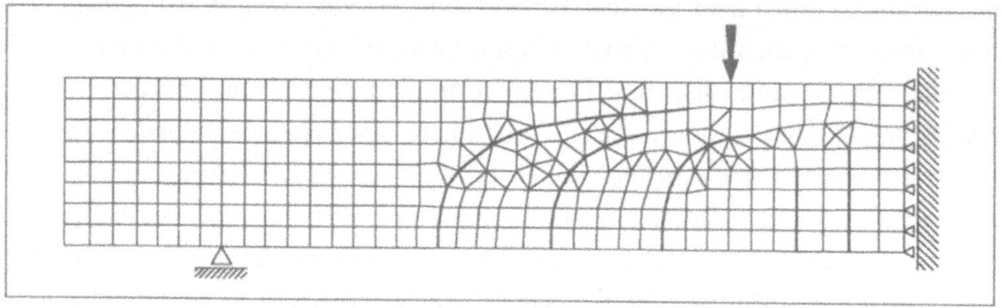

Bild 6.11 : Ergebnis einer Rißbild- und Bruchlastberechnung mit cracker, aus [6.18].

Ausschlaggebend für die Güte der Berechnung war das Berücksichtigen der Verdübelungswirkung der Längsbewehrung. Deren Vernachlässigung führte zu einer deutlichen Überschätzung der berechneten Tragfähigkeit.

Die Geometrie des für das Schubtragverhalten charakteristischen Versagensrißverlaufes modellierte *Fischer* durch eine Parabel 4. Ordnung.

Grundlage für das Parabel-Schrägriß Modell ist die Ausbildung eines Horizontalrisses entlang der Längsbewehrung, der durch den Verlust der Tragfähigkeit des Dübels entsteht. Der versagensmaßgebende Schubriß rotiert zu diesem Zeitpunkt um seine Rißspitze im Bereich der Druckzone. Die vertikale Verformung der Längsbewehrung während des Bruchs bestimmt die Größe dieser Verformungen, die entlang des Rißverlaufes orthogonale und tangentiale Spannungen weckt. Hierbei stützt *Fischer* sich auf umfangreiche Untersuchungen, die von *Rüsch* und *Baumann* in München durchgeführt und 1970 veröffentlicht wurden [6.12]. Die experimentellen Verformungen des Dübels wurden hierin zu $\Delta = 0{,}04 - 0{,}14$ mm festgestellt. *Fischer* legt der Versagensrotation des Risses eine mittlere vertikale Verformung von 0,1 mm in Höhe der Bewehrungslage zugrunde.

Hieraus resultiert das Freikörperbild (siehe Bild 6-12) der Kräfte durch einen Schnitt entlang des Versagensrisses.

Die Bruchlast ergibt sich aus dem Momentengleichgewicht der dargestellten Kräfte um den Schwerpunkt der Druckzone. Das vereinfacht die Berechnung, weil

die Normalkraft D und die Querkraft $V_D$ in der Druckzone unberücksichtigt bleiben können.
Die Bezeichnung der Parameter wird an die Formulierung von Fischer angepaßt, um ein einheitliches Bild zu ermöglichen.

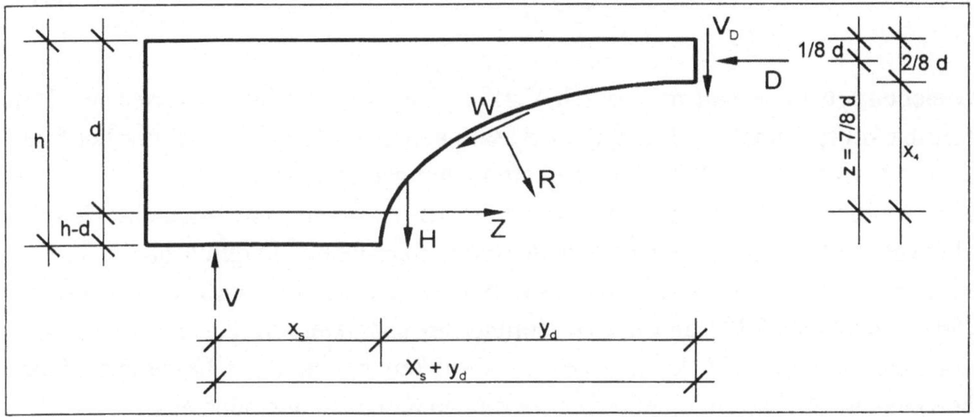


Bild 6.12 : Freikörperbild des Parabel-Schrägrißmodells, aus [6.18]

## 6.6.3 Modellparameter

### 6.6.3.1 Verdübelungskraft H

Die Verdübelungskraft $V_{Riß}$ (bei *Fischer* mit H bezeichnet), deren Verformung maßgebend für das Versagen ist, ergibt sich nach *Rüsch / Baumann* [6.12] zu

$$V_{Riß} = 7{,}6 \cdot d_s \cdot b_n \cdot \sqrt[3]{\beta_w} \qquad [kP] \tag{6.12}$$

mit

$\beta_w$ = Würfeldruckfestigkeit des Betons in [kP/cm²]

Unter Berücksichtigung heutiger Krafteinheiten und den Bezeichnungen von *Fischer* erhält man

$$H = 0{,}76 \cdot d_s \cdot b_n \cdot \sqrt[3]{12 \cdot f_{cm}} \qquad [N] \tag{6.13}$$

Interessant scheint in dem Fall die Umformung nach *Zink* [6.20], der die empirische Bemessungsformel von der Zylinderdruckfestigkeit $f_{cm}$ löst und in Abhängigkeit der charakteristischen Länge $l_{ch}$ einheitenrein formuliert :

$$H = f_{ct} \cdot b_n \cdot d_s \cdot \frac{l_{ch}}{172mm} \tag{6.14}$$

Gleichung (6.14) erhält man durch Verknüpfung von Festigkeitswerten mit Verformbarkeitsparametern. Der direkte Zusammenhang besteht jedoch nur bei faserfreien Betonen und ist für Stahlfaserbeton nicht geeignet.

Die empirische Gleichung von *Baumann* (6.12) ist durch experimentelle Untersuchungen an Balken aus normalfestem Beton abgesichert. Fraglich bleibt ihre generelle Übertragbarkeit auf hochfeste Betone. Durch die Umformulierung von *Zink* (Gleichung 6.14) und die Beachtung der charakteristischen Länge $l_{ch}$, wird der unterproportionale Anstieg der Zugfestigkeit bei höheren Druckfestigkeiten berücksichtigt. Experimentelle Absicherungen hierzu stehen noch aus.

## 6.6.3.2 Stahlzugkraft Z

Der charakteristische Versagensriß entwickelt sich aus einem Biegeriß, der mit ursprünglich senkrechter Orientierung in Richtung der Lasteinleitung wächst. Maßgebend ist der Biegeriß unmittelbar am Auflager. Die Zugbandkraft Z im Schrägriß kann dann über die verfügbare Verbundlänge berechnet werden. Durch die Rotationsbedingungen des Schrägrisses ist auch die Rißöffnung im Bereich der Bewehrungslage bekannt. Nach *König* und *Fehling* [6.21] gilt allgemein

$$w = \frac{d_s \cdot \sigma_s^2}{5 \cdot \tau_{sm} \cdot E_s} \tag{6.15}$$

Die mittlere Verbundspannung $\tau_{sm}$ setzt *Fischer* mit

$$\tau_{sm} = 1{,}8\ f_{ctm}\ \text{(normalfest)} \tag{6.16a}$$
$$\tau_{sm} = 1{,}3\ f_{ctm}\ \text{(hochfest)} \tag{6.16b}$$

an.

Damit ergibt sich für die Stahlzugkraft Z folgende Abhängigkeit :

$$Z = A_s \cdot \sigma_s = A_s \cdot \sqrt{\frac{0{,}215 \cdot \tau_{sm} \cdot E_s}{d_s}} \quad [N] \tag{6.17}$$

### 6.6.3.3 Rißkräfte W und R

Die Rißkräfte W und R errechnen sich durch Integration der Spannungen, die aus den Verschiebungen der Parabelrotation entstehen. Dabei entspricht W der Summe der tangentialen Spannungen, die Rißkraft R dem Integral der orthogonalen Spannungen.
Da die Berechnung mit einigem Aufwand verbunden ist, faßt Fischer die beiden Anteile in einem Term in Abhängigkeit der Bruchenergie $G_f$ zusammen. Das ist möglich, weil der Verformungszustand und die festgelegte Geometrie der Parabel direkt von der statischen Höhe abhängen.

### 6.6.3.4 Versagensrißabstand $x_s$

Der Versagensrißabstand $x_s$ beschreibt den horizontalen Abstand zwischen Rißbeginn und Auflagerpunkt. Er wird begrenzt durch eine gedachte Verbindungslinie zwischen Lasteinleitung und Auflager und eine, auf der Vorstellung eines Sprengwerkes mit Zugband aufbauenden Linie, die unter 30° zur Horizontalen geneigt von der Lasteinleitung verläuft. Ein Versagen tritt ein, wenn der Rißverlauf diese Verbindungslinie schneidet, weil dann die letzte Abstützungsmöglichkeit der Querkraft zerstört wird.
Diese Vorstellung erlaubt die mathematische Beschreibung der Parabel. Bei Erreichen der Bruchlast berührt der modellierte Riß gerade die Verbindungslinie, d.h. die Linie dient als Tangente. Der Schrägrißabstand ergibt sich damit zu

$$x_S = 0{,}75 \cdot \frac{a}{d} \cdot \sqrt[3]{\frac{a/d}{21{,}9}} \cdot d \tag{6.18}$$

Durch das Momentengleichgewicht um den Schwerpunkt der Druckzone ergibt sich die Versagensquerkraft zu :

$$V_u = \frac{(12 \cdot G_f + 523) \cdot b \cdot d^2 + \sqrt{3} \cdot H \cdot d + 0{,}75 \cdot Z \cdot d}{\left(x_S + \sqrt{3} \cdot d\right)} \tag{6.19}$$

### 6.6.4 Modifizierung zur Anwendung bei Stahlfaserbeton

Eine Übertragung des Parabel-Schrägriß Modells auf andere Werkstoffe ist möglich, wenn die grundlegenden Voraussetzungen durch das neue Material beibehalten bleiben. Dies gilt beispielsweise für die Parabelgeometrie. Durch eigene Versuche konnte gezeigt werden, daß der charakteristische Rißverlauf durch die Zugabe von Stahlfasern nicht beeinflußt wird. Ein dieser Beobachtung widersprechender Hinweis in der Literatur wurde ebenfalls nicht gefunden. Die Modifizierung des Modells für Stahlfaserbetone muß den Einfluß der erhöhten Duktilität auf jeden Eingangsparameter berücksichtigen.

#### 6.6.4.1 Verdübelungskraft H

Dem Verhalten des Dübels kommt in zweifacher Hinsicht Bedeutung zu. Einerseits geht die Dübeltragfähigkeit als Kraftgröße in das Momentengleichgewicht des Bruchzustandes ein, andererseits berechnet sich aus der zugehörigen Verformung die Größe der Parabelrotation. Da über entsprechende Untersuchungen an Stahlfaserbetonen, außer dem prinzipiellen Kraftverlauf [6.12] nichts bekannt ist und auch keine eigenen systematischen Experimente vorliegen, wurde das Tragverhalten mittels einer Simulation mit der FE-Methode untersucht und mit den Resultaten zweier Tastversuche verglichen. In [6.13] sind dies ausführlich dargestellt.

| Faserdosierung | $\Delta_{Tragfähigkeit}$ | $\Delta_{Verformung}$ |
|---|---|---|
| 40 kg/m³ Stahlfasern | ≈ 1,19 | ≈ 1,38 |
| 80 kg/m³ Stahlfasern | ≈ 1,25 | ≈ 1,43 |
| 120 kg/m³ Stahlfasern | ≈ 1,31 | ≈ 1,57 |

Tabelle 6-7: Ergebnisse der Dübel-Simulationen

Nachrechnungen faserfreier Balken ergaben im Vergleich zur empirischen Gleichung nach *Baumann* niedrigere Tragfähigkeiten, so daß den Ergebnissen der rechnerischen Simulation mehr tendentielle Bedeutung zukommt. Sowohl rechnerisch als auch experimentell konnte jedoch gezeigt werden, daß die Höhe der Stahlfaserdosierung einen eher geringen Einfluß auf die Tragfähigkeit besitzt.

Dies erklärt sich durch die relativ kleinen Rißbreiten im Versagenszustand, bei denen der Einfluß der Fasern noch nicht voll aktiviert ist.
Die in Tabelle 6-7 aufgeführten Steigerungen konnten experimentell nicht bestätigt werden. Es ergaben sich größere Bruchlasten. Bild 6-13 zeigt die experimentellen Kurven. Die Versagensverformung ist schwer zu erkennen, weil die Stahlfasern eine bügelähnliche Tragwirkung entfalten (vgl. auch [6.12]).

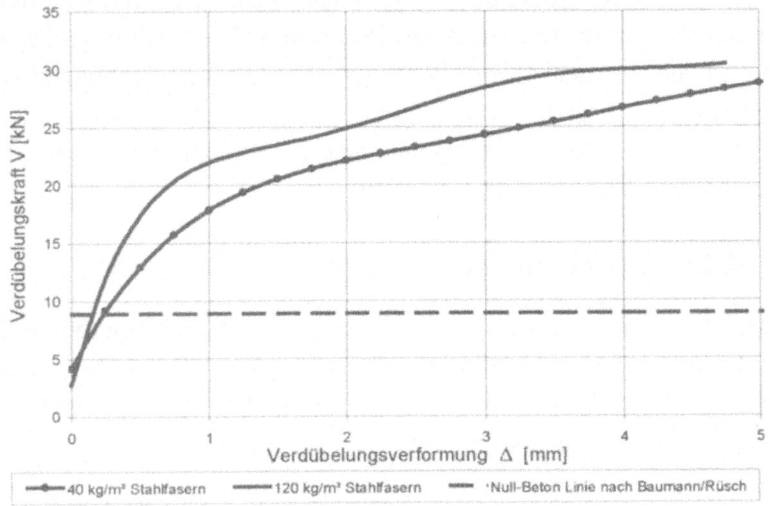


Bild 6-13 : Dübelversuche an Stahlfaserbeton

Aufgrund fehlender experimenteller Absicherungen dieser Ergebnisse wird bei den nachfolgenden Modifizierungen des Modells eine um den Faktor 1,25 konservativ vergrößerte Dübelkraft angesetzt. Die Rotation der Parabel wird unter Annahme einer Verdopplung der Versagensverformung berechnet. Dies rechtfertigt sich einerseits durch die Beobachtung, daß auch die Bruchverformungen faserfreier Betone in der FE-Berechnung ca. 20 % unter den Ergebnissen *Baumanns* lagen. Andererseits zeigen die Versuche derart große Verformungen, daß die pauschale Verdopplung realistisch ist.
Endgültig klärende Ergebnisse müßten experimentelle Untersuchungen bringen. In einem zukünftigem Forschungsvorhaben sollte deshalb der Einfluß von Stahlfasern auf das Dübeltragverhalten ermittelt und eine Formulierung in Abhängigkeit einer bruchmechanischen Kenngröße vorgenommen werden. Dies könnte an anderen Werkstoffen, z.B. Leichtbetonen, überprüft werden.

#### 6.6.4.2 Stahlzugkraft Z

Da der Bruchmechanismus durch die Zugabe von Stahlfasern unbeeinflußt bleibt, können die Berechnungsvoraussetzungen der Stahlzugkraft Z für den neuen Werkstoff übernommen werden.
Infolge der in Abschnitt 6.4.4.2 erläuterten Vergrößerung der Parabelrotation, verhält sich auch die Rißbreite in Höhe der Bewehrungslage entsprechend.
Den wenigen und widersprüchlichen Ergebnissen zum Verbundverhalten gerippter Bewehrung in stahlfaserverstärktem Beton ging *Hartwich* in [6.13] durch eigene Untersuchungen nach. Dabei stellte er bei Relativverschiebungen wie sie im Gebrauchszustand auftreten, keinen signifikanten Unterschied zu herkömmlichen Betone fest. Bei den folgenden Berechnungen ist deshalb von einem unveränderten Verbundverhalten ausgegangen worden.

#### 6.6.4.3 Rißkräfte W und R

Die prinzipielle Geometrie der Parabel wird auch für Stahlfaserbeton übernommen. Wegen der größeren Rotation der Parabel müssen Rißgleitungen und –verschiebungen jedoch neu berechnet und mit den verbesserten Entfestigungseigenschaften des Materials neu gekoppelt werden.

#### 6.6.4.4 Versagensrißabstand $x_s$

Die Rißgeometrie wird beibehalten. Der Versagensrißabstand $x_s$ kann gemäß den Ausführungen in Abschnitt 6.6.3.4 berechnet werden.

### 6.6.5 Ergebnisse und Diskussion

Die Abweichungen $\Delta$ der experimentellen Ergebnisse von den Berechnungen des modifizierten Parabel-Schrägriß Modells sind in Bild 6-14 dargestellt. Dabei zeigt sich deutlich, daß die rechnerische Tragfähigkeit die experimentelle meist unterschätzt. Das mechanische Modell für neue Materialien zu verifizieren und die Auswirkungen auf die Gesamttragfähigkeit zu überprüfen ist im vorliegenden Fall schwierig. *Fischer* geht von einigen grundlegenden Annahmen aus, die für faserfreie Betone hinreichend geklärt sind. Die vergleichsweise wenigen Forschungsvorhaben mit Stahlfaserbeton konzentrierten sich in den letzten Jahren verstärkt auf realitätsnahe Beschreibungen des Materialverhaltens der Meso-Ebene und auf praktische Probleme. Grundlegende Tragmechanismen, wie z.B. das Dübeltrag-

oder Verbundverhalten sind kaum beschrieben worden. Aufgrund solcher Defizite wurden folgende Annahmen getroffen :

1. Das Dübeltragverhalten und die zugehörigen Verformungen wurden konservativ, gemäß den FE-Berechnungen angesetzt. Tastversuche zeigten, daß hier erhebliche Sicherheitsreserven vorhanden sind.
2. Das Verbundverhalten zwischen Bewehrung und Stahlfaserbeton wurde gemäß den Ergebnissen von *Harwich* als unverändert angenommen. Hier liegen widersprüchliche Ergebnisse vor. Es wäre auch denkbar, daß die Vernähung entstehender Mikrorisse zu einer Verbesserung des Verbundes führt.
3. Vernähende Effekte bei Rißgleitung wurden gemäß der beschriebenen Modellvorstellung (Kapitel 4.5) berücksichtigt. Diese bedürfen experimenteller Bestätigung.

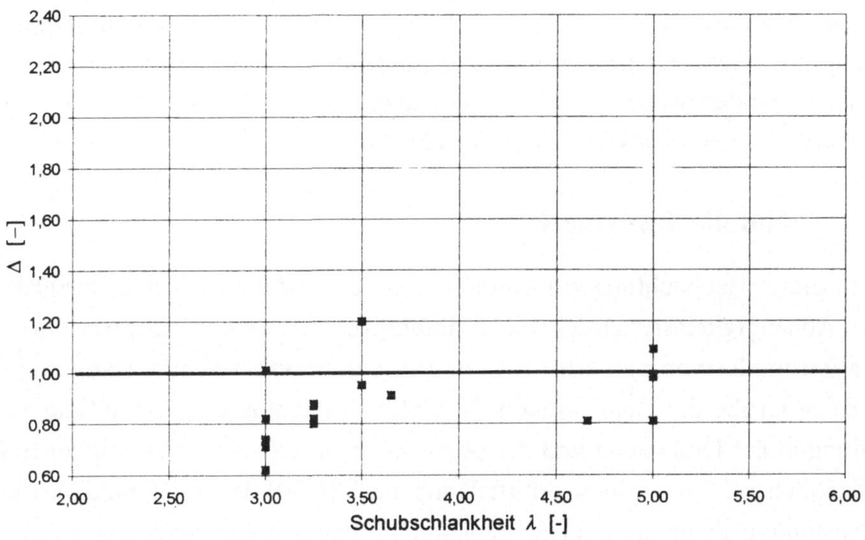


Bild 6.14 : Schubtragfähigkeit, modifiziertes Parabel - Schrägriß Modell
Vergleich zwischen Berechnung und experimentellen Ergebnissen

Eine vereinfachende Formulierung entsprechend der Bemessungsgleichung für herkömmliche Betone (6.19) ist zum gegenwärtigen Zeitpunkt schwer umsetzbar, weil zumindest die verformungsauslösende Dübelreaktion für Stahlfaserbetone geklärt werden sollte.

# 6.7 Das Druckzonenmodell nach *Zink*

## 6.7.1 Zur Entwicklung

Seine Beschreibung der Biegeschubtragfähigkeit gründet *Zink* auf Versuchsbeobachtungen und detaillierte Auswertung von Versagensrißbildern. Anhand eigener Tests erläutert er in [6.20] die Entwicklung der Rißverläufe. Im mittleren Trägerbereich folgen die Biegerisse der Richtung der Hauptdruckspannungstrajektorien im Zustand I. Ab einer bestimmten Belastung beginnen sie sich flacher zu neigen und damit die Dübelwirkung der Längsbewehrung stärker zu beanspruchen. Diese Rotation kann sich solange fortsetzen, bis die Verdübelungstragfähigkeit erschöpft ist. *Zink* beobachtet den Beginn des instabilen Rißfortschrittes, wenn eine imaginäre Verbindungslinie zwischen Rißspitze und Dübelanriß eine Neigung von ca. 45° erreicht. Das dann einsetzende Dübelversagen ermöglicht kinematisch ein Vordringen des Biegeschubrisses in die Druckzone. Der maßgebende Riß besitzt in diesem Stadium zwei sich instabil fortpflanzende Spitzen, die horizontal in Richtung des Auflagers bzw. schräg zur Lasteinleitung verlaufen. Ein Versagen kann nur verhindert werden, falls eine Umlagerung zum Sprengwerk gelingt. Dies hängt wesentlich von der Höhe der Druckzone und der Schubschlankheit $\lambda_s$ ab.

## 6.7.2 Modell - Parameter

Anhand dieser Beobachtungen formuliert *Zink* die Größe der Versagensquerkraft $V_{sr}$ in Abhängigkeit der Druckzonentragfähigkeit. Da an der Rißspitze ein reiner Seperationsmodus vorliegt, erfordert ein weiteres Anwachsen eine Hauptzugspannung $\sigma_1$ in Größe der Zugfestigkeit $f_{ct}$. Unter Betrachtung der Schubspannungsverteilung in der Druckzone und der beschriebenen kritischen Neigung zu Beginn des instabilen Rißfortschrittes, ermittelt sich nach [6.20] der sog. Grundwert $\tau_0$ der Schubspannung als untere Grenze der Tragfähigkeit gemäß Gleichung (6.20).

$$\tau_0 = \frac{V_u}{b \cdot d} = \frac{2}{3} \cdot k_x \cdot f_{ct} \tag{6.20}$$

Durch einen Faktor (6.21), der in einer Regressionsanalyse bestimmt wurde, wird die Veränderung der Schubtragfähigkeit in Abhängigkeit der Schlankheit $\lambda_s$ gesteuert. Auch der Einfluß der Dübels und der Zugbandsteifigkeit wird multiplikativ berücksichtigt (6.22).

$$k\,(a/d) = \left(\frac{4\cdot d}{a}\right)^{0.25} \tag{6.21}$$

$$k\,(d/l_{ch}) = \left(\frac{5\cdot l_{ch}}{d}\right)^{0.25} \tag{6.22}$$

Die Kombination dieser Anteile führt zum rechnerischen Ansatz der Tragfähigkeit für Balken ohne Schubbewehrung (6.23). Weitere Einzelheiten zu den Modellparametern finden sich in [6.20].

$$\tau_{sr} = \frac{2}{3}\cdot k_x \cdot k_d \cdot f_{ct} \cdot \left(\frac{4\cdot d}{a}\right)^{1/4} \cdot \left(\frac{5\cdot l_{ch}}{d}\right)^{1/4} \tag{6.23}$$

bzw.

$$V_{sr} = \frac{2}{3}\cdot b\cdot d\cdot k_x \cdot k_d \cdot f_{ct} \cdot \left(\frac{20\cdot l_{ch}}{a}\right)^{1/4}$$

### 6.7.3 Modifizierung zur Anwendung bei Stahlfaserbeton

Hinsichtlich einer Anwendung der Gleichung von *Zink* auf stahlfaserverstärkte Betone muß folgendes bedacht werden.

Die Effekte des „tension stiffening", d.h. die Einbeziehung der Traganteile des Betons in der Zugzone, werden bei Stahlfaserbeton verstärkt. Nach abgeschlossener Rißbildung sind diese Einflüsse zu vernachlässigen, wie auch die Berechnungen unter Biegebeanspruchungen (Kapitel 7) zeigen. Im frühen Stadium der Rißentstehung bewirkt das „tension-stiffening" jedoch eine Steigerung der Zugbandsteifigkeit im Vergleich zum nackten Zustand II.

Die rechnerische Ermittlung für Stahlfaserbeton ist möglich. Eine Vernachlässigung führt zu einer geringeren Druckzonenhöhe und liegt damit auf der sicheren Seite.

Weiterhin werden die Einflüsse der Zugbandsteifigkeit und der Verdübelungswirkung durch einen gemeinsamen Beiwert in Abhängigkeit der charakteristischen Länge $l_{ch}$ erfaßt [6.20]. Hier liegt die verformungsbezogene Umformung der Dübeltragfähigkeit (Gleichung 6.14) zugrunde, die nur für faserfreie Betone zulässig ist. Zukünftige Untersuchungen müßten den Einfluß von Stahlfasern auf die Dübeltragwirkung klären und eine allgemeine Erweiterung der Dübelformel auf Basis bruchmechanischer Kenngrößen erlauben.

Das Versagen des Dübels bestimmt in erster Linie den Beginn des instabilen Rißwachstums.

Da der Anteil der Verdübelungswirkung an der Versagensquerkraft jedoch nach *Zink* eher gering ist, wurde in einer ersten Untersuchung die Versagensgleichung aus [6.20] unverändert für stahlfaserverstärkte Betone übernommen.

In Bild 6-15 sind experimentelle Schubtragfähigkeiten mit rechnerischen Ergebnissen gemäß Gleichung (6.23) verglichen.

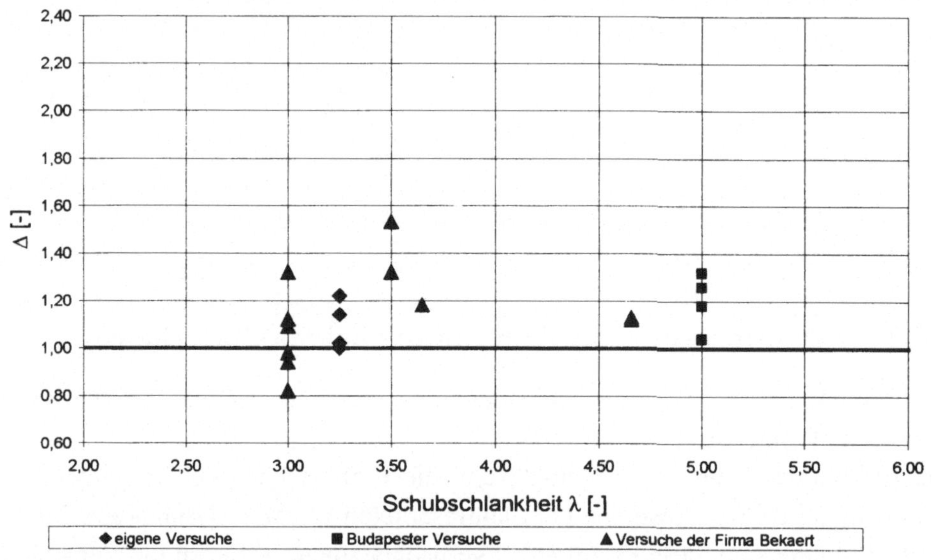


Bild 6-15 : Schubtragfähigkeit, Druckzonenmodell nach Zink
Vergleich zwischen Berechnung und experimentellen Ergebnissen

## 6.8 Modellbewertungen und Anwendungsvorschlag

In diesem Kapitel wurden insgesamt 4, auf bruchmechanischen Formulierungen beruhende Modellvorschläge hinsichtlich einer Anwendung für Stahlfaserbeton modifiziert. Zur Absicherung künftiger Bemessungskriterien sollten weitere Balken mit praxisrelevanten Abmessungen untersucht werden.

Deutlich wurde, daß sich die Schubtragfähigkeit von Stahlfaserbeton gegenüber herkömmlichen Betonen signifikant verbessert. Eine Berücksichtigung bei der Bemessung würde helfen die Wirtschaftlichkeit dieses Sonderbetons zu steigern. Bemessungsrichtlinien könnten auf den vorgestellten Modellen aufbauen.

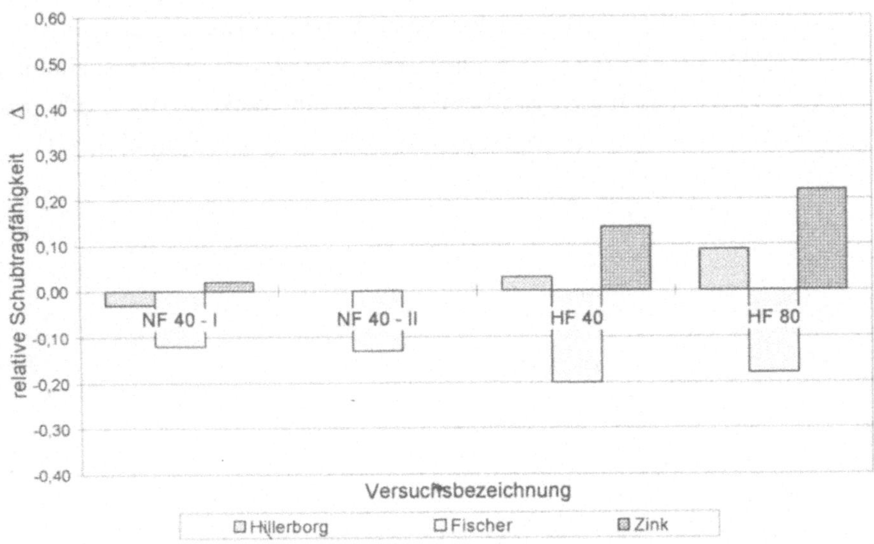


Bild 6-16 : Vergleich der rechnerischen Modellierungen, eigene Versuche

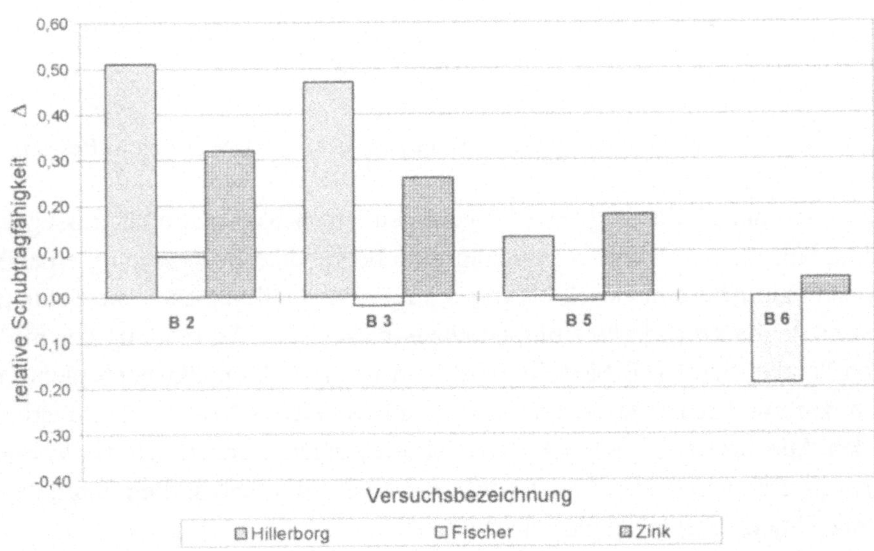


Bild 6.17 : Vergleich der rechnerischen Modellierungen, Budapester Versuche

Die empirische Formulierung nach Remmel (Kapitel 6.5.2) überschätzt den Einfluß der Bruchenergie $G_f$ bzw. der charakteristischen Länge auf die Schubtragfähigkeit und ist deshalb nicht geeignet. Die Abweichungen Δ der drei übrigen Modelle (*Hillerborg, Fischer, Zink*) von den experimentellen Ergebnissen sind in den folgenden Abbildungen 6-16 bis 6-18 dargestellt. Dabei wird zur Berechnung von Δ die rechnerische Schubtragfähigkeit auf die experimentelle bezogen, d.h. positive Werte kennzeichnen eine rechnerische Überschätzung der Tragfähigkeit.

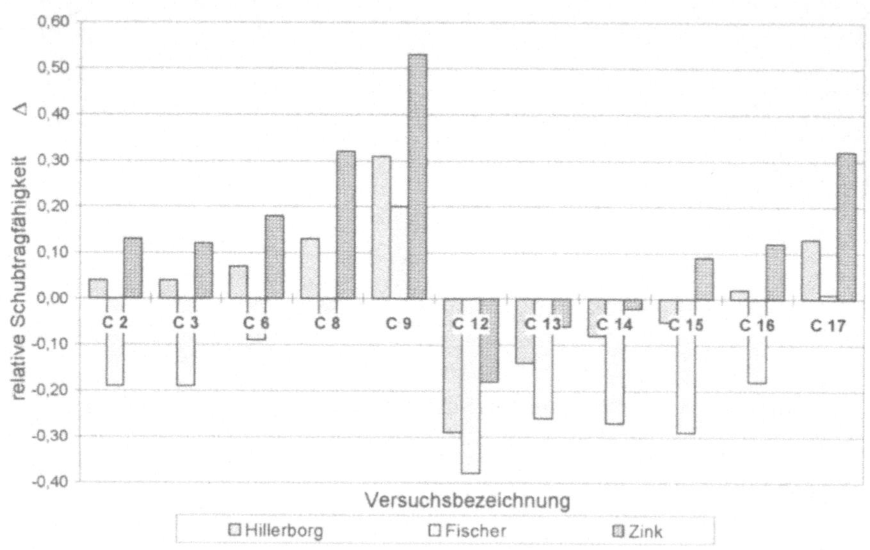


Bild 6.18 : Vergleich der rechnerischen Modellierungen, Versuche der Firma Bekaert

Die Abweichungen, die aufgrund der geringen Versuchsanzahl nicht aussagekräftig sind, läßt die durch die Berechnungsgüte begründete Bevorzugung eines Modells nicht zu. Alle drei Beschreibungen sind prinzipiell geeignet, die Schubtragfähigkeit stahlfaserverstärkter Betone abzuschätzen. Die Anwendung des modifizierten Parabel-Schrägriß Modells wird zum jetzigen Zeitpunkt noch nicht empfohlen, aufgrund fehlender Erkenntnisse zum Dübeltrag- bzw. Verbundverhalten und den Annahmen bei tangentialen Rißbewegungen. Diesbezügliche Vorgaben wurden im Rahmen dieser Arbeit konservativ getroffen und sollten durch experimentelle Untersuchungen abgesichert werden.

Die Vorschläge von *Hillerborg* und *Zink* sind beide zur Schubberechnung geeignet. Dabei ist die Anwendung des Proportionalitätsfaktors $\chi_{Fasern}$ etwas aufwendiger, weil zur Berechnung noch eine Referenztragfähigkeit benötigt wird. Andererseits kann durch $\chi_{Fasern}$ sehr einfach die Steigerung der Schubtragfähigkeit in Abhängigkeit der Stahlfaserdosierung ermittelt werden.

# 7 Biegetragfähigkeit stahlfaserverstärkter Balken

## 7.1 Allgemeine Einführung

Neben den beschriebenen Beanspruchungen durch Quer- und Normalkraft sind Tragwerke meist auch durch Momente belastet. Biegebeanspruchungen sind durch einen Dehnungsgradienten gekennzeichnet, der die Ausbildung einer Zug- bzw. Druckzone zur Folge hat. Über die Dehnungsverteilung können innere Spannungszustände und äußere Belastungen ermittelt werden. Beim Übergang in Zustand II, nach Überschreiten der Biegezugfestigkeit des Betons, verringert sich die Steifigkeit des Zuggurtes aufgrund der spröden Entfestigung erheblich. Ein Versagen kann nur verhindert werden, wenn das Gleichgewicht der inneren Kräfte auch nach der Rißbildung gewährleistet bleibt. Die Zugkräfte müssen durch Stahlbewehrung aufgenommen werden.
Auch die Biegesteifigkeit EI ändert sich abhängig vom Rißverhalten des Tragwerkes. Im Zustand I kann sie unter Ansatz der ideelen Querschnittswerte errechnet werden. Die Durchbiegung steigert sich dann proportional zur Belastung. Mit Auftreten der ersten Risse verformt sich das Tragwerk stärker, bis sich bei abgeschlossenem Rißbild eine erneute Proportionalität einstellt. Die dann wirksame Biegesteifigkeit $EI^{II}$ hängt wesentlich vom Bewehrungsverhältnis $\mu_l$ ab, durch das auch im Grenzzustand die Größe der Druckzone bestimmt wird. Sie wird weiterhin durch die Entfestigung des Betons tangiert, dessen Spannungen jedoch deutlich kleiner sind als die Zugspannungen des Stahls. Als Grenzgröße gilt der sogenannte „nackte" Zustand II, bei dem rißüberbrückende Betonspannungen unberücksichtigt bleiben.
Vor diesem Hintergrund wird deutlich, daß durch das verbesserte Entfestigungsverhalten des stahlfaserverstärkten Betons alleine die Bewehrung nicht ersetzt werden kann, weil die übertragbaren Spannungen zu gering sind, um planmäßige Zugkräfte aufzunehmen. Die Fasern wirken jedoch unterstützend. Diesbezügliche Überlegungen und auch Vorschläge zur Bemessung wurden u.a. von *Vissmann* [7.1], *Schnütgen* [7.2], *Henager* [7.3] und *Stiller* [7.4] vorgestellt.

## 7.2 Charakteristiken des Biegeversagens

In Bereichen reiner Biegung bildet sich ein inneres Kräftepaar aus den Anteilen der Betondruckzone und der Stahlzugzone aus, das im Gleichgewicht mit der äußeren Normalkraft und dem Biegemoment stehen muß. Die Tragfähigkeit gilt rechnerisch als erschöpft, wenn der Beton in der Druckzone Stauchungen von maximal 3,5 ‰ (bei höheren Druckfestigkeiten geringer) erreicht bzw. die Dehnungen des Stahls 5 ‰ betragen. Im Nachweisverfahren gemäß EC 2 dürfen in der Zugzone sogar Dehnungen von 10 ‰ bis 20 ‰ zugelassen werden. Der erste erreichte Grenzwert bestimmt dann die Versagensform. Bei praxisüblichen Bewehrungsgraden erreicht der Stahl seine Grenzdehnung vor dem Beton. Es kommt zu einem gutmütigen Biegezugbruch, der sich durch ausgeprägte Rißbildung in der Zugzone und große Durchbiegungen frühzeitig ankündigt. Dabei entwickelt die Bewehrung ihre Wirksamkeit mit beginnender Entfestigung des Zuggurtes. Gleiches gilt für zusätzlich vorhandene Stahlfasern. Weil die Spannungsübertragung in der Zugzone von der Rißbreite abhängt, verschiebt sich die Resultierende der Faserwirkung jedoch ungünstig in Richtung der Nullinie. Der Hebelarm reduziert sich und verkleinert die Wirkung entsprechend.

Bei hoch bewehrten Zuggurten erreichen die Stauchungen am Rande der Druckzone ihre Grenzwerte vor der Bewehrung. Es stellt sich ein Biegedruckbruch ein, der sich je nach Betonfestigkeit ohne vorankündigende Rißbildung in der Druckzone, teilweise auch explosionsartig vollzieht. Die Stahlfasern wirken einerseits bei der Entfestigung des Zuggurtes, andererseits können sie das Bruch- und Verformungsverhalten der Druckzone beeinflussen. Mit Hilfe des in Kapitel 5 auf Fasercocktail- und Faserbetone erweiterten CDZ-Modells von *Markeset* kann auch die Entfestigung der Druckzone exzentrisch beanspruchter Körper simuliert werden. Die Abmessungen der Bruchprozeßzone können demnach modifiziert werden, wobei auch hier beachtet werden muß, daß gerade bei hochfesten Betonen Polypropylenfasern zur Unterstützung der Stahlfasern beigemischt werden müssen. Die entsprechenden Umformungen und Ableitungen sind im Rahmen dieser Arbeit nicht durchgeführt worden, da der Biegedruckbruch in der Praxis eher selten ist.

Auch der unangekündigte Biegezugbruch wird nachfolgend nicht weiter untersucht, da er durch Anordnung der Mindestbewehrung vermieden wird.

## 7.3 Experimentelle Untersuchungen an Biegeträgern

### 7.3.1 Versuchskonzeption

In eigenen Versuchen wurden Biegeträger getestet, die mit einer starken Zuggurtbewehrung versehen waren, jedoch in der Regel durch Fließen der Bewehrung versagten. Durch die praxisübliche Wahl der Bewehrung wurde eine gute Ausnutzung des Querschnittes angestrebt. Der Einfluß der Betondruckfestigkeit und unterschiedlicher Stahlfasergehalte wurde getestet. Wie auch bei den Schubversuchen konnten flankierende Einflüsse wie etwa die Maßstabsabhängigkeit im Rahmen dieser Untersuchungen nicht ermittelt werden. Die Balkengeometrie wurde nicht variiert.

Die Balken spannten sich über eine freie Stützweite von 3,20 m und waren gelenkig gelagert. Mit einem Überstand von jeweils 15 cm pro Auflager betrug die gesamte Länge der Testbalken demnach 3,50 m. Der Querschnitt war analog der Schubversuche 30 cm breit und 20 cm hoch. Der Abstand der beiden punktförmigen Lasteinleitungen zum Auflager betrug jeweils 120 cm.

Die Zugzone wurde mit einem Bewehrungsgehalt von $\mu_l$ = 5,13 % (4 ∅ 28) versehen, im querkraftfreien Mittelbereich des Balkens war darüber hinaus keine weitere Bewehrung vorhanden. Zur Vermeidung eines Schubversagens wurde der Bereich zwischen Auflager und Lasteinleitung eng verbügelt (∅ 12 / s = 9 cm) und zur Stabilisierung des Bewehrungskorbes in der Druckzone 2 Montageeisen ∅ 10 vorgesehen.

Der Balken wurde über die Durchbiegung in Balkenmitte gesteuert, wobei eine Verformungsgeschwindigkeit von v = 0,01 mm/s vorgegeben und zur Aufzeichnung des Rißbildes in Laststufen von 20 kN belastet wurde. Nach Erreichen der jeweiligen Stufen wurde die Belastung für ca. 5 Minuten konstant gehalten. Die Balkenreaktion wurde durch externe Wegaufnehmer gemessen. Neben der Verformung an 5 definierten Stellen interessierte vor allem das Dehnungsverhalten der Längsbewehrung und die Stauchung der Betondruckzone. Durch vertikale Messungen des Schubfeldes sollte die Querkraftbeanspruchung des Balkens kontrolliert werden. Hierbei ergab sich, daß die Bügel keine nennenswerten Verformungen zeigten, so daß bei allen Versuchen von einem reinen Biegeversagen ausgegangen werden kann.

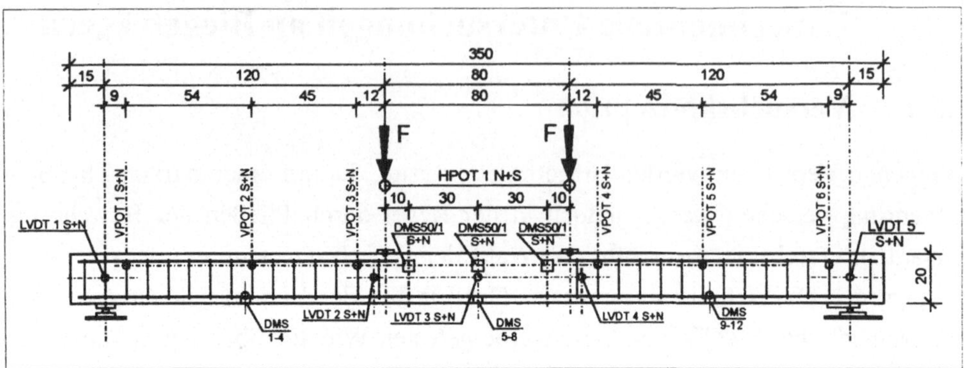


Bild 7.1 : Konstruktive Durchbildung der Biegebalken

### 7.3.2 Betontechnologie

Wie schon bei den Schubversuchen wurden zwei unterschiedliche Betonfestigkeiten (normalfest NF und hochfest HF) untersucht. Die Mischungsentwürfe und die Zugabekomponenten glichen exakt denen der Schubversuche, so daß zur näheren Erläuterung auf Abschnitt 6.4.1.2 verwiesen wird.

Im Gegensatz zu den Schubversuchen wurden neben dem Referenzbeton Stahlfaserdosierungen von 40 kg/m³ und 120 kg/m³ zugegeben. Die Dosierung von 1,5 Vol.-% war bei der Herstellung der normalfesten Mischung problemlos verarbeitbar. Die obere Grenze der Faserzugabe bei sehr hochfesten Rezepturen liegt dahingegen etwa bei 80 kg/m³. Unter Laborbedingungen konnte der Balken verdichtet und die Oberfläche ausreichend geglättet werden, auf der Baustelle wäre dies nicht gelungen.

### 7.3.3 Versuchsergebnisse

Insgesamt wurden 3 Balken bei 2 unterschiedlichen Druckfestigkeiten getestet. Die Versagenslasten sind in Tabelle 7-1 aufgeführt, ebenso die bereinigte Durchbiegung in Balkenmitte, die mittleren Dehnungen der Zugbewehrung bzw. die gemittelten Stauchungen am oberen Rand der Betondruckzone.

Wie hieraus ersichtlich, beeinflussen die Fasern die Bruchlast nicht. Die Verformungen werden mit zunehmender Faserdosierung geringer, wobei der hochfeste Biegebalken mit 120 kg/m³ Fasern nicht aussagekräftig ist. Anhand begleitender

Messungen wurde ein äußerst geringer E-Modul und Einbußen der Druckfestigkeit festgestellt, die auf ein vergrößertes Porenvolumen schließen lassen, das auf die problematische Verarbeitbarkeit zurückzuführen ist. Die Meßergebnisse werden aus Gründen der Vollständigkeit aufgeführt.

| Serie | Bruchlast $F_u$ [kN] | Durchbiegung [mm] | Zugzone $\varepsilon_s$ [‰] | Druckzone $\varepsilon_b$ [‰] |
|---|---|---|---|---|
| NF – Referenz | 81,3 | 41,2 | 3,09 | -4,31 |
| NF – 40 kg/m³ Stahlfasern | 70,4 | 38,5 | 2,84 | -4,15 |
| NF – 120 kg/m³ Stahlfasern | 73,6 | 36,8 | 2,68 | -3,79 |
| HF – Referenz | 134,0 | 34,2 | 17,1 | -3,06 |
| HF – 40 kg/m³ Stahlfasern | 132,1 | 30,7 | 13,7 | -2,61 |
| HF – 120 kg/m³ Stahlfasern | 125,9 | 48,4 | 13,7 | -3,60 |

Tabelle 7-1 : Bauteilreaktion bei Bruchlast

Zur Quantifizierung der Faserwirkung wird nachfolgend der Dehnungszustand bei Fließbeginn der Bewehrung aus den Meßprotokollen ermittelt (Tabelle 7-2). Bis zu diesem Zeitpunkt konkurriert die Ausbildung der Zug- und Druckzone um den Versagenszustand. Erreicht die Bewehrung ihre Fließgrenze vor der Druckzone, so wird diese durch die Plastifizierung des Stahls bis zum Versagen eingeschnürt. Die die Zugzone vernähenden Stahlfasern werden ausgezogen.

| Serie | Last $F_u$ [kN] | Durchbiegung [mm] | Zugzone $\varepsilon_s$ [‰] | Druckzone $\varepsilon_b$ [‰] |
|---|---|---|---|---|
| NF – Referenz | 73,1 | 32,1 | 2,35 | -3,21 |
| NF – 40 kg/m³ Stahlfasern | 70,0 | 34,3 | 2,49 | -3,52 |
| NF – 120 kg/m³ Stahlfasern | 70,0 | 31,7 | 2,30 | -3,21 |
| HF – Referenz | 95,7 | 26,4 | 2,33 | -1,89 |
| HF – 40 kg/m³ Stahlfasern | 100,1 | 25,1 | 2,40 | -1,82 |
| HF – 120 kg/m³ Stahlfasern | 95,2 | 31,4 | 2,41 | -2,39 |

Tabelle 7-2 : Bauteilreaktion bei Fließbeginn des Stahls

Der rechnerische Versagenszustand muß für Faserbetone neu definiert werden, da die Wirkung der Stahlfasern nur in Abhängigkeit einer Rißbreite w errechnet werden kann. Vor der Plastifizierung der Bewehrung können sowohl die Kräfte der Druck- bzw. Zugzone konventionell über die Dehnungsebenen, als auch eine mittlere Rißbreite ermittelt werden, über die sich die rißvernähenden Spannungen der Fasern dann berechnen lassen.

## 7.4 Modellierungen des Tragverhaltens

In Abbildung 7-2 sind die Dehnungsverteilungen eines Betonbalkens und die hieraus resultierenden inneren Spannungen skizziert. Die Druckkraft $D_b$ wird vereinfacht durch Ansatz des Spannungsblocks berechnet. Eine Wirkung der Fasern wird hierbei nicht unterstellt, obwohl deren Einfluß auf die Völligkeit der Druckspannungs - Stauchungskurve sich auf die Größe des Spannungsblockes auswirkt.

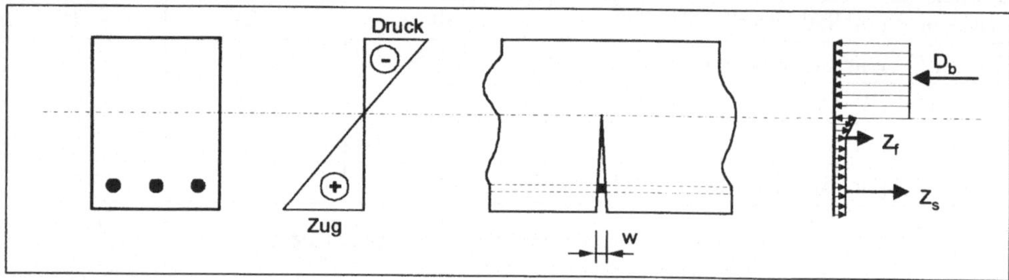


Bild 7.2 : Dehnungs- und Spannungsverteilung eines Stahlfaserbetonbalkens unter Biegung

Die Zugbandkraft errechnet sich aus der mittleren Dehnung in Höhe der Bewehrung. Für die in Tabelle 7-2 ausgewiesene Belastung kann jeweils die Fließspannung angesetzt werden.

Der Anteil der Fasern an der Tragfähigkeit hängt direkt mit dem Rißzustand des Zuggurtes zusammen. Zur ihrer Berechnung ist deshalb eine Abschätzung der Rißbreite nötig. Unter Annahme eines abgeschlossenen Rißbildes wird zuerst die Rißbreite $w_0$ unter Vernachlässigung einer Faserwirkung berechnet (Gleichung 7.1). Durch die Zugabe von Stahlfasern beobachtete *Schnütgen* eine Verringerung dieser Rißbreite [7.1]. Diese Reduzierung wird durch einen Abminderungsfaktor $\xi_f$ berücksichtigt. Der Verlauf der Rißbreite wird vereinfachend als linear zur Nullinie hin abnehmend angenommen.

$$w_0 = \frac{f_{ctm} \cdot d_s}{2 \cdot \tau_{bm} \cdot \rho} \cdot \left( \frac{\sigma_s}{E_s} - 0{,}6 \cdot \frac{f_{ctm}}{\rho \cdot E_s} \cdot (1 + n \cdot \rho) \right) \tag{7.1}$$

$$w_f = \xi_f \cdot w_0 \tag{7.2}$$

mit

$$\xi_f = \left( \frac{f_{ct,fl} - \beta_{fZ}}{f_{ct,fl}} \right)^2 \tag{7.3}$$

wobei gilt :

$f_{ct,fl}$ ≡ Biegezugfestigkeit des Betons

$\beta_{fZ}$ ≡ Beanspruchbarkeit der Stahlfasern im Riß

$\beta_{fZ}$ errechnet sich aus den Eignungsversuchen zur Ermittlung der äquivalenten Biegezugfestigkeit gemäß den Empfehlungen des DBV. Für die Testbalken ermitteln sich die Abminderungsfaktoren $\xi_f$ wie in Tabelle 7-3 aufgeführt. Den Werten liegen Eignungsversuche der Firma *Bekaert* zugrunde, wobei die Abminderungsfaktoren für die hochfeste Serie und für Dosierungen von 120 kg/m³ aufgrund fehlenden Datenmaterials interpoliert wurden. Die Berechnungen können deshalb lediglich der qualitativen Abschätzung der Rißbreitenverringerung dienen.

| **Serie** | $\xi_f$ **[-]** |
|---|---|
| NF – Referenz | 1,00 |
| NF – 40 kg/m³ Stahlfasern | 0,48 |
| NF – 120 kg/m³ Stahlfasern | 0,36 |
| HF – Referenz | 1,00 |
| HF – 40 kg/m³ Stahlfasern | 0,43 |
| HF – 120 kg/m³ Stahlfasern | 0,31 |

Tabelle 7-3: Abminderungsbeiwert

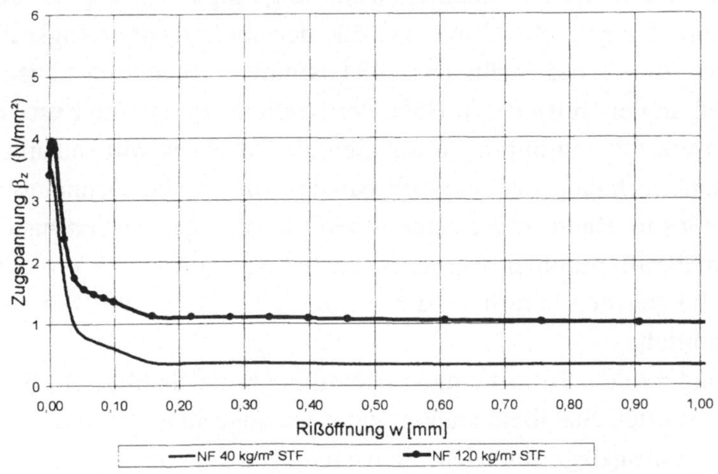


Bild 7.3 : Ansatz des Entfestigungsverhaltens in der Biegezugzone

Aufgrund dieser Unsicherheiten wurde für die Nachrechnung bei einer Dosierung von 40 kg/m³ eine Abminderung von $\xi_f = 0,5$ , bei der Dosierung von 120 kg/m³ Stahlfasern von $\xi_f = 0,4$ berücksichtigt.
Die Referenz - Rißbreite faserfreier Betone ermittelt sich für die beiden Festigkeiten im Mittel zu $w_0$ = 0,34 mm und ist weiter durch $\zeta_f$ abzumindern. Die so ermittelte Rißbreite wird zur Berechnung der Betonentfestigung näherungsweise zugrunde gelegt. Damit ergeben sich folgende Spannungsverteilungen.

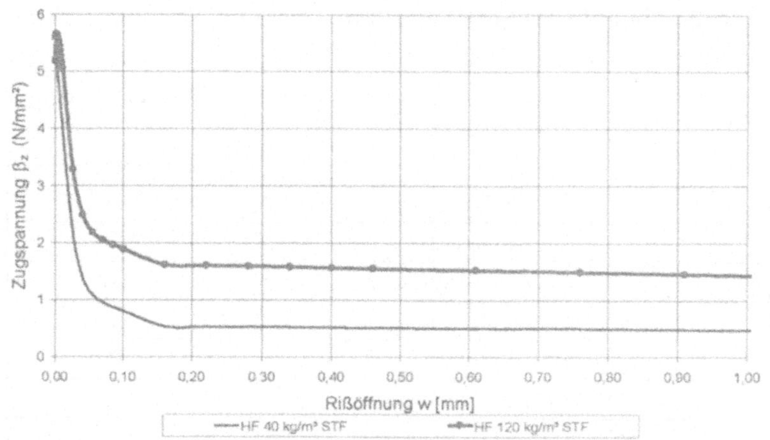


Bild 7.4 : Ansatz des Entfestigungsverhaltens in der Biegezugzone

Anhand der Verteilungen verdeutlicht sich die geringe Wirkung der Fasern unter Biegebeanspruchungen. Die absolute Größe der übertragbaren Zugkräfte ist klein im Vergleich zu der des Stahls ($\sigma \leq 434$ N/mm²) . Weiterhin liegen die Spannungsspitzen an der Rißspitze in Höhe der Nullinie, so daß die Resultierende der größeren Faserkräfte nur mit ungünstig kleinem Hebelarm wirken kann.
Bei der Gegenrechnung der Versuchsbalken wurden die Dehnungsebenen des Referenzbetons im Rahmen der gemessenen Stauchungen variiert bis die resultierende Normalkraft minimal wurde. Anschließend wurde die errechnete Spannungsverteilungen der Fasern in der Zugzone angesetzt und das resultierende Moment ermittelt.
Im Gegensatz zu den Verformungen beeinflussen die Stahlfasern die Tragfähigkeit von bewehrten Stahlbetonbalken nicht, solange diese auf ein Versagen der Biegezugzone ausgelegt sind. Die Schwankungen innerhalb der Versuchsserien liegen im Rahmen experimenteller Fehlerquellen.

| Serie | $M_u$ [kNm] | $F_u^{calc}$ [kN] | $F_u^{exp}$ [kN] |
|---|---|---|---|
| NF – Referenz | 100,5 | 83,8 | 81,3 |
| NF – 40 kg/m³ Stahlfasern | 101,2 | 84,3 | 70,4 |
| NF – 120 kg/m³ Stahlfasern | 101,9 | 84,9 | 73,6 |
| HF – Referenz | 125,0 | 104,2 | 95,7 |
| HF – 40 kg/m³ Stahlfasern | 126,3 | 105,3 | 100,1 |
| HF – 120 kg/m³ Stahlfasern | 127,8 | 106,5 | 95,2 |

Tabelle 7-4: Rechnerische Momententragfähigkeit

# 7.5 Ausblick

Die Biegetragfähigkeit von Stahlbetonbalken ist durch Stahlfasern im Vergleich zum nackten Zustand II nicht wesentlich zu verbessern. Bei planmäßigen Zugkräften ist die Anordnung einer der Beanspruchungsrichtung entsprechenden Bewehrung zweckmäßiger, weil die durch die Fasern übertragbaren Spannungen wesentlich geringer sind. Infolge des Rißbreitenverlaufes liegt die Resultierende ungünstig nahe der Nullinie. Die Verformungen und Rißentwicklungen werden jedoch günstig beeinflußt.
Mit Hilfe des Bemessungsmodells von *Schnütgen* [7.5] kann die konventionelle Zugbewehrung in Abhängigkeit der Faserdosierung reduziert werden. Das Bemessungsdiagramm, das nur für eine bestimmte Fasergeometrie (l = 25 mm, ∅ = 0,4 mm) und eine Dosierung von 2 Vol.-% beispielhaft entwickelt wurde, basiert auf einer Wirkung der Fasern in der Zugzone, ähnlich den Ausführungen in Abschnitt 7.4. Es berücksichtigt allerdings eine Vergrößerung der Bruchstauchungen des Betons sowie eine Steigerung der Druckfestigkeit.
Das Nomogramm von *Stiller* [7.4] ergänzt allgemeine Bemessungsdiagramme der DIN 1045 hinsichtlich einer Fasertragfähigkeit. Als Nachteil ist die Beschränkung auf Rechteckquerschnitte und besonders der Mindestfasergehalt von 4 Vol.-% anzusehen, der nicht nur aus Gründen der Verarbeitbarkeit sondern auch aus wirtschaftlichen Gesichtspunkten unrealistisch ist.
Zusammenfassend ergibt sich, daß die statische Wirksamkeit der Fasern unter Biegebeanspruchungen vernachlässigt werden kann. Ein günstiges Rißverhalten, größere Verformbarkeiten und ein duktiles Versagen mit Vorankündigung werden zwar erzielt, rechtfertigen allerdings nicht den Einsatz von Fasern zur Aufnahme planmäßige auftretender Zugkräfte.

# 8 Sonderanwendungen und Ausblick

## 8.1 Sonderanwendungen

Stahlfaserverstärkte Betone zeichnen sich durch eine vergrößerte Duktilität aus, die durch die Dosierung gesteuert werden kann. Die schwierigere Verarbeitbarkeit, die in der Praxis oftmals Bedenken hervorruft ist kein Nachteil. Sie kann über die Betontechnologie beeinflußt werden. Der im Vergleich zu herkömmlicher Bewehrung hohe Materialpreis verschlechtert allerdings die Wirtschaftlichkeit. Während eine Tonne Bewehrungsstahl, gebogen, geliefert und verlegt, zur Zeit mit DM 800,- bis maximal DM 1000,- kalkuliert werden muß, kostet die Tonne Stahlfasern zwischen DM 1600,- und DM 2000,- , die Tonne verzinkte Feinfaser sogar bis zu DM 9000,- (je nach Abnahmemenge). Dieser preisliche Unterschied wird seitens der Faserproduzenten mit höheren Rohmaterialkosten und der aufwendigeren Herstellung begründet. Hieraus wird deutlich, daß der einfache Ersatz von herkömmlicher Bewehrung durch Fasern wirtschaftlichen Betrachtungen meist nicht standhalten kann.
Auf die Anwendung bei redundanten, also statisch untergeordneten Konstruktionen soll nicht eingegangen werden. Hier ist Stahlfaserbeton bereits heute schon weit verbreitet. Über die Wirtschaftlichkeit muß von Fall zu Fall entschieden werden, sie ist nicht grundsätzlich günstiger. Der Themenkomplex der Bemessung konstruktiv bewehrter Bauteile aus Stahlfaserbeton bedarf jedoch weiterer Forschung. Der Einfluß der Fasern auf die rechnerische Biegezugfestigkeit kann mittlerweile als hinreichend geklärt gelten. Die im Rahmen der vorliegenden Arbeit ermittelten Ansätze helfen das Trag- und Verformungsverhalten unter Normal- und Querkraft sowie Momentenbeanspruchung abzuschätzen. In weiterführender Forschung müßte der Einfluß auf die Mindestbewehrung im besonderem Hinblick auf das Rißbreitenverhalten untersucht werden. Hier sind Ansätze zu entwickeln, die nicht nur bei Bauwerken zum Schutz der Umwelt verwendet werden könnten, sondern auch eine rechnerische Ansetzung der Fasern zur Rißbreitenbeschränkung ermöglichen. Dies würde sich auf die Wirtschaftlichkeit weiter positiv auswirken.

### 8.1.1 Brandverhalten

Brandbeanspruchungen verursachen im Querschnitt Feuchtigkeitsbewegungen, die abhängig von Eigenfeuchte und Porenstruktur zu teilweise erheblichen inneren

Zugspannungen führen können. Während der Erwärmung des beflammten Bauteils verdampft im Werkstoff physikalisch und chemisch gebundenes Wasser. Der hervorgerufene Dampfdruck versucht sich über Kapillarporen zu entspannen, was insbesondere bei Betonen mit niedrigeren Festigkeiten gelingt. In der homogenen Struktur hochfester Betone sind solche Poren allerdings nur äußerst begrenzt vorhanden. Die Behinderung der Gasbewegung kann bei 300° C zu inneren Zugspannungen von ca. 8 N/mm² führen, die sich bei einer weiteren Aufheizung auf 350 °C mehr als verdoppeln können [8.1]. Die Beanspruchungen liegen damit weit über der Zugfestigkeit des Betons, die für einen B 105 etwa 5 N/mm² beträgt. Die Folge sind Abplatzungen der Oberfläche, die explosionsartig auftreten und dem Brandherd neue Angriffsflächen bieten. Die Temperaturfront dringt schneller ins Bauteilinnere vor, wodurch die tragende Bewehrung früher ihre kritische Temperatur erreicht und die Festigkeit verliert. Das Bauteil versagt.

Die Anordnung einer netzartigen Schutzbewehrung soll schädigende Abplatzungen auf die äußeren Bereiche beschränken und eine definierte Betondeckung sichern helfen.

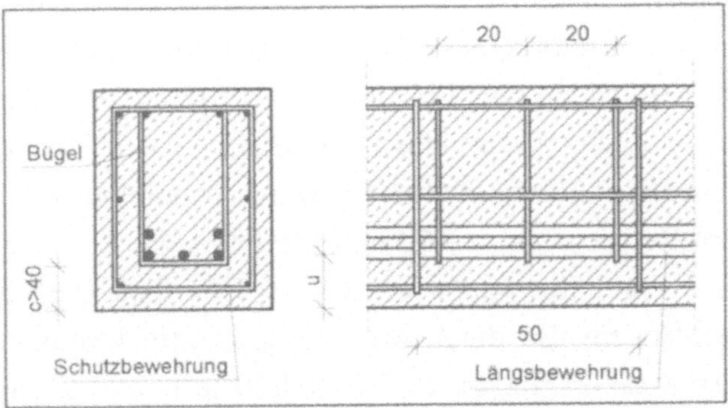


Bild 8-1 : Schutzbewehrung gegen Abplatzungen im Brandfall, aus [8.2]

Diesbezügliche Konstruktionsdetails können dem Beton Brandschutz Handbuch [8.2] und der DAfStb - Richtlinie für hochfesten Beton [8.3] entnommen werden. Alternativ zu diesen konstruktiven Möglichkeiten dürfen gemäß [8.3] auch betontechnologische Maßnahmen zur Begrenzung der Abplatztiefen herangezogen werden. Das wird besonders interessant, wenn der Einbau der Schutzbewehrung aufgrund hoher Bewehrungsgrade zu kompliziert ist.

Versuche zeigten, daß geringe Dosierungen von Polypropylenfasern die Abplatzneigung hochfester Betone deutlich reduzieren. Dies erklärt sich dadurch, daß

Polypropylen bei ca. 160 °C schmilzt und Kanäle in der homogenen Zementsteinmatrix frei gibt, durch die sich entstehender Dampfdruck entspannen kann. Experimentell erwies sich eine Dosierung von mindestens 4 kg/m³ an Kunststoffasern als notwendig [8.1]. Offen bleibt die Frage, wohin die geschmolzene Masse der Fasern entweichen kann, um die benötigten Poren nicht zu verstopfen. Eine endgültige Klärung muß durch weitere Forschung herbeigeführt werden.

*Kordina* erwähnt in [8.1], daß Stahlfasern zumindest bei feuchtem, normalfestem Beton die Abplatzungstiefen reduzieren können. Dagegen ändern Stahlfasern das Hochtemperaturverhalten hochfester Betone nicht, wie *König* und *Grimm* in [8.4] bemerken, sondern steigern sogar die Empfindlichkeit des Materials bei Brand.

In zwei eigenen Tastversuchen wurde das Brandverhalten von Fasercocktail-Betonen untersucht. Dazu wurden jeweils 2 Stützen und 2 Deckenausschnitte gefertigt, wobei immer vergleichend ein faserfreier und ein faserverstärkter Versuchskörper hergestellt wurden. Der verwendete Fasercocktail enthielt 80 kg/m³ Stahlfasern und 2 kg/m³ Polypropylenfasern. Damit war die Dosierung der Kunststoffasern deutlich geringer als die bis dahin verwendeten Zugabegehalte. Die Würfeldruckfestigkeit (150 mm) des Betons betrug im Mittel 83 N/mm² für die faserfreien und 87 N/mm² für die Fasercocktail – Bauteile. Der E-Modul wurde zu 35800 N/mm² (faserfrei) und 33700 N/mm² (faserverstärkt) ermittelt. Der Feuchtegehalt der Prüfkörper wurde parallel an Zylindern ermittelt und ergab sich am Versuchstag zu 3,6 M.-% bis 3,8 M.-%.

Die plattenartigen Bauteile waren jeweils 40 cm dick und besaßen unterschiedliche Seitenlängen, die durch die Ofengeometrie bestimmt wurden. Die beheizten Flächen ergaben sich zu 1,25 m x 1,20 m bzw. 1,25 m x 0,55 m. Es wurde beidseitig eine Mattenbewehrung Q 378 mit einer Betondeckung von 5 cm eingebaut. Beide Segmente wurden unbelastet geprüft und der sog. RABT - Beflammung ausgesetzt, hinsichtlich möglicher Anwendungsgebiete im Tunnelbau.

Etwa zeitgleich konnten erste kleine Abplatzungen bei beiden Versuchskörpern beobachtet werden. Während sich das Herauslösen der Bruchstücke bei der faserverstärkten Platte schneller beruhigte, mündeten die Abplatzungen des faserfreien Segmentes in einer explosionsartigen Ablösung eines größeren Plattenausschnittes. Der begleitende Rißverlauf stellte sich bei beiden Segmenten ähnlich ein. Die Tiefe der Abplatzungen wurde nach Versuchsende zu ca.

30–40 mm bei der faserverstärkten und ca. 50 mm – 75 mm bei der faserfreien Platte festgestellt.

Bild 8-2 : Abplatzungen bei Platten aus faserfreiem Beton

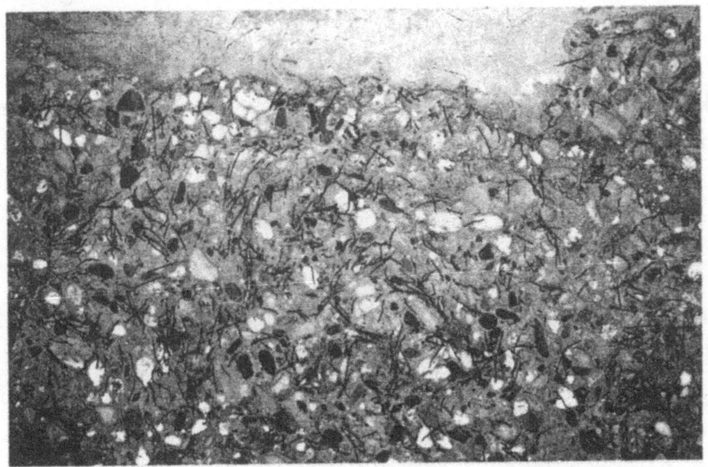

Bild 8-3 : Abplatzungen bei Platten aus Fasercocktail - Beton

Die quadratischen Stützen besaßen Seitenlängen von jeweils 30 cm und wurden mit 4 Längsstäben ∅ 20 und Bügeln ∅ 10 bewehrt. Die Betonüberdeckung betrug 3 cm. Die Stützenlänge war aus Gründen der Versuchseinrichtung auf 1,15 m begrenzt. Beide Stützen wurden unter Gebrauchslast einer ETK - Beflammung ausgesetzt.

Eine verstärkt einsetzende Mikrorißbildung ermöglichte den Dampfaustritt im Eckbereich beider Stützen, führte aber bei der faserfreien Stütze zu einem frühzeitigen Abplatzen der Betonoberfläche. Ein Ablösen der Eckbereiche konnte, zeitlich verzögert, auch bei dem faserverstärkten Prüfkörper beobachtet werden, jedoch vernähten die Stahlfasern die Oberfläche mit dem Kernbereich und verhinderten so ein Abfallen. Der Rißverlauf und das Stauchungsverhalten beider Stützen waren ähnlich. Ein Versagen trat in beiden Fällen ein, nachdem die Temperaturfront von 500 °C die Bewehrung erreichte. Für die faserfreie Stütze war dies nach 71 Minuten der Fall, die Fasercocktail - Stütze versagte erst nach 105 Minuten.
Auch hier zeigt sich ein positiver Kombinationseffekt beider Fasertypen. Während die Kunststoffaser offensichtlich auch in geringerer Dosierung nötige Porenräume schafft und gleichzeitig als Initiator weitere Mikrorißbildungen dient, vernähen die Stahlfasern die schützende Betonoberfläche mit dem Kernbereich. Durch diesen isolierenden Effekt verlangsamt sich das Eindringen der Temperaturfront ins Bauteilinnere, das Versagen kann wirksam verzögert werden. Auch bei den getesteten Platten verringern sich die schädigenden Aplatzungstiefen wohl aus ähnlichen Gründen. Das steht auch nicht im Widerspruch zu den Beobachtungen von *Kordina* und *König*.
Diese Erkenntnisse der Tastversuche werden nun im Rahmen eines neuen Versuchsprogrammes vertieft. Hier soll insbesondere der Einfluß der Faserdosierung weiter beleuchtet werden.

### 8.1.2 Fertigteilbau

Die im Rahmen dieser Arbeit aufgeführten Bemessungskonzepte eignen sich alle für die Anwendung im Fertigteilbau. Dabei kann die Verarbeitbarkeit über die Rezeptur gesteuert werden. Auch ist es denkbar, durch gezielte Maßnahmen die Faserausrichtung zu beeinflussen und so deren Effektivität zu erhöhen.
Neben den herkömmlichen Konstruktionen sind weitere Sonderanwendungen denkbar. Voruntersuchungen werden Aufschluß über das Tragverhalten von Fertigteilstützen geben, die am Kopf mit einem Kragen versehen sind, der das Durchstanzverhalten in Flachdeckenkonstruktionen verbessern soll. Dieser Kragen ist ebenso wie die Stütze aus hochfestem Fasercocktail – Beton und ca. 5 – 7 cm dünner als die spätere Decke. Diese kann aus normalfestem Beton hergestellt werden. Die untere Deckenbewehrung wird über Muffen angeschlossen, eine obere Bewehrung kann über dem Fertigteil verlegt werden. Die Schubtragfähigkeit

des Kragens und der Decke wird gesteigert durch die höhere Materialfestigkeit und die vorhandenen Fasern bzw. den vergrößerten Durchstanzkegel.

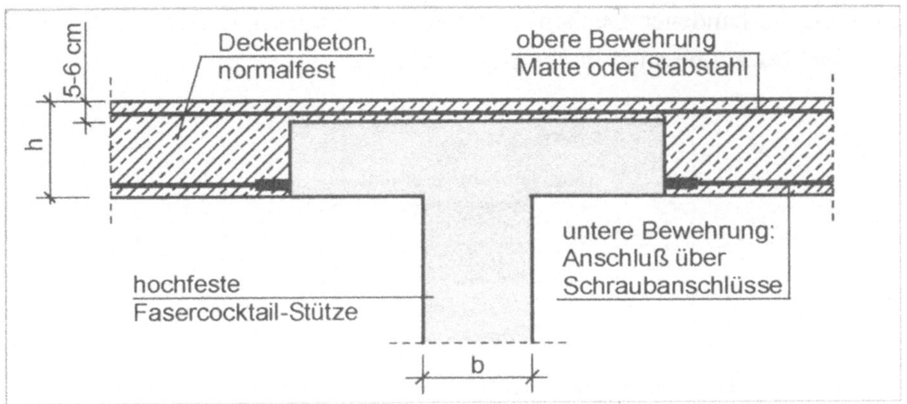


Bild 8-4 : Fertigteilstütze mit Kopfkragen

### 8.1.3 Tunnelbau

Im Tunnel- und Tübbingbau werden Stahlfasern schon seit längerem erfolgreich eingesetzt. Die Beanspruchungen solcher Konstruktionen zeichnen sich durch Biegemomente, hohe Drucknormalkräfte und Schubspannungen aus. Hier ergeben sich künftig weitere Vorteile, weil die zeit- und kostenaufwendigere zweischalige Bauweise durch eine einschalige Konstruktion ersetzt wird. Zweischalige Konstruktionen zeichnen sich durch eine strikte Aufgabentrennung von Sicherheit im Bauzustand (äußere Schale) bzw. im Endzustand (innere Schale) aus. Die innere Schale muß den Anforderungen an Standsicherheit, Gebrauchsfähigkeit, Dauerhaftigkeit und Dichtheit genügen.

Einschalige Konstruktionen verbinden diese Anforderungen. Obwohl in der Herstellung teurer, sind sie u.U. wirtschaftlicher, weil der Bauablauf beschleunigt wird.

Die Verfahrenstechnik des Faserpump- und spritzbetons müssen weiter systematisch erforscht werden. Umfangreiche Arbeiten hierzu wurden insbesondere von *Maidl* in Bochum durchgeführt.

Der Ersatz herkömmlicher Bewehrung durch Stahlfasern im Tübbingbau ist bekannt. Hinsichtlich zusätzlicher Brandschutzanforderungen könnte sich ein Einsatz des Fasercocktails als sinnvoll erweisen. Problematisch bleibt auch hier die Wasserundurchlässigkeit der Fugenkonstruktionen.

### 8.1.4 Verstärkung von Bauteilen

Hochfeste Deckschichten aus verfomungsfähigem Fasercocktailbeton können zur Verstärkung vorhandener Deckenkonstruktionen eingesetzt werden. Die Anordnung in der Druckzone nutzt die Festigkeit optimal.

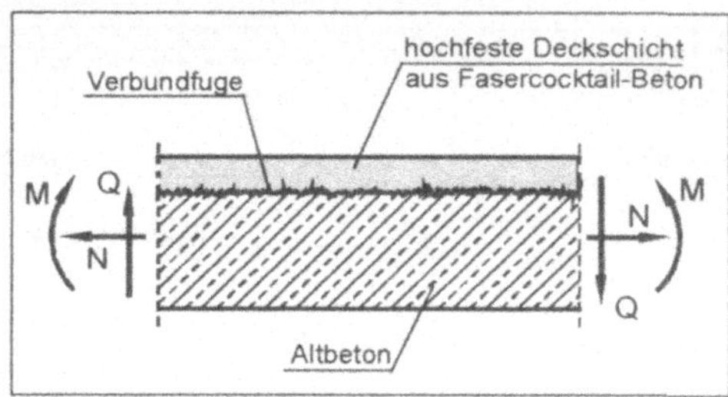


Bild 8-5 : Hochfeste Deckschicht zur Verstärkung von Decken

Anhand der Dehnungsverteilungen könnte theoretisch die Tragfähigkeitsteigerung in Abhängigkeit der Festigkeit und Verformungsfähigkeit der Deckschicht ermittelt werden. Über Eignungsversuche könnte weiterhin nachgewiesen werden, daß die eingesetzten Fasercocktail - Betone der restriktiven Beschränkung der Bruchstauchungen nicht mehr bedürfen.

Der Verbundfuge solcher Konstruktionen kommt besondere Bedeutung zu. Sie begrenzt die Größe der verstärkenden Druckkräfte und entscheidet über die Wirtschaftlichkeit der Konstruktion, weil ein Einsatz nur kostengünstiger ist, wenn sich die notwendige Rauhigkeit ohne den Einbau nachträglicher Gitter- bzw. Dübelbewehrung realisieren läßt.

## 8.2 Ausblick

Unter Vorgabe einer Mindestduktilität könnte der Tragwerksplaner ggf. selbst entscheiden, durch Faserzugaben Bewehrungsarbeiten zu vereinfachen. Auch bei der Sicherung des Brandschutzes wirken sich die Fasern positiv aus.

Die Anteile der Schubtragfähigkeit können erstmals angerechnet und im Rahmen einer Normung erfaßt werden.

Zusammenfassend sei angemerkt, daß sich die uralte Idee von Faserverstärkungen in hydraulisch gebundenen Werkstoffen noch immer im Anfangsstadium der Entwicklung befindet. Faserbeton kann kein vollständiger Ersatz für Stahlbeton sein, jedoch in manchen Fällen die Materialeigenschaften des Betons erheblich verbessern.

# Zusammenfassung

Im Rahmen umfangreicher Versuchsserien wurde der Einfluß von Fasern auf das Materialverhalten von Beton untersucht. Dabei konnte bestätigt werden, daß die Zugabe von Stahlfasern die Festigkeitseigenschaften des Betons kaum beeinflußt. Auch der Elastizitätsmodul vergrößert sich nur geringfügig. Dahingegen steigt die Verformungsfähigkeit im Nachbruchbereich, die sog. Duktilität, erheblich an. Die über die Rißöffnung übertragbaren Spannungen nehmen in Abhängigkeit der Faserdosierung zu und können durch direkte zentrische Zugversuche experimentell ermittelt werden.

Das Entfestigungsverhalten stahlfaserverstärkter Betone unter zentrischer Zugbeanspruchung wird durch ein mechanisches Modell beschrieben. Während der Traganteil des Betons gemäß den Ausführungen von *Remmel* berücksichtigt wird, baut die Beschreibung des Auszugsverhaltens der Stahlfasern auf dem Modell von *Müller* auf. Hierdurch gelingt es, das Verformungsverhalten stahlfaserverstärkter Betone zu modellieren und bruchmechanische Kenngrößen wie die spezifische Bruchenergie $G_f$ bzw. die charakteristische Länge $l_{ch}$ zu berechnen. Die so hergeleitete Zugspannungs-Rißöffnungsbeziehung $\sigma$-w wird weiterhin durch eine trilineare Entfestigungsfunktion vereinfacht.

Auch bei rißgleitender Beanspruchung kann, wie eine Modellüberlegung zeigt, diese Entfestigungsbeziehung angewendet werden.

Der Einfluß unterschiedlicher Fasern auf das explosive Bruchverhalten hochfester Betone wird in Kapitel 5 näher untersucht. Dabei zeigt sich an schlanken Prüfkörpern mit mittleren Zylinderfestigkeiten von $f_c = 90 - 95$ MPa, daß Stahlfasern alleine keinen ausreichenden Einfluß auf das Bruch- und Nachbruchverhalten besitzen. Gleiches gilt für Polypropylenfasern, die allerdings das Rißverhalten des Betons beeinflussen. Durch eine kombinierte Zugabe dieser Fasern, dem sog. „Fasercocktail“ verbessert sich das Versagensverhalten erheblich. Der Bruch kündigt sich durch frühzeitige Rißbildungen an, ein explosionsartiges Versagen wird Vermieden. Neben einer Vergrößerung der Bruchstauchungen bildet sich im Bereich der Druckfestigkeit ein Plateau aus, der absteigende Ast der Druckspannungs-Stauchungskurve flacht ab. Die Entfestigungskurve nimmt eine glockenförmigen Verlauf an und gleicht sich damit dem Verhalten normalfester Betone an.

Durch weiterführende Untersuchungen an Prüfkörpern unterschiedlicher Festigkeit wird der Mechanismus der einzelnen Fasern geklärt und durch lichtmikroskopische Aufnahmen weiter abgesichert. Der Einfluß der Faserdosierungen auf das Verformungsverhalten in Abhängigkeit der Festigkeit wird ermittelt.

Die rechnerische Modellierung des Bruchverhaltens basiert auf dem Compressive Damage Zone (CDZ) Modell von *Markeset*, das sich als besonders geeignet erwiesen hat. Anhand der Versuchsserien an Zylindern wurden die entsprechenden Modellparameter für Fasercocktail – Betone ermittelt.
In einer weiteren Versuchsserie wurden hochfeste Stahlbetonstützen zentrisch bis zum Bruch belastet. Alle Stützen waren mit einer Mindestlängsbewehrung versehen, die Abstände der Bügelbewehrung variierten. Neben faserfreien Versuchskörpern wurden auch Stützen aus Fasercocktail – Beton getestet.
Unter Verwendung der ermittelten Parameter des CDZ – Modells und der Erweiterung auf bügelumschlossene Bauteile (*Meyer*) konnten die Stützenversuche nachgerechnet werden. Dabei zeigt sich eine gute Übereinstimmung mit den experimentellen Ergebnissen. Die Verformungskapazität zentrisch belasteter Druckglieder wird durch die Zugabe eines Fasercocktails wirkungsvoller beeinflußt, als durch eine Erhöhung der Querbewehrung.

In Kapitel 6 wird ein Versuchsprogramm zur Ermittlung der Schubtragfähigkeit stahlfaserverstärkter Betone vorgestellt. Unter Beibehaltung der Schubschlankheit $\lambda_s$ kann eine Abhängigkeit der Tragfähigkeit von der Stahlfaserdosierung festgestellt werden.
Es werden drei unterschiedliche Modelle vorgestellt, diskutiert und modifiziert, die eine Berechnung der Schubtragfähigkeit unter Verwendung bruchmechanischer Kenngrößen ermöglichen. Die entsprechenden Werte für Stahlfaserbeton werden aus der vorgestellten Entfestigungsbeziehung (Kapitel 4) errechnet. Die Übereinstimmung zwischen Rechnung und Versuchen zeigt, daß auf der Basis der spezifischen Bruchenergie die Schubtragfähigkeit auch für Stahlfaserbetone abgeschätzt werden kann.

Experimentelle Untersuchungen an Biegeträgern zeigen, daß der Einfluß der Stahlfasern auf das Bruchverhalten solcher Balken mit praxisüblicher Bewehrung

zu vernachlässigen ist. Dies wird auch rechnerisch deutlich. Hierzu ist eine neue Definition des Versagenszustandes unter Einbeziehung der Rißbreite nötig.
In abschließenden Untersuchungen konnte die verbesserte Feuerwiderstandsdauer von hochfesten Fasercoktail – Betonen nachgewiesen werden. Hierzu wurden Versuche an unbelasteten Platten (Tunnelbau) und belasteten Stüzenausschnitten (Hochbau) durchgeführt.

Weiter Anwendungsgebiete des neuen Materials wurden vorgestellt und diskutiert.

# Versuchsaufbau der zentrischen Zugversuche

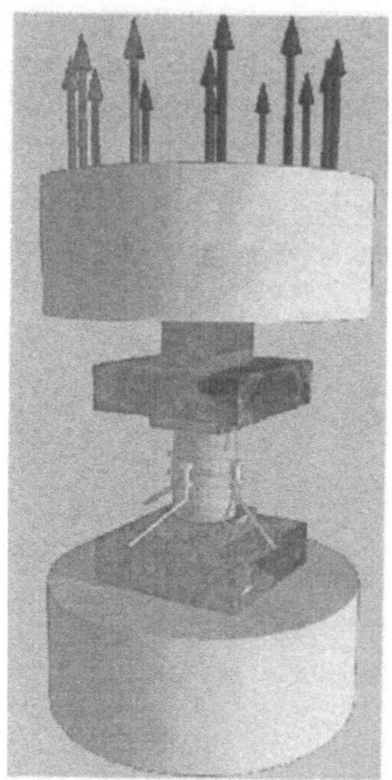

Kurzbeschreibung :

- Betonzylinder mit Durchmesser d = 100 mm bis d = 150 mm
- Sollbruchstelle durch mittige Kerbe
- Befestigung an Stahlplatten durch epoxidharzhaltigen Klebstoff
- Biegesteife Verschraubung mit dem Maschinenober- bzw –unterhaupt
- Maschinensteuerung mittels induktiver Wegaufnehmer (W 2 – W 10)
- Aufzeichnung des Materialverhaltens mittels induktiver Wegaufnehmer (W 2 – W 10)
- Maximale Rißweiten von 10 mm

# Diagramme

## Mittelwertskurven der zentrischen Zugversuche

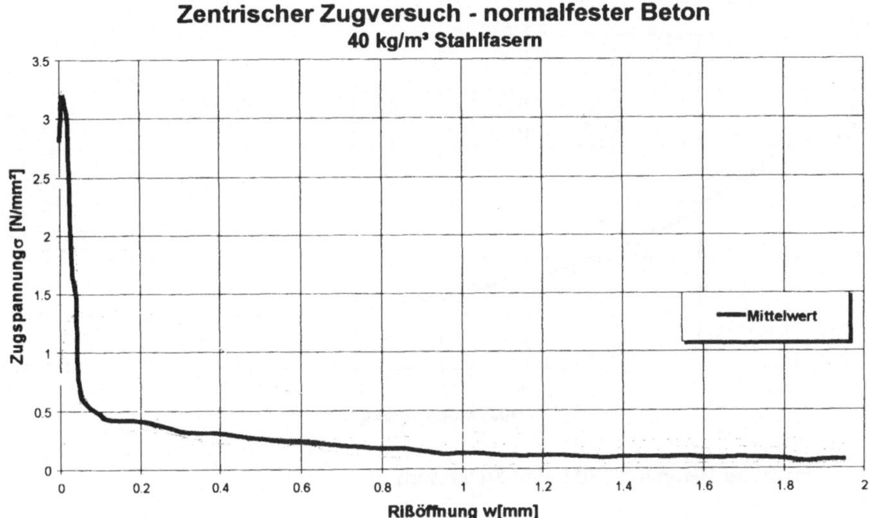


Bild A 1: normalfester Beton mit 40 kg/m³ Stahlfasern

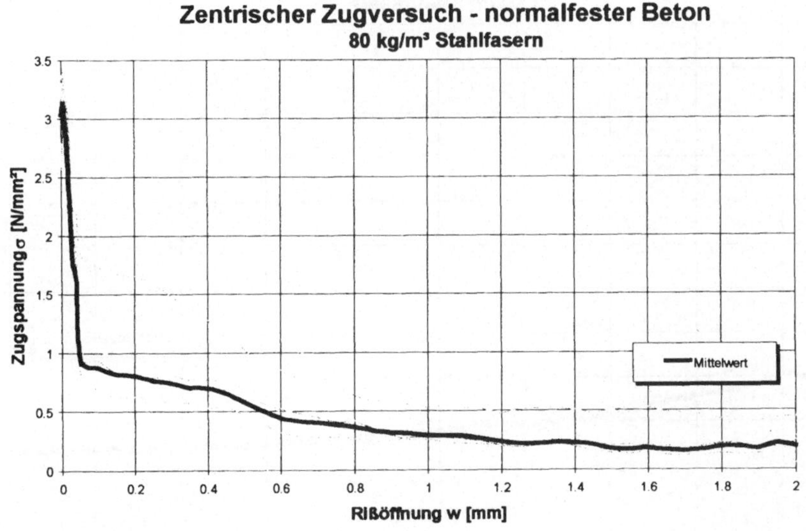


Bild A 2: normalfester Beton mit 80 kg/m³ Stahlfasern

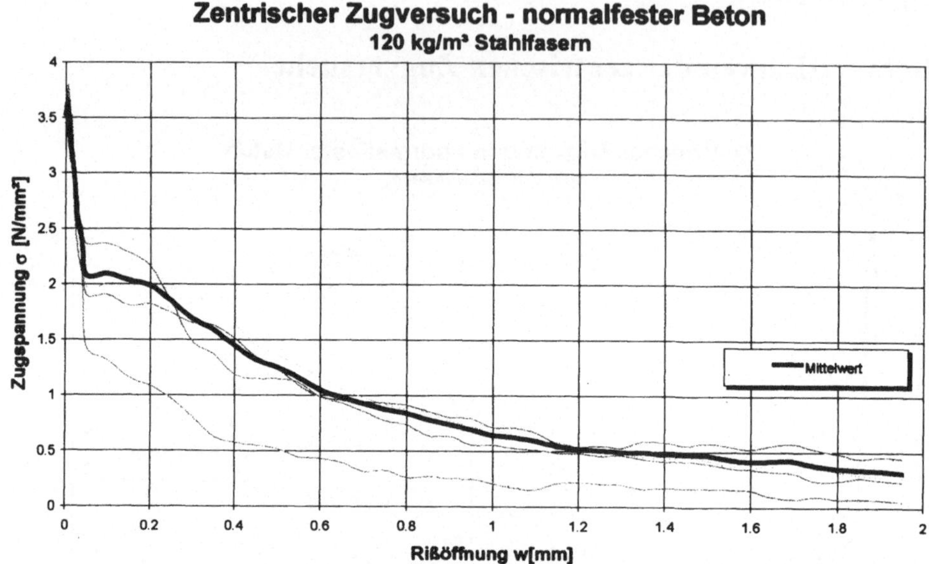


Bild A 3: normalfester Beton mit 120 kg/m³ Stahlfasern

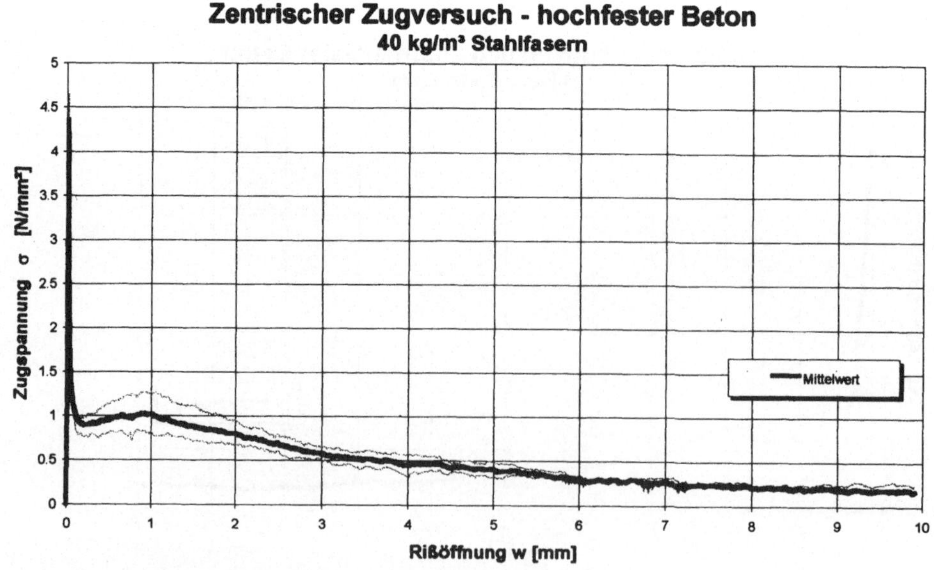


Bild A 4: hochfester Beton mit 40 kg/m³ Stahlfasern

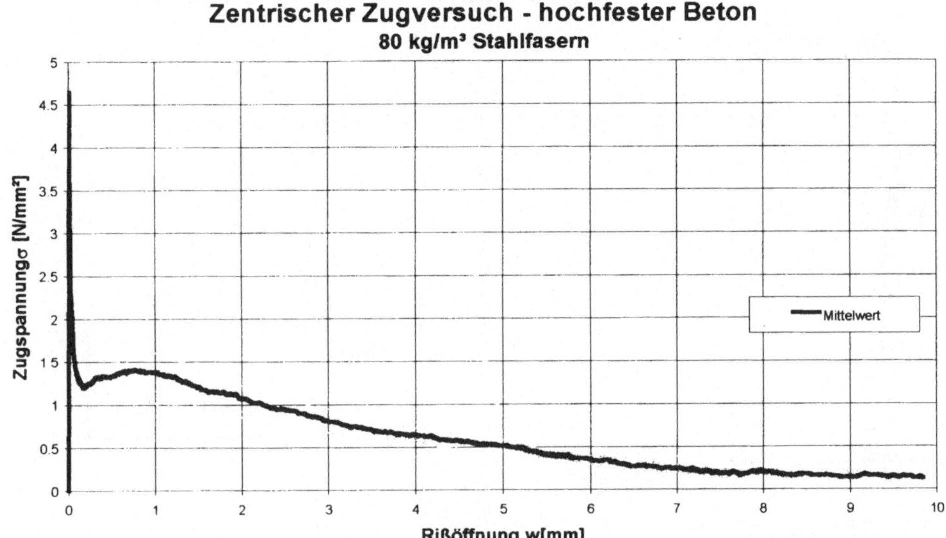


Bild A 5: hochfester Beton mit 80 kg/m³ Stahlfasern

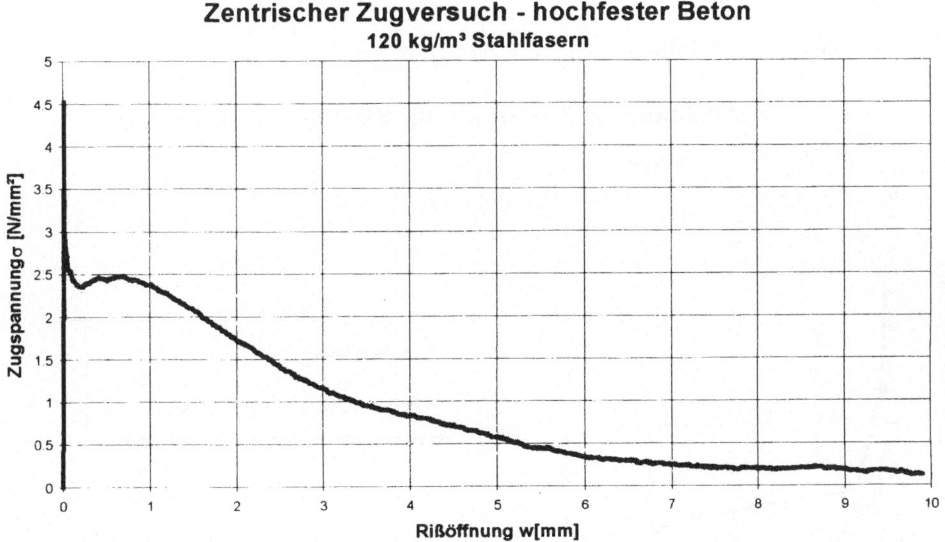


Bild A 6: hochfester Beton mit 120 kg/m³ Stahlfasern

**Anmerkung :** Zur Bildung der Mittelwertskurven wurden Messungen nicht berücksichtigt, deren Ergebnisse wesentlich von den übrigen Versuchen abwichen.

# Rechnerische Modellierung des Entfestigungsverhaltens

## Normalfester Beton

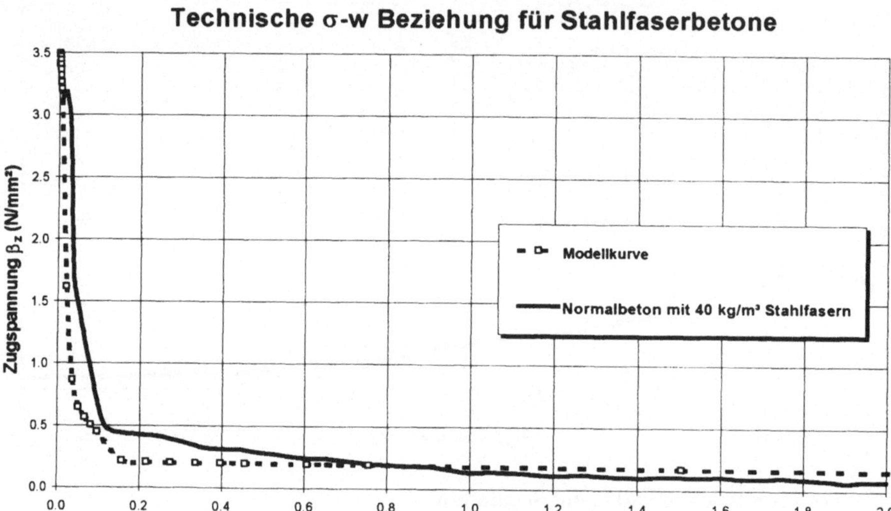


Bild A 7: Entfestigungsverhalten mit $\tau_m$ = 3 N/mm²

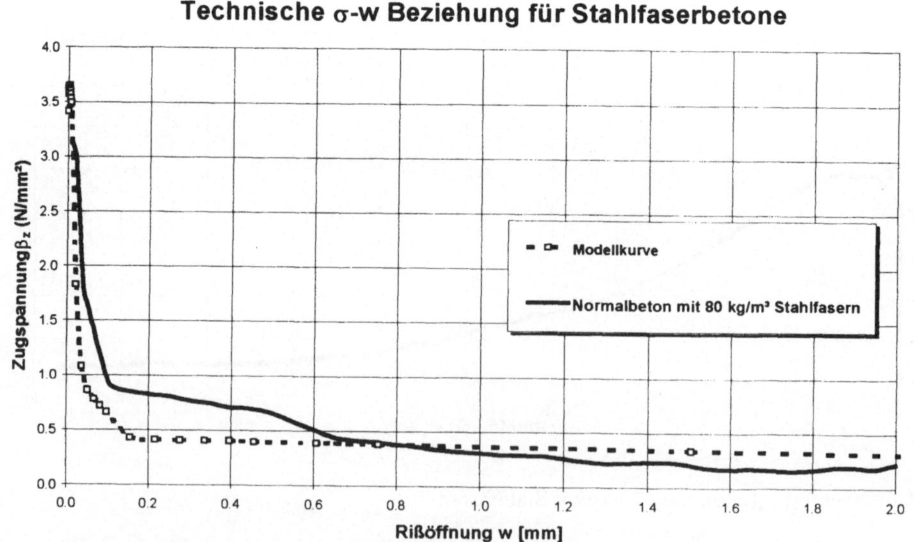


Bild A 8: Entfestigungsverhalten mit $\tau_m$ = 3 N/mm²

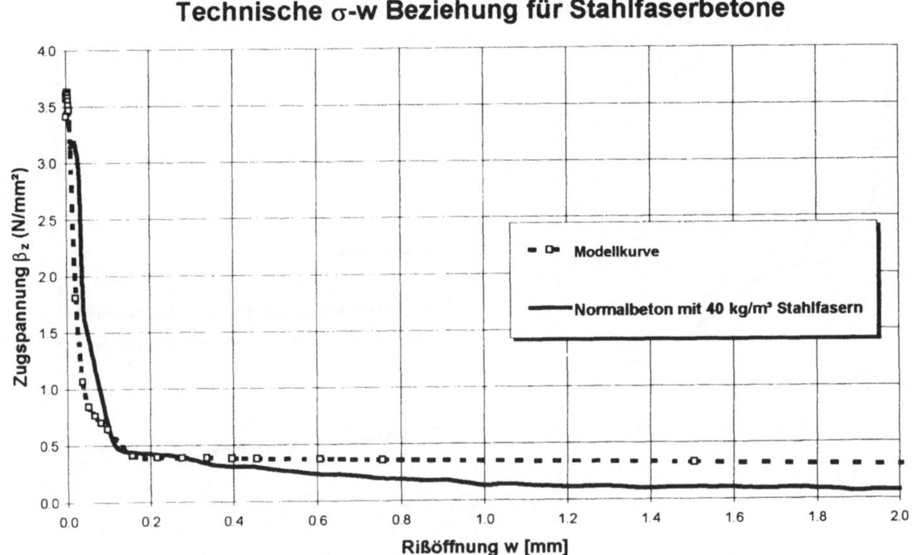


Bild A 9: wie Bild A 7, nur mit Orienterungsfaktor $\eta$ = 0.6

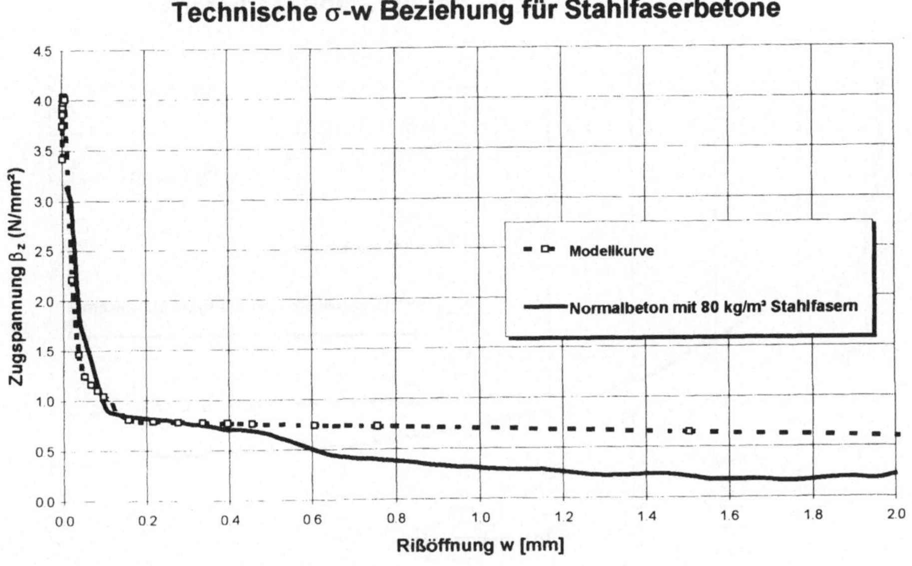


Bild A 10: wie Bild A 8, nur mit Orienterungsfaktor $\eta$ = 0.6

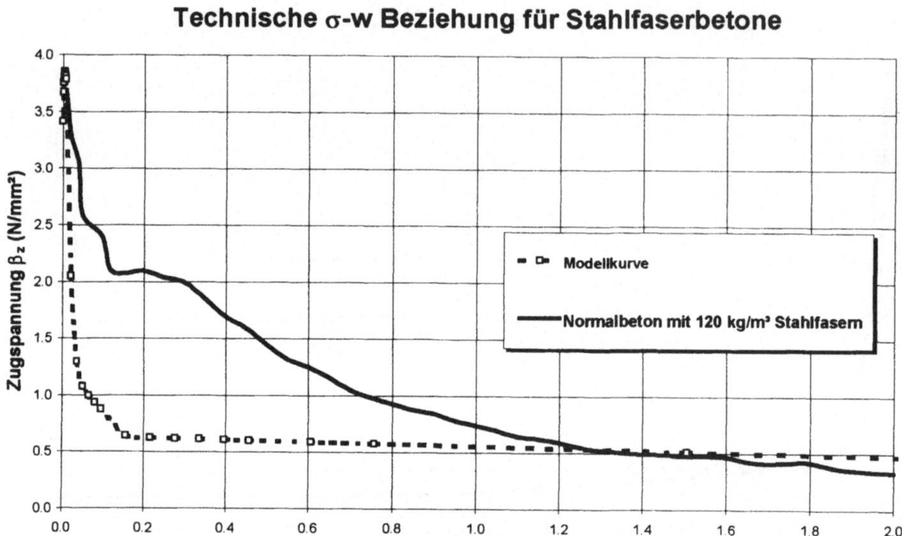


Bild A 11: Entfestigungsverhalten mit $\tau_m$ = 3 N/mm²

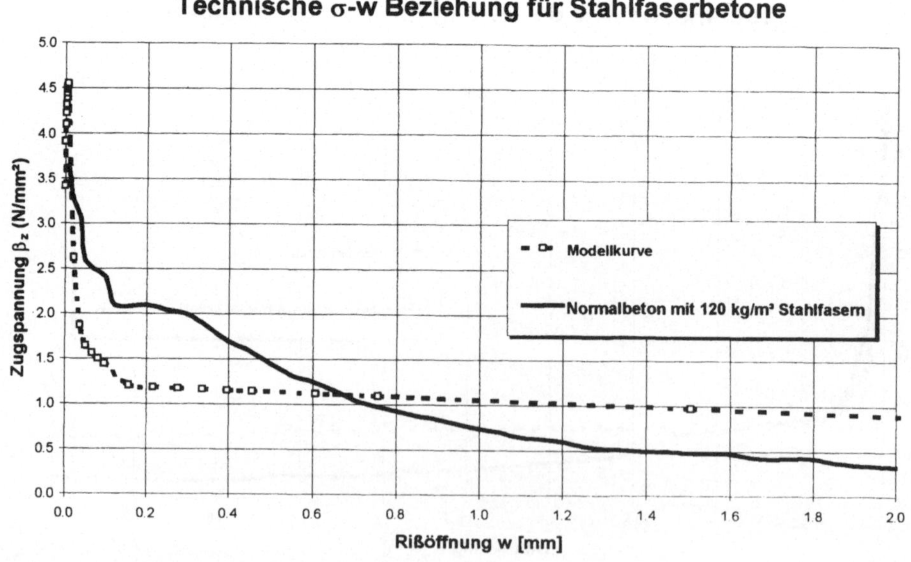


Bild A 12: wie Bild A 11, nur mit Orienterungsfaktor $\eta$ = 0.6

## Hochfester Beton

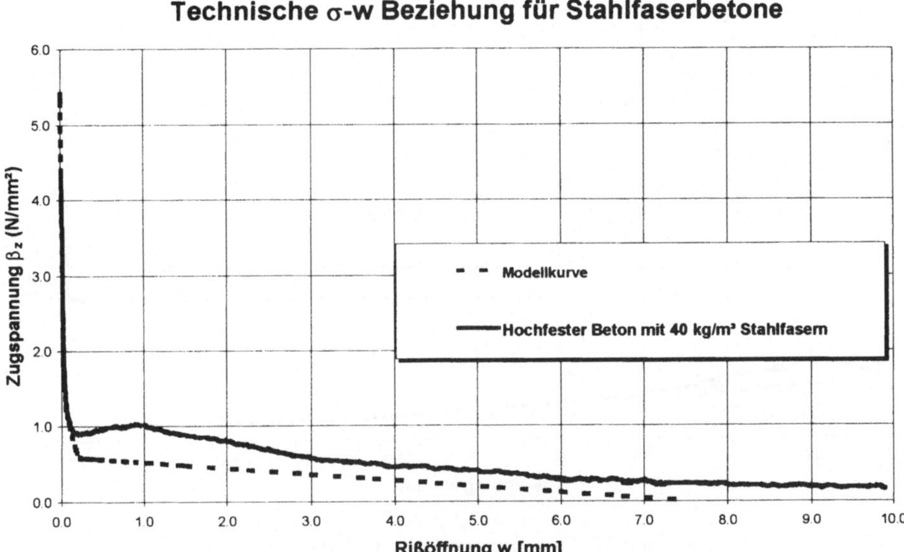


Bild A 13: $\tau_m$ = 5 N/mm², 3D Faktor

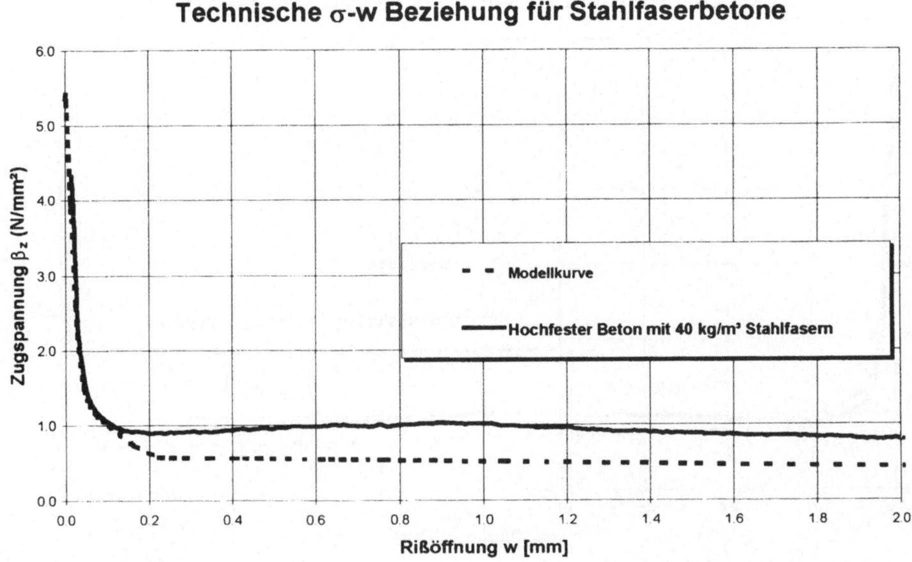


Bild A 14: wie Bild A 13, nur Ausschnitt

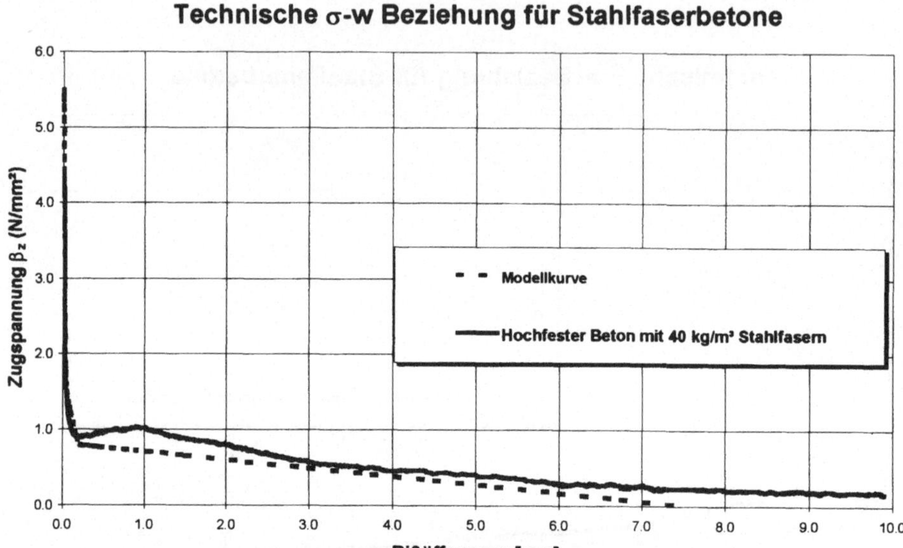


Bild A 15: wie Bild A 13, nur mit 2D Orientierungsfaktor (0.501)

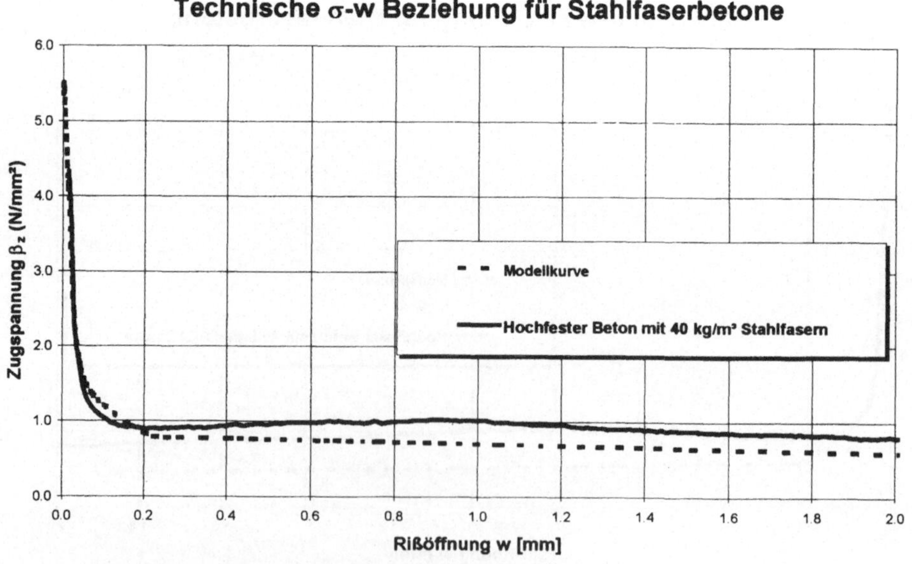


Bild A 16: wie Bild A 15, nur Ausschnitt

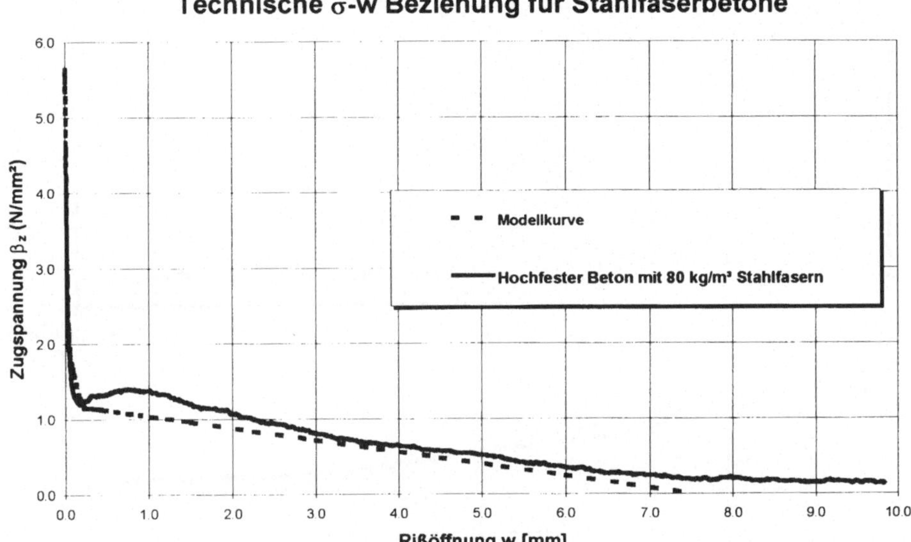


Bild A 17: $\tau_m$ = 5 N/mm², 3D Faktor

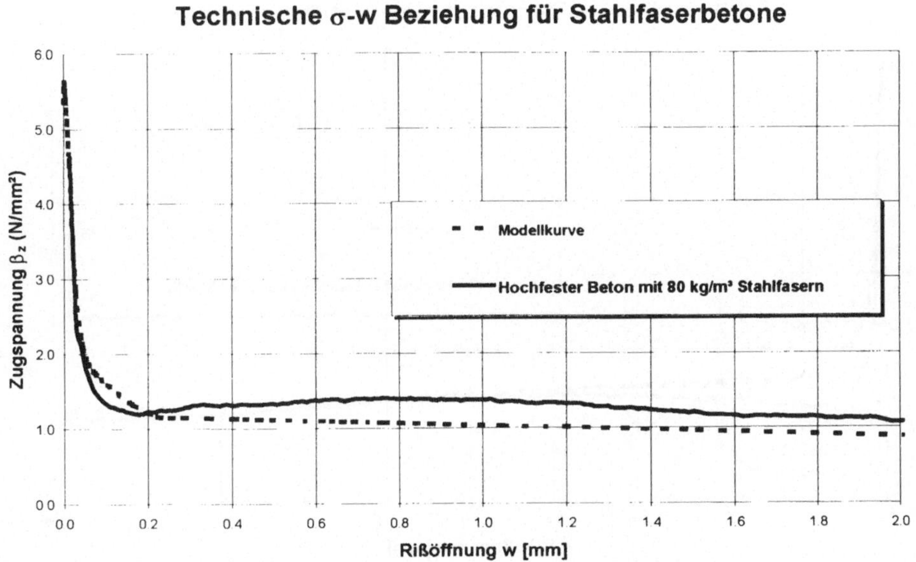


Bild A 18: wie Bild A 17, nur Ausschnitt

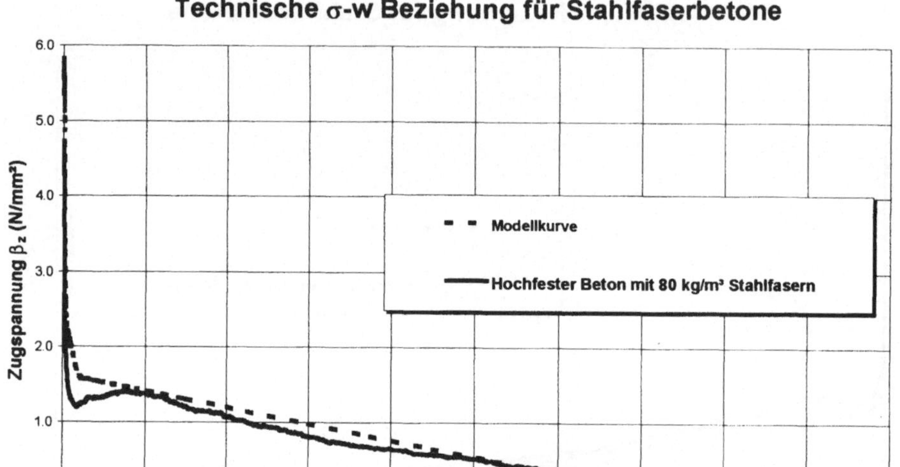


Bild A 19: wie Bild A 17, nur mit 2D Faktor

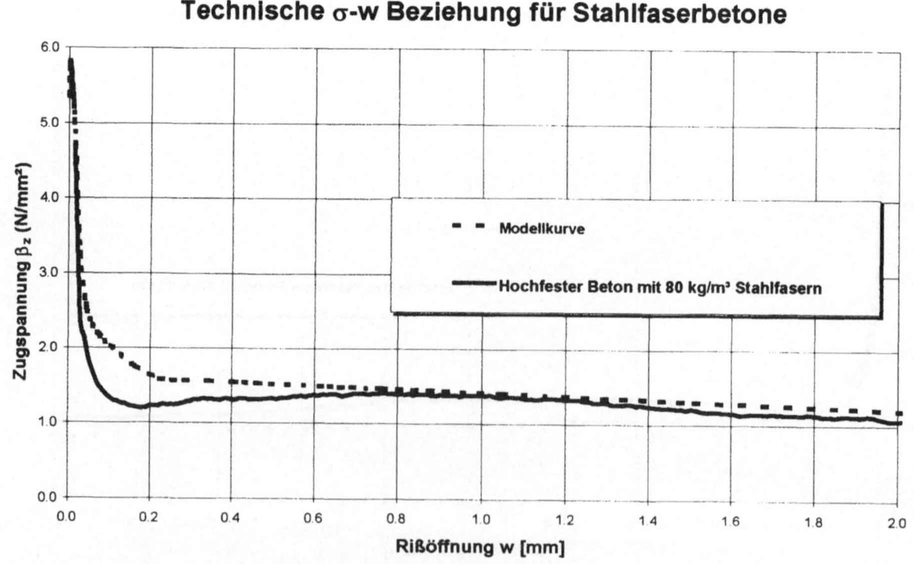


Bild A 20: wie Bild A 19, nur Ausschnitt

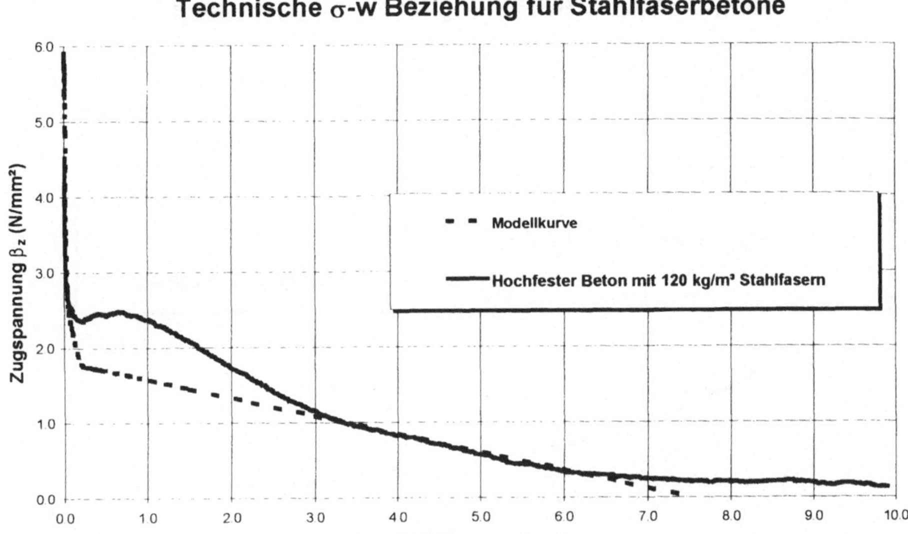


Bild A 21: $\tau_m$ = 5 N/mm², 3D Faktor

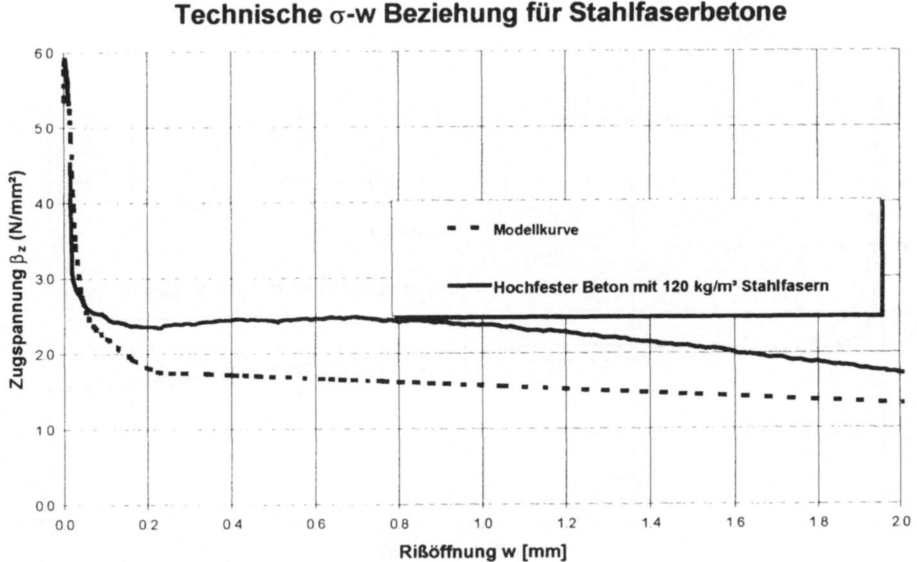


Bild A 22: wie Bild A 21, nur Ausschnitt

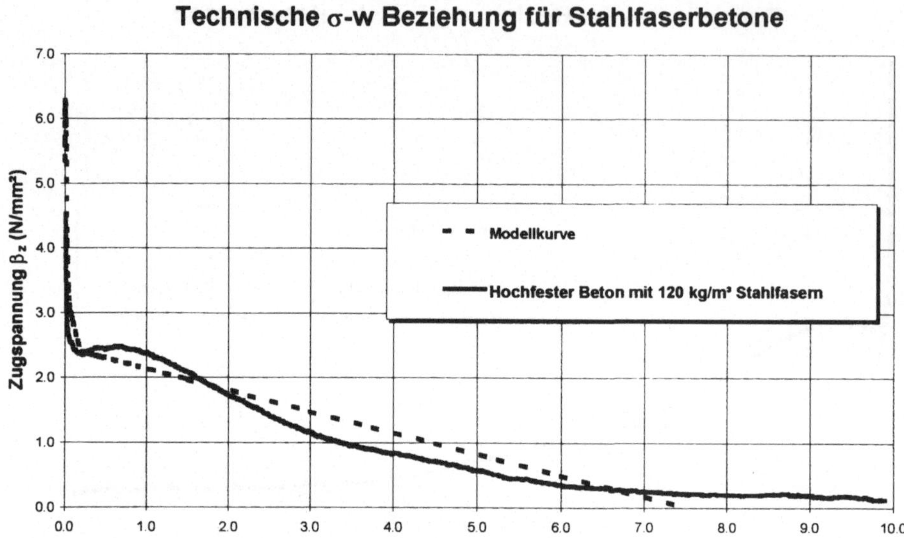


Bild A 23: wie Bild A 21, nur mit 2D Faktor

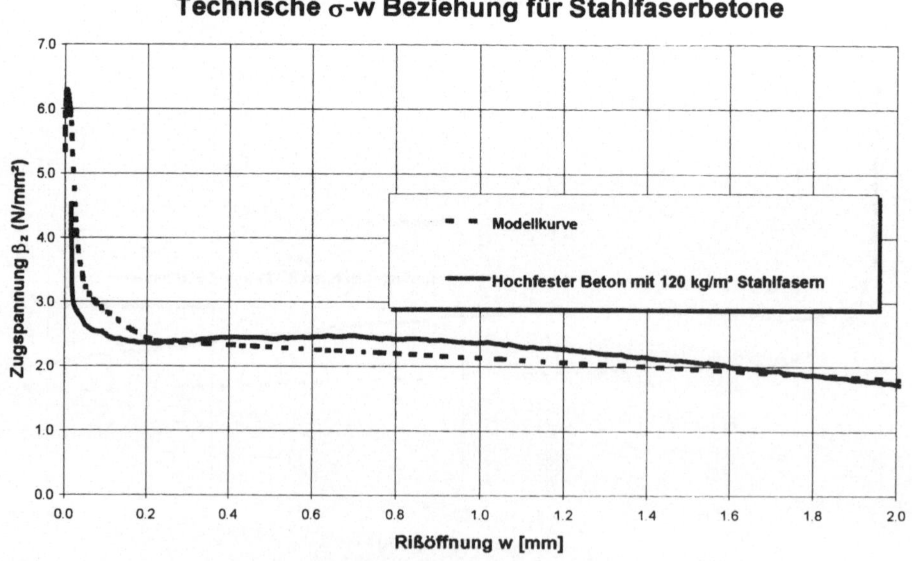


Bild A 24: wie Bild A 23, nur Ausschnitt

# Literaturverzeichnis

## 2 Materialeigenschaften


[2.1] **DBV-Merkblatt** *„Technolaogie des Stahlfaserbetons und Stahlfaserspritzbetons"*, Wiesbaden, Ausgabe 1996.

[2.2] **Weigler, H. und Karl, S.** : *Beton. Arten - Herstellung - Eigenschaften.* Ernst & Sohn Verlag, Berlin, 1989.

[2.3] **Maidl, B.** : *Stahlfaserbeton.* Ernst & Sohn Verlag, Berlin, 1991.

[2.4] **Reinhardt, H.-W.** : *Werkstoffe des Bauwesens.* Der Ingenieurbau Band 4 (Werkstoffe & Elastizitätstheorie). Ernst & Sohn Verlag, Berlin, 1997.

[2.5] *Glasfaserbeton - Konstruieren und Bemessen.* Fachvereinigung Faserbeton e.V., Beton-Verlag, Düsseldorf, 1994.

[2.6] **Kordina, K.:** *Brandschutzforschung im Betonbau - Ergebnisse aus den letzten Jahren.* Vorträge der DBV-Arbeitstagung „Forschung" am 7. November 1996 in Wiesbaden, Deutscher Beton Verein (DBV), Wiesbaden, 1996.

[2.7] **Haegermann, G.:** *Vom Caementum zum Zement.* Beiträge zur Geschichte des Betons, Teil A. Festschrift der Dyckerhoff Zementwerke AG anläßlich des 100-jährigen Bestehens, Wiesbaden, 1964.

[2.8] *Stahlfaserbeton - Ein neuer Baustoff und seine Perspektiven.* Bibliothek der Technik, Band 136, Verlag Moderne Industrie.

[2.9] **DBV-Merkblatt** *„Bemessungsgrundlagen für Stahlfaserbeton im Tunnelbau"*, Wiesbaden, Ausgabe 1996.

[2.10] **Dahl, J.:** *Sonderkonstruktionen im Tunnelbau.* Braunschweiger Bauseminar 1996, Heft 126, TU Braunschweig, 1996.

[2.11] **Vandewalle, M.:** *Stahlfaserbeton bei der Tunnelherstellung Schnellbahnstrecke Madrid - Sevilla.* Darmstädter Massivbau-Seminar, Band 3, TH Darmstadt, 1990.

[2.12] **Fritz, C.:** *SIFCON - Herstellung und mechanische Eigenschaften.* Dissertation, Institut für Massivbau, TH Darmstadt, 1992.

[2.13] **Wörner, J.-D.:** *Hochfester Faserbeton.* Vorträge der DBV-Arbeitstagung „Forschung" am 7. November 1996 in Wiesbaden, Deutscher Beton Verein (DBV), Wiesbaden, 1996.

[2.14] **Lemberg, M.:** *Dichtschichten aus hochfestem Faserbeton.* Deutscher Ausschuß für Stahlbeton, Heft 465, Berlin, 1996.

[2.15] **Niemann, P.:** *Weiterentwicklung Feste Fahrbahn Systeme.* Braunschweiger Bauseminar 1997, Heft 136, TU Braunschweig, 1997.

[2.16] **Nemegeer, N.V., Teutsch, M.:** *Möglichkeiten und Anwendungsgebiete des Stahlfaserbetons.* Braunschweiger Bauseminar 1992, Heft 97, TU Braunschweig, 1992.

[2.17] **Rosenbusch, J., Teutsch, M.:** *Elementwände aus Stahlfaserbeton.* Braunschweiger Bauseminar 1997, Heft 136, TU Braunschweig, 1997.

[2.18] **Droese, S., Riese, A.:** *Wohnhausdecken ohne obere Bewehrung - Belastungsversuche an neuartigen Deckenplatten.* Beton- und Stahlbetonbau 91, Heft 12, 1996.

[2.19] **Hinke, U.:** *Tiefe Baugruben Potsdamer Platz Berlin - Bauvorhaben der Daimler Benz AG.* Braunschweiger Bauseminar 1995, Heft 119, TU Braunschweig, 1995.

[2.20] **Falkner, H.:** *Stahlfaserbeton für die Unterwasserbetonsohlen am Potsdamer Platz in Berlin.* Kurzzusammenfassung der Vorträge zum Deutschen Betontag 1996, Berlin, 1996.

[2.21] **DIN 1045:** Beton und Stahlbeton, Bemessung und Ausführung, Ausgabe 07.88

[2.22] **Maidl, B.:** *Handbucht für Spritzbeton.* Ernst & Sohn Verlag, Berlin, 1992.

[2.23] **Maidl, B., Handke, D.:** *Stahlfaserspritzbeton im Tunnelbau.* Der Bauingenieur 62, 1987.

[2.24] **Kützing, L.:** *Schubtragfähigkeit stahlfaserverstärkter Balken.* Beitrag zum 35. Forschungskolloquium des Deutschen Ausschuß für Stahlbeton, Leipzig, 1998.

[2.25] **Wienke, B.:** *Stahlfaserbeton für Dicht- und Verschleißschichten auf Betonkonstruktionen.* Deutscher Ausschuß für Stahlbeton, Heft 468, Berlin, 1996.

[2.26] **Höcker, T.:** *Einfluß von Stahlfasern auf das Verschleißverhalten von Betonen unter extremen Betriebsbedingungen in Bunkern von Abfallbehandlungsanlagen.* Deutscher Ausschuß für Stahlbeton, Heft 468, Berlin, 1996.

[2.27] **Kern, E., Schorn, H.:** *23 Jahre alter Stahlfaserbeton.* Beton- und Stahlbetonbau 86, Heft 9, 1991.

[2.28] **Schießl, P., Weydert, R.:** *Korrosion von Stahlfasern in gerissenem und ungerissenem Stahlfaserbeton.* Fraunhofer IRB Verlag, T 2802, Forschungsbericht Nr. 516, 1998.

[2.29] *Stahlfasertechnik im Industriebodenbau - Bemessungsgrundlage.* Prospekt der Firma Vulkan Harex, Herne, 1995.

[2.30] **Schmidt, M.:** *Eigenschaften und Prüfung von Stahlfaserspritzbeton.* Konstruktiver Ingenieurbau Berichte, Heft 42, Ruhr-Universität Bochum, Essen, 1984.

# 3 Ermittlung der Tragfähigkeit - Grundlagen und Konzepte

[3.1] **Rudolph, P.:** *Zur Bemessung des Zugverhaltens von Stahlfaserbeton.* Betontechnik, 1989.

[3.2] **Schnütgen, B.:** *Bemessung von Stahlfaserbeton und ihre Problematik.* Konstruktiver Ingenieurbau Berichte, Heft 37, Ruhr - Universität Bochum, 1981.

[3.3] **Taerwe, L., Van Gysel, A.:** *Influence of Steel Fibers on Design Stress-Strain Curve for High-Strength Concrete.* Journal of Engineering Mechanics, August 1996.

[3.4] **Sargin, M., Handa, V.:** *A general formulation for the stress-strain properties of concrete.* Report No. 3, Solid Mechanics Div., University of Waterloo, Ontario, Canada, 1969. Original nicht eingesehen, Inhaltswiedergabe nach [4.12].

[3.5] DBV-Merkblatt „Bemessungsgrundlagen für Stahlfaserbeton im Tunnelbau“, Wiesbaden, Ausgabe 1996.

[3.6] **Hillerborg, A., Modéer, M., Peterson, P.-E.:** *Analysis of crack formation and crack growth in concrete by means of fracture mechanics and finite elements.* Cement and Conrete Research, Vol. 6, 1976.

[3.7] **Slowik, V.:** *Beiträge zur experimentellen Bestimmung bruchmechanischer Materialparameter von Betonen.* Postdoktorandenbericht, ETH Zürich. Building Materials Report, AEDIFICATIO Verlag, Freiburg, 1995.

[3.8] **Richter, F.:** *Die Duktilität von Stahlfaserbeton – Sichtung verschiedener Standards.* Braunschweiger Bauseminar 1998, Heft 141, TU Braunschweig, 1998.

[3.9] **Teutsch, M.:** *Leistungsklassen des Stahlfaserbetons.* Braunschweiger Bauseminar 1998, Heft 141, TU Braunschweig, 1998.

# 4 Modellierung des Bruchverhaltens

[4.1] **Müller, M.:** *Ein Berechnungsverfahren für Faserbeton unter Biegung und Normalkraft.* Dissertation, Institut für Massivbau, TH Darmstadt, 1992.

[4.2] **Lemberg, M.:** *Dichtschichten aus hochfestem Faserbeton.* Deutscher Ausschuß für Stahlbeton, Heft 465, Berlin, 1996.

[4.3] **König, G. und Fischer, J.** : *Model Uncertainties concerning Design Equations for the Shear Capacity of Concrete Members without Shear Reinforcement.* CEB, Bulletin 224, Lausanne 1995.

[4.4] **Remmel, G.** : *Zum Zug- und Schubtragverhalten von Bauteilen aus hochfestem Beton.* Deutscher Ausschuß für Stahlbeton, Heft 444, Berlin, 1994.

[4.5] **Lin, Y.-Z.**: *Tragverhalten von Stahlfaserbeton.* Dissertation, Institut für Massivbau und Baustofftechnologie, Universität Karlsruhe, 1996.

[4.6] *Stahlfaserbeton - Ein neuer Baustoff und seine Perspektiven.* Bibliothek der Technik, Band 136, Verlag Moderne Industrie.

[4.7] **Li, V.C., Stang, H., Krenchel, H.**: *Micromechanics of crack bridging in fibre reinforced concrete.* Materials and Structures, No. 26, 1993.

[4.8] **DBV-Merkblatt**: *Technologie des Stahlfaserbetons und Stahlfaserspritzbetons.* Ausgabe 1996.

[4.9] **Maidl, B.**: *Stahlfaserbeton.* Ernst & Sohn Verlag, Berlin, 1991.

[4.10] **Feyerabend, B.**: *Zum Einfluß verschiedener Stahlfasern auf das Verformungs- und Rißverhalten von Stahlfaserbeton unter den Belastungsbedingungen einer Tunnelschale.* Dissertation, Ruhr-Universität Bochum, Technisch-wissenschaftliche Mitteilung Nr. 95-8, 1995.

[4.11] **Rehm, G., Diem, P., Zimbelmann, R.**: *Möglichkeiten zur Erhöhung der Zugfestigkeit von Beton.* Deutscher Ausschuß für Stahlbeton, Heft 283, Berlin, 1983.

[4.12] **Hartwich, K.**: Zum Riß- und Verformungsverhalten von stahlfaserverstärkten Stahlbetonstäben unter Längszug. Dissertation, TU Braunschweig, Heft 72, 1986.

[4.13] **Schönlin, K.**: *Ermittlung der Orientierung, Menge und Verteilung der Fasern in faserbewehrtem Beton.* Beton- und Stahlbetonbau, Heft 6, 1988.

[4.14] **Romualdi, J., Mandel, J.**: *Tensile strength of concrete affected by uniformly distributed and closely spaced short length of wire reinforcement.* ACI-Journal, Juni 1964. Original nicht eingesehen, Inhaltswiedergabe nach [4.12].

[4.15] **Abolitz, A., Agbim, C.**: *Discussion of Romualdi, Mandel [4.13].* ACI Journal, Dezember 1994. Original nicht eingesehen, Inhaltswiedergabe nach [4.12].

[4.16] **Kar, J., Pal, A.**: *Strength of fibre reinforced concrete.* Proceedings ASCE, Mai 1972. Original nicht eingesehen, Inhaltswiedergabe nach [4.12].

[4.17] **Krenchel, H.**: *Fibre reinforcement.* Akademisk Forlag, Kopenhagen, 1964. Original nicht eingesehen, Inhaltswiedergabe nach [4.12].

[4.18] **Parimi, S., Rao, S.**: *Effectiveness of random fibres in fibre reinforcement concrete.* Proceedings International Conference of Mechanical Behaviour of Materials, Kyoto, 1971. Original nicht eingesehen, Inhaltswiedergabe nach [4.12].

[4.19] **Aveston, J., Kelly, A.**: *Theory of Multiple Fracture of Fibrous Composites.* Journal of Material Science, Vol. 8, 1973. Original nicht eingesehen, Inhaltswiedergabe nach [4.12].

[4.20] **Stroeven, P.**: *Morphometry of fibre reinforced cementitious materials, Part 1: Efficiency and spacing in idealized structures, Part 2: Inhomogenity.* Materiaux et Constructions, Vol. 11. Original nicht eingesehen, Inhaltswiedergabe nach [4.12].

[4.21] **Nilson, L., Chen, P.**: *Young's moduls of composites filled with randomly oriented fibres.* Journal of Materials, Vol. 3, 1968. Original nicht eingesehen, Inhaltswiedergabe nach [4.12].

[4.22] **Schnütgen, B.**: *Das Festigkeitsverhalten von mit Stahlfasern bewehrtem Beton unter Zugbeanspruchungen.* Dissertation, Ruhr-Universität Bochum, Technisch-wissenschaftliche Mitteilung Nr. 75-8, 1975.

[4.23] **Fischer, J.** : *Versagensmodell für schubschlanke Balken.* Dissertation, Institut für Massivbau, TH Darmstadt, 1996.

[4.24] **Chanvillard, G.**: Analyse expérimentale et modélisation micromécanique du comportement des fibres d'acier tréfilées, ancrées dans une matrice cimentaire. Université de Sherbrooke (Québec), 1992. Original nicht eingesehen, Inhaltswiedergabe nach [4.1].

[4.25] **Lim, T.Y., Paramasivam, P., Lee. S.L.**: *Analytical Model for Tensile Behavior of Steel-Fiber Concrete.* ACI Materials Journal, July-August 1987.

# 5 Tragverhalten unter zentrischer Druckbeanspruchung

[5.1] **Graf, O.**: *Festigkeiten und Elastizität von Beton mit hoher Festigkeit.* Deutscher Ausschuß für Stahlbeton, Heft 113, Berlin, 1954.

[5.2] **Scholz, W.**: *Baustoffkenntnis.* Werner-Verlag, 13. Auflage, Minden, 1995.

[5.3] **Goldman, A., Bentur, A.**: *Properties of Cementitious Systems Containing Silica Fume or Nonreactive Microfillers.* Advanced Cement Based Materials, Heft 1, 1994. Original nicht eingesehen, Inhaltswiedergabe nach [5.4].

[5.4] **König, G., Grimm, R.**: *Hochleistungsbeton.* Betonkalender 1996, Teil 1, Ernst & Sohn Verlag, Berlin, 1996.

[5.5] **Held, M.**: *Ein Beitrag zur Herstellung und Bemessung von Druckgliedern aus hochfestem Normalbeton (B 65 - B 125).* Dissertation, TH Darmstadt, 1992.

[5.6] **Schrage, I.**: *Hochfester Beton - Sachstandsbericht, Teil 1 : Betontechnologie und Betoneigenschaften.* Deutscher Ausschuß für Stahlbeton, Heft 438, Berlin, 1994.

[5.7] **König, G. u.a.**: *Hochfester Beton - Sachstandsbericht, Teil 2 : Bemessung und Konstruktion.* Deutscher Ausschuß für Stahlbeton, Heft 438, Berlin, 1994.

[5.8] **Aïtcin, P.-C.**: *High-Performance Concrete.* Modern Concrete Technology 5, E & FN SPON. London / New York, 1998.

[5.9] **Gross, D.**: *Bruchmechanik.* 2. Auflage, Springer Verlag, Berlin, 1996.

[5.10] **Richtlinie für hochfesten Beton**, Ergänzung zu DIN 1045 / 07.88 für die Festigkeitsklassen B 65 bis B 115. Deutscher Ausschuß für Stahlbeton, August 1995.

[5.11] **Müller, F.P., Keintzel, E.**: *Erdbebensicherung von Hochbauten.* 2.Auflage, Ernst & Sohn Verlag, Berlin, 1984.

[5.12] **Shah, S.P. et al.** : *Strain - softening of concrete in uniaxial compression.* Rilem TC 1 48-SSC: Test methods for the strain-softening response of concrete.

[5.13] **Simsch, G.:** *Tragverhalten von hochbeanspruchten Druckstützen aus hochfestem Beton (B 65 - B 115).* Dissertation, TH Darmstadt, 1992.

[5.14] **Deutschmann, K.:** *Duktiler Hochleistungsbeton mittels geeigneter Ausgangs- und Zusatzstoffe.* Beitrag zum 35. Forschungskolloquium des Deutschen Ausschuß für Stahlbeton, Leipzig, 1998.

[5.15] **Seiferth, M.:** *Zentrisch belastete Druckglieder aus hochfestem Faserbeton.* Unveröffentlichte Diplomarbeit. Universität Leipzig, 1998.

[5.16] **DIN 1048:** Prüfverfahren für Beton. 1991

[5.17] **Markeset, G.:** *Failure of concrete under compressive strain gradients.* Dissertation, University of Trondheim, Norwegen, 1993.

[5.18] **Bazant, Z.P.:** *Identification of Strain - Softening Constitutive Relation from Tests by Series Coupling Model for Localization.* Cement and Concrete Research, Vol. 19, 1989. Original nicht eingesehen, Inhaltswiedergabe nach [5.17].

[5.19] **Grimm, R.:** *Einfluß bruchmechanischer Kenngrößen auf das Biege- und Schubtragverhalten hochfester Betone.* Deutscher Ausschuß für Stahlbeton, Heft 477, Berlin, 1997.

[5.20] **Meyer, J.:** *Ein Beitrag zur Untersuchung der Verformungsfähigkeit von Bauteilen aus Beton unter Biegedruckbeanspruchungen.* Dissertation, Universität Leipzig, 1998.

[5.21] **Delibes Liners, A.:** *Microcracking of concrete under compression and ist influence on tensile strength.* Materials and Structures. Vol. 20, 1987.

[5.22] **Hillerborg, A.:** *Rotational Capacity of Reinforced Concrete Beams.* Nordic Concrete Research (Oslo), No. 7, 1988. Original nicht eingesehen, Inhaltswiedergabe nach [5.17].

[5.23] **Römer, T.:** *Zur bruchmechanischen Modellierung des Druckversagens von Beton.* Unveröffentlichte Diplomarbeit. HTWK Leipzig und Universität Leipzig, 1998.

[5.24] **König, G., Kützing, L.:** *Mit einem Fasercocktail zur Duktilität von Druckgliedern aus Hochleistungsbeton.* Bautechnik 2/98. Ernst & Sohn Verlag, Berlin, 1998.

[5.25] **Kützing, L.:** *Duktilitätssteigerung von Hochleistungsbetonen durch Zugabe eines Fasercocktails.* Beitrag zum 35. Forschungskolloquium des Deutschen Ausschuß für Stahlbeton, Leipzig, 1998.

[5.26] **Schnütgen, B.:** *Bemessung von Stahlfaserbeton und ihre Problematik.* Konstruktiver Ingenieurbau Berichte, Heft 37, Ruhr - Universität Bochum, 1981.

[5.27] **König, G., Grimm, R., Meyer, J., Schmelter, U.:** *Duktilität hochfester Betone.* Beton, Heft 1/96, Berlin, 1996.

[5.28] **Gersomke, N.:** *Effect of small volume ratios of polypropylene fibres on ductility-increase of high strength concrete.* Unveröffentlichte Vertieferarbeit. TU Darmstadt, 1995.

[5.29] **Meyer, J.:** *Erhöhung der Zähigkeit von zementgebundenen Hochleistungswerkstoffen - Konzepte und Versuche.* Unveröffentlichter State of the Art Report, Leipzig, 1996.

[5.30] **König, G., Deutschmann, K., Friedrich, P., Kützing, L., Sicker, A.:** *Entwicklung zäher zementgebundener Hochleistungswerkstoffe, die in neuartigen Anwendungen im Bereich des Bauwesens eingesetzt werden können.* Abschlußbericht LIK-Forschungsvorhaben, Leipzig, 1999.

[5.31] **Taerwe, L. R.:** *Verbesserung der Duktilität von hochfestem Beton durch Einsatz von Stahlfasern.* Fachseminar Stahlfaserbeton, Heft 100, TU Braunschweig, 1993.

[5.32] **Taerwe, L., Van Gysel, A.:** *Influence of Steel Fibers on Design Stress-Strain Curve for High-Strength Concrete.* Journal of Engineering Mechanics, August 1996.

[5.33] **DBV-Merkblatt** *„Bemessungsgrundlagen für Stahlfaserbeton im Tunnelbau"*, Wiesbaden, Ausgabe 1996.

[5.34] **DIN 1045:** Beton und Stahlbeton, Bemessung und Ausführung, Ausgabe 07.88

# 6 Schubtragfähigkeit stahlfaserverstärkter Balken

[6.1] **Leonhardt, F.** : *Shear and Torsion.* Bulletin d'Information No. 126 CEB S. 66-124

[6.2] **Schnell,W., Gross, D., Hauger, W.:** *Technische Mechanik, Band 2 : Elastostatik.* Springer Verlag, Berlin, 1989.

[6.3] **Kordina, K., Blume, F.**: *Empirische Zusammenhänge zur Ermittlung der Schubtragfähigkeit stabförmiger Stahlbetonelemente.* Deutscher Ausschuß für Stahlbeton, Heft 364, Berlin, 1985.

[6.4] *Eurocode 2, Planung von Stahlbeton- und Spannbetontragwerken.* Deutsche Fassung ENV, 1992.

[6.5] *DIN 1045, Beton und Stahlbeton, Bemessung und Ausführung*, Ausgabe 7.88.

[6.6] **Specht, M., Scholz, H.**: *Ein durchgängiges Ingenieurmodell zur Bestimmung der Querkrafttragfähigkeit im Bruchzustand von Bauteilen aus Stahlbeton mit und ohne Vorspannung der Festigkeitsklassen C 12 bis C 115.* Deutscher Ausschuß für Stahlbeton, Heft 453, Berlin, 1995.

[6.7] **König, G., Kützing, L.**: *Bemessung von Stahlfaserbetonbauteilen auf Biegung und Schub.* Abschlußbericht des DBV - Forschungsvorhabens 193. In Vorbereitung.

[6.8] **Balázs, G., Kovács, I.**: *Increase in shear strength of beams by applying fiber reinforcement.* Proceedings 65th birthday of Prof. Mehlhorn, 1997.

[6.9] **Grimm, R.**: *Einfluß bruchmechanischer Kenngrößen auf das Biege- und Schubtragverhalten hochfester Betone.* Deutscher Ausschuß für Stahlbeton, Heft 477, Berlin, 1997.

[6.10] **König, G. und Fischer, J.** : *Model Uncertainties concerning Design Equations for the Shear Capacity of Concrete Members without Shear Reinforcement.* CEB, Bulletin 224, Lausanne, 1995.

[6.11] **Meister, M.**: *Modellierung des Tragverhaltens schubschlanker Balken aus Stahlfaserbeton.* Unveröffentlichte Diplomarbeit, TU Darmstadt / Universität Leipzig, 1998.

[6.12] **Baumann, T., Rüsch, H.**: *Versuche zum Studium der Verdübelungswirkung der Biegezugbewehrung eines Stahlbetonbalkens.* Deutscher Ausschuß für Stahlbeton, Heft 210, Berlin, 1970.

[6.13] **Brückner, F.**: *Theoretische Untersuchungen zur Verdübelungswirkung stahlfaserverstärkter Balken.* Unveröffentlichte Diplomarbeit, TU Darmstadt / Universität Leipzig, 1998.

[6.14] **Hartwich, K.**: *Zum Riß- und Verformungsverhalten von stahlfaserverstärkten Stahlbetonstäben unter Längszug.* Dissertation, TU Braunschweig, Heft 72, 1986.

[6.15] **Hillerborg, A. :** *Shear Strength of Reinforced Concrete Beams.* Application of Fracture Mechanics to Reinforced Concrete, Carpinteri (ed.), pp. 487-501, London 1990

[6.16] **Gustafsson, P.J.**: *Fracture Mechanics Studies of Non-Yielding Materials like Concrete.* Report TVBM-1007, Div. Of Building Materials, Lund Institute of Technology, 1985.

[6.17] **Remmel, G.** : *Zum Zug- und Schubtragverhalten von Bauteilen aus hochfestem Beton.* Deutscher Ausschuß für Stahlbeton, Heft 444, Berlin, 1994.

[6.18] **Fischer, J.** : *Versagensmodell für schubschlanke Balken.* Dissertation, Institut für Massivbau, TH Darmstadt, 1996.

[6.19] **Fischer, J., König, G.**: *Parabel-Schrägriß-Modell für das Versagen von schubschlanken Balken.* Beton- und Stahlbetonbau, Heft 7&8/97, Ernst und Sohn Verlag, Berlin.

[6.20] **Zink, M.**: *Zum Biegeschubversagen schlanker Bauteile aus Hochleistungsbeton mit und ohne Vorspannung.* eingereichte Dissertation, Institut für Massivbau und Baustofftechnologie, Universität Leipzig, 1998.

[6.21] **König, G., Fehling, E.**: *Zur Rißbreitenbeschränkung im Stahlbetonbau.* Beton- und Stahlbetonbau, Heft 6/88, Ernst und Sohn Verlag, Berlin.

# 7 Biegetragfähigkeit stahlfaserverstärkter Balken

[7.1] **Vissmann, H.C.:** : *Zur Bemessung von stahlfaserverstärktem Stahlbeton.* Konstruktiver Ingenieurbau Berichte, Heft 42, Ruhr-Universität Bochum, Essen, 1984.

[7.2] **Schnütgen, B.:** *Stahlfaserbeton für den Umweltschutz.* Ruhr - Universität Bochum.

[7.3] **Henager, C.H.**: *Analysis of Reinforced Wirand Concrete Beams.* Batelle Pacific Northwest Laboratories Richland, Washington, 1974.

[7.4] **Stiller, W. :** *Zum Tragverhalten von bewehrtem Stahlfaserbeton.* Konstruktiver Ingenieurbau Berichte, Mitteilung Nr. 78-8, Ruhr-Universität Bochum, Essen, 1978.

[7.5] **Schnütgen, B.:** *Bemessung von Stahlfaserbeton und ihre Problematik.* Konstruktiver Ingenieurbau Berichte, Heft 37, Ruhr - Universität Bochum, 1981.

# 8 Anwendungen und Ausblick

[8.1] **Kordina, K.:** : *Brandschutzforschung im Betonbau – Ergebnisse aus den letzten Jahren.* Vorträge der DBV-Arbeitstagung "Forschung" am 7. November 1996 in Wiesbaden, Deutscher Beton Verein (DBV), Wiesbaden, 1996.

[8.2] **Kordina, K., Meyer-Ottens, C.:** : *Beton Brandschutz Handbuch.* Beton - Verlag, Düsseldorf, 1981.

[8.3] **Richtlinie für hochfesten Beton**, Ergänzung zu DIN 1045 / 07.88 für die Festigkeitsklassen B 65 bis B 115. Deutscher Ausschuß für Stahlbeton, August 1995.

[8.4] **König, G., Grimm, R.:** *Hochleistungsbeton.* Betonkalender 1996, Teil 1, Ernst & Sohn Verlag, Berlin, 1996.

# Variablendeklaration

| | |
|---|---|
| $\nu$ | Abminderungsfaktor zur Berücksichtigung festigkeitsmindernder Querzugspannungen |
| $\theta$ | Neigungswinkel der Druckstrebe |
| $\alpha$ | Neigungswinkel der Bügelbewehrung |
| $\eta_\Theta$ | Beiwert zur Berücksichtigung der Faserorientierung |
| $\eta_{1D}, \eta_{2D}, \eta_{3D}$ | Orientierungsbeiwert bei ein-, zwei- oder dreidimensionaler Ausrichtung |
| $\nu_c$ | Querdehnungszahl von Beton |
| $\chi_{Fasern}$ | Proportionalitätsfaktor zur Erfassung der Tragfähigkeitssteigerung |
| $\eta_{Vol}$ | Beiwert zur Berücksichtigung der Faserdosierung |
| a | horizontaler Abstand zwischen Auflager und Lasteinleitung |
| $A_b$ | Querschnittsfläche des Betons |
| $A_f$ | Querschnittsfläche der Einzelfaser |
| $A_i$ | Ideeller Betonquerschnitt |
| äqu. $\beta_{bz}$ | äquivalente Biegezugfestigkeit, gemäß DBV-Richtlinie |
| $A_s$ | Längsbewehrungsfläche |
| $a_{s,bü}$ | Fläche der Bügelbewehrung |
| $A_s^{bü}$ | Kernfläche |
| $A_s^{Rand}$ | kernumschließende Fläche |
| b, $b_w$ | Balkenbreite, Stegbreite |
| $b_n$ | Nettobreite des Balkens |
| $b_w$ | Würfeldruckfestigkeit nach Rüsch/Baumann [kP/cm²] |
| c | Exponent zur Beschreibung der Völligkeit, definiert im Entfestigungsansatz für faserfreie Betone nach *Remmel* |
| d | statische Höhe |
| $D_{BZ}$ | Arbeitsvermögen des Betons, gemäß DBV-Richtlinie |
| $d_f$ | Durchmesser der Einzelfaser |
| $d_{Riß}$ | Rißabstände |
| $d_s$ | Durchmesser der Längsbewehrung |
| $d_{s,bü}$ | Durchmesser der Bügel |
| $E_b$, $E_c$ | Elastizitätsmodul des Betons |
| $E_f$ | Elastizitätsmodul der Fasern |
| $E_m$ | Elastizitätsmodul der Betonmatrix |

| | |
|---|---|
| $E_s$ | Entfestigungsmodul, BDZ-Modell in Kapitel 5 |
| F | äußere Kraft |
| $f_c$ | Zylinderdruckfestigkeit des Betons |
| $f_{cd}$ | Betondruckfestigkeit, sicherheitsbeaufschlagt |
| $f_{ck}$ | charakteristische Betondruckfestigkeit |
| $f_{cm}$ | mittlere Zylinderdruckfestigkeit |
| $f_{cm,cube}$ | mittlere, experimentelle Würfeldruckfestigkeit |
| $f_{ct}$ | zentrische Zugfestigkeit |
| $f_L$ | Charakteristische Druckspannung, bis zu der sich der Werkstoff annähernd linear elastisch verhält |
| $f_{t,Faser}$ | Zugfestigkeit der Einzelfaser |
| $f_{t,fl}$ | Biegezugfestigkeit |
| $f_{t1}$, $f_{t2}$ | Grenzzugspannungen, definiert im Entfestigungsansatz für faserfreie Betone nach *Remmel* |
| $f_y$ | Streckgrenze des Bewehrungsstahls |
| $f_{yd}$ | Streckgrenze der Betonsstahls, sicherheitsbeaufschlagt |
| $G_f$ | spezifische Bruchenergie |
| $G_{fc}$ | spezifische Bruchenergie des faserfreien Betons |
| $G^l$ | Energie, die bei der Ausbildung des Schubbandes umgesetzt wird |
| h | Balkenhöhe |
| H | Verdübelungstragfähigkeit nach Rüsch/Baumann bzw. Fischer |
| k | Proportionalitätsfaktor |
| $k_1$,$k_2$ | Beiwerte zur Beschreibung der Fasergeometrie |
| $k_d$ | Beiwert zur Erfassung der Fraktilwerte |
| $k_{DBV}$ | Abminderungsfaktor |
| $k_{EC}$ | Abminderungsfaktor zur Erfassung des Maßstabseffektes |
| $k_x$ | bezogene Druckzonenhöhe |
| L | Länge des Prüfkörpers |
| $l^*$ | effektive Faserauszugslänge |
| $l_{ch}$ | charakteristische Länge |
| $l_{crit}$ | kritische Faserlänge |
| $L^d$ | Länge der Bruchprozeßzone |
| $l_e$ | Einbindelänge der Faser |
| $l_f$ | Länge der Einzelfaser |
| M | Fasermaterialkonstante |

| | |
|---|---|
| $M^I$ | Momententragfähigkeit im ungerissenen Zustand |
| $M^{II}$ | Momententragfähigkeit im gerissenen Zustand |
| n | Verhältnis der Elastizitätsmodule von Stahl und Beton $n = E_s / E_b$ |
| r, γ | Materialkonstanten des CDZ Modells |
| $s_{bü}$ | Abstand der Bügel |
| $ü_{bü}$ | Betonüberdeckung der Bügel |
| $u_{eff}$ | Effektive Betondeckung |
| $V_{cd}$ | Querkraftanteil des Betons, sicherheitsbeaufschlagt |
| $V_{Rd}$ | Bauteilwiderstand, sicherheitsbeaufschlagt |
| $V_{sd}$ | Bemessungsquerkraft, sicherheitsbeaufschlagt |
| $V_u$ | experimentelle Versagenslast |
| $v_u$ | experimentelle Versagenslast, bezogen auf den Querschnitt |
| $V_{wd}$ | Querkraftanteil der Bügelbewehrung, sicherheitsbeaufschlagt |
| w | Rißöffnung |
| $w_1$, $w_2$ | Grenzrißbreiten, definiert im Entfestigungsansatz für faserfreie Betone nach *Remmel* |
| $w_c$ | Rißgleitung, bei der die Ausbildung des Schubbandes abgeschlossen ist |
| $W^d$ | Gesamter Energieanteil, der in den Längsrissen dissipiert wird |
| $W^{el}$ | Elastischer Energieanteil während der Belastung |
| $W_{Faserauszug}$ | Auszugsenergie der Stahlfasern |
| $w_I$, $w_{II}$ | Grenzrißbreiten, definiert im trilinearen Entfestigungsmodell für Stahlfaserbetone |
| $W^{in}$ | Inelastische Energieanteil während der Belastung |
| $W_{Riß}$ | Benötigte Energie zur Bildung von Rißflächen |
| $w_{ru}$ | theoretische Rißbreite bei Faserriß |
| $W^s$ | Energieanteil der in den Längsrissen während der Entfestigung dissipiert wird |
| $W^{soft}$ | gesamte Energie während der Entfestigung |
| $w_{\tau u}$ | Rißbreite bei Verbundversagen |
| $x_s$ | horizontaler Abstand zwischen Rißbeginn und Auflagerpunkt |
| z | innerer Hebelarm |
| Z | Stahlzugkraft |
| Δ | Versagensauslösende Verformung der verdübelnden Längsbewehrung |
| $\Delta f_{ct}^{bü}$ | Rechnerische Erhöhung der aufnehmbaren Zugspannung durch die Umschnürungswirkung der Bügel |

| | |
|---|---|
| $\Delta G_f^{bü}$ | Umschnürungsenergie |
| $\Delta l$ | Verformung der Stütze |
| $\Delta W^{s,bü}$ | Energie in den Längsrissen infolge der Umschnürung |
| $\Delta \varepsilon_{du}^{bü}$ | Zusätzliche Stauchung infolge der Umschnürung |
| $\alpha_f$ | Winkel zwischen Faserlängsachse und Verschiebungsrichtung |
| $\alpha_{in}$ | Formbeiwert zur Beschreibung des nichtlinearen Belastungsastes |
| $\beta$ | Formbeiwert bei der Beschreibung der Schubbandausbildung |
| $\beta_{BZ}$ | 10 % Quantilwert der Biegezugfestigkeit aus Eignungsversuchen |
| $\delta_f$ | Verlängerung der Faser |
| $\varepsilon_b$, $\varepsilon_{bs}$, $\varepsilon_{bu}$ | Rechenwerte der Betonstauchung, Übergangswert von Parabel zum Rechteck, Bruchstauchung |
| $\varepsilon_{BPZ}$ | Stauchung in der Bruchprozeßzone |
| $\varepsilon_{du}$ | Maximale Stauchung in der Bruchprozeßzone |
| $\varepsilon_{el}$ | Elastischer Anteil der Stauchung |
| $\varepsilon_f$ | Dehnung der Faser |
| $\varepsilon_{in}$ | Inelastischer Anteil der Stauchung |
| $\varepsilon_l$ | Längsstauchung |
| $\varepsilon_s$ | Streckgrenze des Bewehrungsstahls |
| $\varepsilon_u$ | Bruchstauchung |
| $\lambda_s$ | Schubschlankheit |
| $\mu_l$ | Längsbewehrungsgrad |
| $\mu_q$ | Querbewehrungsgehalt |
| $\sigma_{Beton}$ | Zugspannung im Beton während der Entfestigung |
| $\sigma_{BZ}$ | Biegezugfestigkeit des Betons (DBV Empfehlungen) |
| $\sigma_{cp}$ | Normalkraft, als Druckkraft positiv |
| $\sigma_{el}$ | Spannung in den Zonen außerhalb der BPZ |
| $\sigma_f$ | Zugspannung in der Faser |
| $\sigma_I$, $\sigma_{II}$ | Grenzzugspannungen, definiert im trilinearen Entfestigungsmodell für Stahlfaserbetone |
| $\sigma_s$ | Spannungen außerhalb der Kernfläche |
| $\sigma_s$ | Bewehrungsstahlspannung |
| $\sigma_s^{bü}$ | Spannung in den bügelumschlossenen Bereichen |

| | |
|---|---|
| $\sigma_\tau$ | Faserspannung bei Verbundversagen |
| $\tau$ | Verbundspannung |
| $\tau_0$ | Grundwert der Schubspannung |
| $\tau_m$ | Verbundspannung in der gestörten Verbundzone |
| $\tau_{rd}$ | Grundwert der Schubfestigkeit, sicherheitsbeaufschlagt |
| $\tau_{sm}$ | Verbundspannung zwischen Beton und Bewehrungsstahl |
| $\tau_u$ | Verbundfestigkeit zwischen Faser und Matrix |

# Index

Teubner